LE CIEL

ET SES MERVEILLES

Dimensions comparées des principaux astres.

BIBLIOTHÈQUE DE VULGARISATION.

LE CIEL

ET

SES MERVEILLES

PAR

Le Dʳ CAMILLE GROLLET

Avec 40 gravures dans le texte

LIBRAIRIE GÉNÉRALE DE VULGARISATION

A. DEGORGE-CADOT, Paris, rue de Verneuil, 9.

BIBLIOTHÈQUE DE VULGARISATION

Chaque ouvrage est complet en un vol. gr. in-16, de 320 à 360 pages.—Broché, 2 fr. 5 cartonné à l'anglaise, 3 fr.; *avec titre et tranches dorées, 3 fr. 50.*

ONT PARU

AD.-F. DE FONTPERTUIS — *Chine, Japon, Siam et Cambodge,* — avec gravures dans le texte.
Les États latins de l'Amérique.

G. BUREAU, Ingénieur civil, Inspecteur des chemins de fer de la Compagnie de l'Ouest. — *La Vapeur, ses principales applications. Voies ferrées. Navigation,* — avec 48 gravures dans le texte.

ALEXIS CLERC. — *Voyage au Pays du Pétrole.*

ÉDOUARD CAT, Agrégé d'histoire et de géographie, Inspecteur d'Académie.—*Les Grandes Découvertes maritimes du XIIIe au XVIe siècle,* — avec gravures dans le texte.

J.-E. ALAUX, Docteur ès lettres, Agrégé de philosophie. — *Histoire de la Philosophie.*
Précis d'instruction morale et civique.

PAUL GAFFAREL, Doyen de la Faculté des lettres de Dijon. — *Les Explorations françaises de 1870 à 1871,* — avec gravures dans le texte et six cartes géographiques.
(Prix Jomard, décerné par la Société de Géographie.)

JEAN LAROCQUE. — *L'Angleterre et le Peuple Anglais,* — avec une carte d'Angleterre.
La Grèce au siècle de Périclès.

ADRIEN DESPREZ. — *La Politique féminine, — de Marie de Médicis à Marie-Antoinette (1610-1792).*
Richelieu et Mazarin. Leurs deux politiques, — avec gravures.

MAURICE PELLISSON, Agrégé des lettres. — *Les Romains au temps de Pline le Jeune. — Leur vie privée.*

RAOUL POSTEL. — *L'Extrême Orient.—Cochinchine, Annam, Tong-Kin,*—avec gravures dans le texte.

LÉON HUGONNET. — *La Grèce nouvelle. — L'Hellénisme, son évolution et son avenir.*

Mme RATAZZI. — *Le Portugal à vol d'oiseau.*

Dr CAMILLE-GROLLET. — *L'électricité, ses principales applications,* — avec nombr. grav.

A. PIZARD.—*La France en 1789 (la société, le gouvernement, l'administration),* — avec deux cartes des gabelles et des traites d'après Necker.

GIRARD DE RIALLE. — *Nos Ancêtres,* avec nombreuses gravures préhistoriques.

G. BOIS. — *Histoire du droit français, depuis ses premières origines jusqu'à nos jours.*

AD. BITARD. — *Les Merveilles de l'Océan,* — avec gravures dans le texte.

MOREL, commis principal des télégraphes. — *La Télégraphie,* avec gravures dans le texte.

LE CIEL

ET

SES MERVEILLES

PREMIÈRE PARTIE
L'ENSEMBLE

CHAPITRE PREMIER
L'espace universel.

Un voyage à travers l'espace. — Distance des étoiles. — Infinité de l'espace. — Spectacle de l'Univers. — La Nuit. — Le Ciel. — Infinité des mondes et des soleils. — Y a-t-il réellement une voûte céleste?

C'est un voyage à travers l'espace que nous allons entreprendre ensemble. Ce voyage, je le rendrai aussi agréable qu'il me sera possible. Et de même qu'un touriste s'arrête dans les endroits les plus remarquables, afin d'y admirer des beautés naturelles ou créées par la main de l'homme, beautés remplies d'un attrait toujours nouveau, ainsi, nous-mêmes, touristes des espaces célestes, nous nous arrêterons pour contempler ces mondes innombrables

qui planent dans l'espace. Veuillez m'accepter comme
guide. Habitué à voyager dans ces régions lointaines, je vous conduirai par l'Univers de soleil en
soleil, en vous faisant remarquer les beautés sans
nombre que la plupart des mortels ignorent.

La route que nous allons parcourir est longue,
bien longue; en effet, les stations sont si éloignées
les unes des autres, que la distance qui les sépare
se chiffre par millions de lieues. Ainsi, pour nous
rendre de la Terre au Soleil, il nous faudra parcourir plus de 36 millions de lieues. Et le Soleil est encore relativement près de nous, quand on songe à
tous ces soleils que nos yeux n'ont jamais pu apercevoir et que les meilleurs télescopes ont à peine
découverts.

Il y a des étoiles qui planent tellement loin de
nous, que si elles venaient à s'éteindre, elles brilleraient encore à nos yeux pendant plusieurs milliers d'années. Et cependant, la lumière va vite,
puisque sa vitesse est de 76,000 lieues par seconde,
et qu'elle ne met que huit minutes à venir du Soleil
jusqu'à nous.

S'il nous fallait ajouter les unes aux autres toutes
ces distances qui séparent les astres et qui sont
plus nombreuses que les grains de sable des rivages
des mers de notre globe, nous arriverions à des
nombres fantastiques et bientôt au-dessus de ceux
que notre imagination peut créer.

Ces distances ainsi réunies ne sont rien, absolument rien par rapport à l'espace universel.

Emporté par un rayon de lumière, à la vitesse de
76,000 lieues par seconde, nous ferions par jour plus
de 3 trillions de lieues. Quand même nous voyagerions avec cette vitesse, en ligne droite, pendant
plusieurs siècles, quand même nous ajouterions les

trillions de lieues aux trillions de lieues, nous n'aurions pas avancé d'un pas dans l'espace.

L'espace est donc infini ; il est sans bornes ; il n'a pas de rivages, pas de limites. Et l'espace c'est l'Univers.

C'est dans l'espace que planent les terres comme celle que nous habitons, les soleils comme celui qui nous éclaire ; c'est dans cet espace immense, infini, que gravitent les innombrables corps célestes.

Astres rayonnants, mondes lointains, tout remplis de mystères, nous voulons aller jusqu'à vous, afin que vous nous révéliez votre manière d'être, votre marche dans cet Univers sans bornes. Les régions que vous peuplez ne sont pas toutes inaccessibles. Certains d'entre vous ont beau se dérober à nos yeux, l'optique a créé des instruments admirables qui nous viendront en aide, qui rendront notre voyage plus facile, plus long, par suite, plus attrayant, et qui nous dévoileront votre existence. Et s'il ne nous est pas permis de tous vous connaître jusqu'au dernier, s'il ne nous est pas donné de pénétrer dans les régions les plus reculées, du moins le voyage que nous allons entreprendre ne sera pas infructueux, car il nous aura appris qui vous êtes pour la plupart, quels sont les systèmes que vous formez, et peut-être quelle est la vie à votre surface.

C'est de la Terre que nous allons partir pour nous élever avec la rapidité de la pensée vers ces mondes mystérieux qui planent dans l'Univers, afin de les étudier en nous servant de tous les moyens que la science a mis à notre disposition.

Mais avant de nous engager dans l'espace, avant de quitter notre globe, contemplons une fois de plus le spectacle grandiose que nous offre l'Univers.

Admirons cet ensemble dont nous allons étudier, en les voyant de plus près, les parties innombrables.

Et pour satisfaire notre curiosité légitime, — car on n'admirerait jamais trop ce qui est beau, — profitons d'une de ces belles nuits qui nous laissent apercevoir ces astres nombreux scintillant au-dessus de nos têtes comme autant de pierres précieuses aux éclats multicolores.

Le jour les cache à nos yeux : notre Soleil est tellement éblouissant que la lumière bienfaisante qu'il répand en abondance de tous les côtés nous en ravit la vue. « Le jour », a dit le poète des *Nuits*, Édouard Young, « n'a qu'un soleil, la nuit en a des milliers... »

Mais n'allez pas croire, — l'imagination s'empare avidement de cette illusion, elle lui plait, elle la caresse même, — que la nuit qui étend une fois en vingt-quatre heures son voile sombre sur la Terre, l'étend aussi sur l'Univers.

Comme la Terre est ronde, le Soleil n'éclaire qu'un de ses côtés; voilà le jour; l'autre côté reste plongé dans l'ombre, voilà la nuit. Et par ce seul fait que nous démontrerons plus loin, quand nous étudierons le globe sur lequel nous marchons, que la Terre tourne sur elle-même, toutes ses parties passent successivement dans cette ombre : pendant que le Soleil leur est caché, la nuit se fait pour elles.

Mais là-haut, plus près de l'astre qui nous éclaire, dans les domaines qui sont plus rapprochés de lui, la lumière est plus vive, plus radieuse, plus étincelante; à mesure qu'on s'approche du Soleil, l'ombre diminue, la nuit devient moins noire; bientôt les flots de lumière pénètrent partout, puis la nuit disparaît. Là-haut, tout là-haut, notre Soleil ne cesse de luire pour ses rivages célestes.

Oui, regardons, avant de laisser la Terre pour entreprendre un si grand voyage, regardons, la nuit de notre départ, « les astres graviter en cadence dans leurs sentiers harmonieux », regardons le Ciel.

La Nuit qui nous montre l'espace avec ses milliers d'étoiles, avec ses mondes mystérieux et profonds a fait vibrer la lyre de Lamartine qui l'a chantée en ces vers d'un charme infini :

> O nuit ! déroulez en silence
> Les pages du livre des cieux ;
> Astres, gravitez en cadence
> Dans vos sentiers harmonieux ;
> Durant ces heures solennelles,
> Aquilons repliez vos ailes,
> Terre, assoupissez vos échos.

Cet espace dont nous parlions tout à l'heure, c'est le Ciel sans bornes, sans limites.

Nous sommes dans le Ciel ; notre globe est dans le Ciel. La Terre est un des millions d'astres qui peuplent l'espace. C'est un petit globe de matière qui tourne dans cet espace ; il y est suspendu sans appui, sans soutien, de même qu'une boule au milieu des airs. Tels ces jouets d'enfants que l'on nomme des ballons, quand on les abandonne au gré des vents, planent au-dessus de nos têtes dans l'atmosphère qui nous entoure.

Mais la Terre n'est pas seule dans le Ciel ; elle n'est pas isolée. Elle peuple l'espace en compagnie d'une infinité de Mondes semblables à elle. Il est des astres relativement assez rapprochés de notre globe qui ont une grande analogie avec lui ; ils font partie du même système que celui dont nous dépendons, de

la même famille que celle à laquelle nous appartenons : ces astres sont des planètes. Au centre de ce
système, se trouve le Soleil qui règne au milieu de
ses domaines immenses dont l'étendue est de plusieurs millions de lieues. Tout près de lui, c'est la planète Mercure ; plus loin, Vénus ; plus loin encore, la
Terre ; au delà, Mars, etc. Entre ces planètes s'é-
tendent de vastes déserts, véritables océans de
l'espace. Elles ne possèdent pas de lumière propre ;
ce sont des mondes obscurs qui reçoivent leur
lumière et leur chaleur du Soleil qui est la source
centrale qui déverse sans cesse sur eux ses flots
lumineux : cette source est intarissable ; les siècles
n'ont pu l'épuiser. La suite des siècles ne la verra
pas non plus s'arrêter un seul instant de répandre
à profusion ses rayons qui éclairent l'ensemble de
la famille et qui réchauffent les habitants de ses
domaines.

Bien au delà de ce système, beaucoup plus loin de
nous, brillent des soleils semblables à celui qui est
notre foyer. Ils sont aussi entourés d'une famille,
de membres qui forment un système. Ces soleils ne
sont autres que les étoiles scintillant dans la voûte
azurée qui paraît s'étendre au-dessus de nos têtes.
Ce sont de véritables flambeaux qui communiquent
leurs bienfaits lumineux aux leurs dont ils sont
entourés ; ils les éclairent comme pour guider leurs
pas à travers l'espace.

Ces soleils sont en quantité prodigieuse. On en
connaît des millions ; ce chiffre éloquent n'est rien
à côté de ceux qui existent. Que l'esprit forme le
nombre le plus grand qu'on puisse imaginer, le
nombre des soleils est encore plus grand, puisqu'il
est infini comme l'espace dans lequel ils se meuvent.

Nos yeux, en observant l'espace, n'y voient tout d'abord qu'une voûte d'azur sur laquelle scintillent des points brillants qui y semblent attachés. Nos yeux nous trompent, car il n'y pas de voûte, pas de limites dans l'Univers. C'est une illusion que j'ai tenu à éloigner de vos esprits avant de monter à ces points brillants, de pénétrer jusqu'à eux. Au-dessus de nous, l'infini ; au-dessous, l'infini ; à droite et à gauche encore l'infini. Et, dans cet infini, planent des mondes infinis. Ne vaut-il pas mieux nous débarrasser dès le début de toutes les erreurs et contempler l'Univers tel qu'il est. Au lieu de concevoir le mouvement et la vie avec des limites, ne vaut-il pas mieux savoir que celui-là est universel, que celle-ci règne dans tout l'Univers, jusque sur ses rivages les plus éloignés. La nuit n'est plus pour nous qu'un phénomène heureux qui nous permet d'admirer le spectacle ravissant que la clarté du jour cache à nos yeux.

Et nous qui étions si fiers de la Terre que nous habitions, qui croyions notre planète la reine de cette création, nous ne tardons pas à apercevoir notre globe perdu au milieu de l'espace universel et des millions d'autres mondes semblables à lui.

CHAPITRE II.

Les Nébuleuses.

Structure de l'Univers visible. — Les étoiles sont distribuées par agglomérations. — Les Nébuleuses. — Amas stellaires et Nébuleuses résolues. — Amas d'étoiles de forme globulaire ou sphérique. — Nébuleuses annulaires. — Nébuleuses spirales. — Nébuleuses irrégulières. — Les groupes de Nébuleuses ; Nébuleuses doubles et multiples. — Nuées de Magellan. — Couleurs des Nébuleuses.

Les étoiles ne sont pas répandues sans ordre, à travers l'espace ; elles peuplent l'Univers par familles, par tribus plus ou moins étendues. Souvent les membres qui composent ces tribus sont excessivement nombreux. Ces étoiles qui sont autant de soleils se groupent pour former un système, un tout : on a donné à ce riche groupement d'étoiles le nom de *Nébuleuses*. Une distance considérable sépare ces soleils, car nous montrerons plus loin que les étoiles que nous voyons scintiller au-dessus de nos têtes ressemblent à l'astre qui nous envoie ses rayons lumineux du centre de la tribu à laquelle nous appartenons. Les nébuleuses sont situées au milieu de vides immenses qui sont comme les océans de l'espace ; des distances bien moins grandes séparent entre elles les étoiles d'une même famille.

Ces amas d'étoiles n'apparaissent à nos yeux que d'une manière vague, et comme de petits nuages blanchâtres ; c'est pour cette raison qu'on les a appelés nébuleuses. Aussitôt la découverte des lunettes astronomiques, les astronomes, poussés par une

curiosité bien naturelle, voulurent savoir ce qu'é-
taient ces nuages blanchâtres ; mais l'espérance
qu'avait fait naître en eux les premiers instruments
d'optique fut déçue ; ce qu'ils apercevaient avec
leurs lunettes était toujours vague et nuageux.

Ils cherchèrent tous à traduire ce qui les intri-
guait si fort, et les théories qu'ils nous ont trans-
mises à ce sujet prouvent qu'ils laissaient libre
cours à leur ardente imagination en voulant expliquer les nébuleuses.

Ah ! combien ils étaient loin de se douter que ces
nuages blanchâtres étaient des amas stellaires, des
rassemblements solaires. Ils ne soupçonnaient pas
du tout que les étoiles les plus lointaines, réunies
par groupes, ne leur apparaissaient que sous des
formes pour ainsi dire vaporeuses, et que dans ces
limites les plus reculées des plaines de l'espace où
leurs regards impuissants ne pouvaient pénétrer,
resplendissaient des milliers de soleils.

« On pensait qu'il y avait seulement là des vapeurs cosmiques phosphorescentes, des tourbillons
de substance lumineuse, peut-être des fluides primitifs dont la condensation progressive amènerait
dans l'avenir la formation d'astres nouveaux (1). »
Les astronomes des siècles passés se figuraient assister à la formation de mondes lointains dont ils
ont cru voir même jusqu'aux évolutions successives
sur lesquelles ils se basaient pour donner des âges
relatifs aux nébuleuses.

Ainsi, la nébuleuse d'Andromède a été regardée
pendant près de quatre siècles comme dépourvue
d'étoiles. Simon Marius l'observa en 1612, et elle

_____

(1) *Les Merveilles célestes*, Camille Flammarion. — Paris, Ha-
chette.

fut le sujet d'une comparaison bien originale faite
par cet astronome. Il comparait la lumière de cette
nébuleuse à celle « d'une chandelle vue à travers
une feuille de corne ».

C'est la première qui, grâce au télescope, fut signalée à l'attention des astronomes comme d'une
nature toute particulière.

Un astronome de Cambridge est parvenu à compter mille cinq cents petites étoiles répandues çà et
là dans les domaines de cette nébuleuse. Et encore
ce résultat est-il incomplet, car, au centre, on aperçoit avec les meilleurs télescopes une lumière diffuse qui certainement est un amas d'étoiles dont le
nombre est peut-être plus considérable encore que
celui découvert par le savant anglais. Avec les progrès de l'optique et de l'aérostation, disparaitront
les voiles vaporeux qui nous cachent le reste de la
vérité.

Halley, qui vécut à la fin du XVIIe siècle et au
commencement du XVIIIe, ne croyait pas lui non
plus aux agglomérations d'étoiles. « En réalité »,
disait-il, « ces taches ne sont rien autre chose que
la lumière venant d'un espace immense situé dans
les régions de l'éther, rempli d'un milieu diffus et
lumineux par lui-même. »

D'autres enfin ont été même jusqu'à se demander
s'il n'y avait pas au delà de la sphère des étoiles les
plus éloignées, une région entièrement lumineuse,
un ciel empyrée, et si les nébuleuses n'étaient pas
cette région éclatante vue à travers une ouverture
de la sphère du premier ciel mobile.

Écoutez ce que dit Voltaire au sujet de l'auteur
de cette opinion, l'abbé Derham :

« Micromégas parcourt la Voie lactée en peu de
temps ; et je suis obligé d'avouer qu'il ne vit jamais

à travers les étoiles dont elle est semée, ce beau ciel empyrée que l'illustre vicaire Derham se vante d'avoir vu au bout de sa lunette. Ce n'est pas que je prétende que M. Derham ait mal vu, à Dieu ne plaise ! Mais Micromégas était sur les lieux; c'est un bon observateur, et je ne veux contredire personne. »

Cette critique de la bizarre conception de l'auteur de la *Théologie astronomique* ne pouvait être faite d'un meilleur ton.

Sénèque a eu des vues semblables :

« Il se forme quelquefois dans le ciel », dit-il, « des ouvertures par lesquelles on aperçoit la flamme qui en occupe le fond. »

Huyghens, avant Derham, s'exprimait ainsi, en décrivant la nébuleuse d'Orion : « On dirait que la voûte céleste s'étant entr'ouverte dans cette partie, laisse voir par delà des régions plus lumineuses. »

Les nébuleuses changèrent d'aspect aussitôt qu'on eut apporté des perfectionnements aux instruments d'optique. Le nombre de celles apparentes diminua bien vite : les limites de la vue humaine s'étaient agrandies, le champ de nos observations était devenu plus vaste, les bornes de cet immense océan de l'espace avaient été reculées. Ces masses célestes dont la constitution intime était, pour nos aînés, un véritable problème qui avait donné le jour aux interprétations les plus fantastiques, avaient pris, pour nous, une forme plus nette, plus accentuée, et nous étaient apparues dans toute leur splendeur, c'est-à-dire peuplées de milliers de soleils.

Mais si la science venait de triompher une fois de plus d'un obstacle qui, par sa disparition, nous initiait aux mystères de ces lointaines nébuleuses, sa victoire n'était pas pour cela complète.

Loin de ces soleils agglomérés existaient d'autres nébuleuses que la faible puissance du regard humain ou des premiers instruments d'optique n'avait pas aperçues, mais que le télescope montrait aussi nuageuses, aussi indécises que celles que l'on voyait avec les yeux, sans aucun secours.

Le problème en est là ; mais la solution en est plus facile et plus probable. Autrefois on ne savait rien de la constitution de ces amas stellaires, et les théories dont ils étaient le sujet, erraient dans le domaine de la fantaisie. Aujourd'hui, il ne peut plus en être ainsi, puisque le télescope nous a révélé un grand nombre de nébuleuses d'une constitution absolument semblable.

Serait-ce de l'audace de notre part d'affirmer que les nébuleuses les plus lointaines, nébuleuses que les progrès de la science ne nous ont pas encore permis de définir, ont une constitution identique à celles que nous connaissons ? Nous ne le croyons pas, persuadé que nous sommes de ne pas faire fausse route, et ayant pour pensée intime que l'avenir nous donnera raison.

N'est-ce pas leur éloignement prodigieux qui fait qu'elles apparaissent à nos yeux avec cette clarté diffuse ? Mais que la puissance du télescope s'accroisse, elles ne tarderont pas à se transformer en un pointillé brillant.

L'espace est donc peuplé d'une infinité d'étoiles qui, par leurs réunions forment de véritables archipels dont le nombre aussi est infini. Ces archipels sont séparés par des distances considérables et affectent des formes aussi variées que curieuses, comme nous allons en être témoins, car je vais vous faire connaître en détail les caractères des tribus les plus dignes d'intérêt.

Examinons la nébuleuse du Centaure (fig. 1), l'une des plus remarquables et des plus régulières.

A l'œil nu, elle est à peine visible, elle se montre à nous comme un point à peine éclairé. Halley la trouva dès l'année 1677, pendant qu'il travaillait au catalogue des étoiles du ciel austral.

Le télescope nous a révélé sa riche constitution.

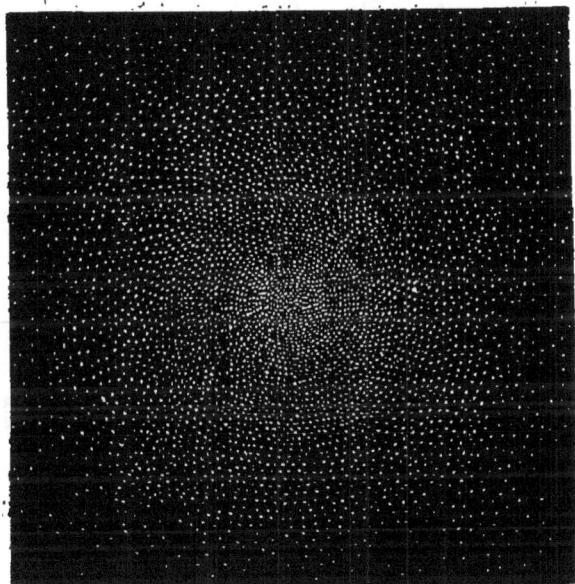

Fig. 1. — Nébuleuse du Centaure.

Elle est formée par une multitude d'étoiles qui, condensées vers le centre, deviennent de moins en moins nombreuses à mesure qu'on s'approche de ses dernières limites.

Au premier moment, un observateur est tenté de croire que la forme de cette nébuleuse est circulaire; mais cette croyance naturelle est seulement le ré-

sultat d'un effet d'optique : illusion qui ne résiste
pas à l'analyse et qui avait donné lieu à la théorie
de la condensation de la matière nébuleuse.

En effet, cette forme circulaire n'est qu'apparente ;
en réalité, elle est globulaire ou sphérique. Nous
pouvons facilement réduire à néant notre illusion
première et nous convaincre de la vérité, car il ne
faut pas laisser germer dans notre esprit des erreurs dont nous nous débarrassons ensuite difficilement.

Je suppose que vous ayez devant vous une sphère
de verre sur laquelle vous promenez vos regards,
depuis le centre jusqu'aux parties latérales ; les
rayons visuels deviendront de plus en plus courts à
mesure que vous vous éloignerez du centre de cette
sphère et que vous vous approcherez de ses bords,
la surface que vous embrasserez sera de moins en
moins considérable. Il en est de même pour la nébuleuse du Centaure et pour toutes celles qui, comme
elles, ont une forme sphérique. Menons, en effet, un
rayon visuel qui traverse la nébuleuse près du bord,
ce rayon aura une longueur relativement petite, il
côtoiera peu d'étoiles. Menons ensuite des rayons
visuels successifs en nous rapprochant du centre,
ils deviendront plus longs et rencontreront, par
suite, plus d'étoiles. Le maximum sera au centre.

Cette augmentation progressive d'intensité, du
bord au centre, que présente toute nébuleuse d'apparence circulaire est bien la preuve manifeste de
la forme globulaire, sphérique de l'amas d'étoiles.

L'amas stellaire d'Hercule, l'un des plus magnifiques de notre ciel boréal, et celui de Verseau sont
de même ordre que le précédent.

Il est d'autres nébuleuses qui sont aussi circulaires, mais qui se présentent à nous comme allon-

gées ; leur épaisseur diminue de plus en plus. Leur
forme probable doit être celle d'une lentille ; au lieu
de se présenter à nous de face, elles se présentent
par la tranche (fig. 2).

François Arago, dans son *Astronomie populaire*, au
sujet du nombre des étoiles contenues dans certaines de ces nébuleuses globulaires nous donne la
réponse suivante :

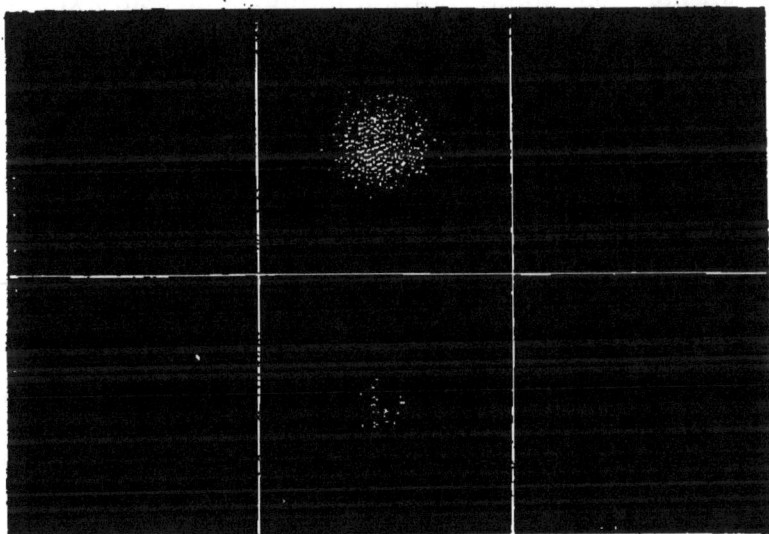

Fig. 2. — Nébuleuses globulaires.

« Il serait impossible de compter en détail et avec
exactitude le nombre total d'étoiles dont certaines
nébuleuses globulaires se composent; mais on a pu
arriver à des limites. En appréciant l'espacement
angulaire des étoiles situées près des bords, c'est-à-
dire dans la région où elles ne se projettent pas les
unes sur les autres, et le comparant avec le diamètre total du groupe, on s'est assuré qu'une nébu-

leuse dont le diamètre est d'environ dix minutes,
dont l'étendue superficielle apparente est à peine
égale au dixième de celle du disque lunaire, ne renferme pas moins de 20,000 étoiles.

« Les conditions dynamiques propres à assurer la
conservation indéfinie d'une semblable fourmilière
d'étoiles, ne semblent pas faciles à imaginer. Sup-
pose-t-on le système en repos, les étoiles à la longue
tomberont les unes sur les autres. Lui donne-t-on
un mouvement de rotation autour d'un seul axe, des
chocs deviendront inévitables. Au surplus, est-il
prouvé à *priori* que les systèmes globulaires d'étoiles
doivent se conserver indéfiniment dans l'état où nous
les voyons aujourd'hui ? »

Toutes les nébuleuses n'ont pas la même forme,
qui varie pour ainsi dire avec chacune d'elles. Ces
variations de forme sont curieuses et ont plus d'une
fois rempli d'étonnement ceux qui ont observé ces
agglomérations de soleils.

Il en est qui ressemblent à de véritables anneaux
circulaires ou ovales dont les contours sont plus ou
moins peuplés d'étoiles ; on dirait des nébuleuses
circulaires ou ovales perforées au centre ; elles sont
une des curiosités les plus rares du ciel (fig. 3).

Examinons ensemble les principales.

L'une d'elles, A, est la nébuleuse annulaire du
Cygne, située entre cette constellation et celle du
Renard.

La nébuleuse d'Andromède a la forme d'un ovale,
D, aux deux extrémités duquel brille une étoile :
ces deux étoiles, par leur position, semblent présider à tout le système ; elles sont comme des flambeaux qui éclairent, dans l'espace infini, la marche
de cette nébuleuse.

Celle de la Lyre, B et F, est la plus célèbre ;

A est la nébuleuse de la Lyre, d'après Herschel, et F, la même nébuleuse, d'après lord Rosse ; elle a été découverte en 1779, à Toulouse, par d'Arquier, au moment où la comète signalée par Bode, s'approcha de la région qu'elle occupe. Sa grandeur apparente est à peu près celle du disque de Jupiter. Sa forme est celle d'un anneau un peu elliptique dont les deux diamètres sont dans le rapport de quatre à

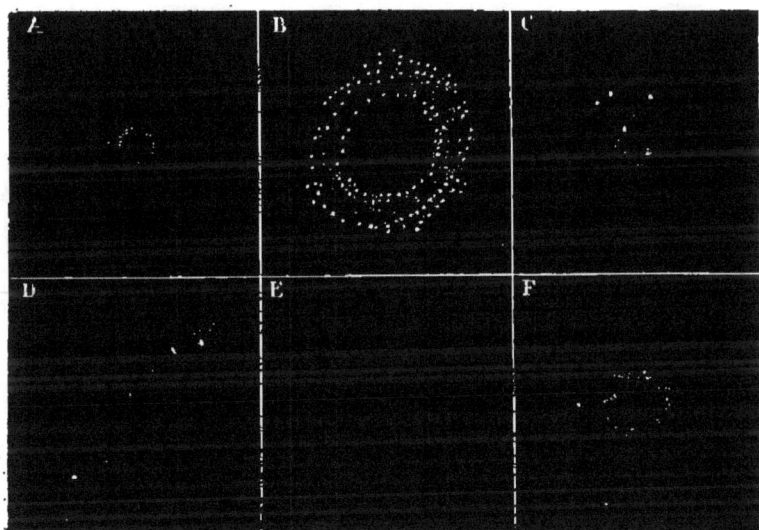

Fig. 3. — Nébuleuses annulaires.

cinq, et dont les deux bords étincelants sont garnis d'étoiles rapprochées les unes des autres. Du bord extérieur, phénomène qui ne manque pas de grâce, partent comme autant de flammèches, des franges lumineuses. Au centre, est un vide, un trou faiblement éclairé qui occupe la moitié du diamètre de la nébuleuse.

Le trou central que je viens de vous faire observer comme faiblement éclairé est au contraire d'un noir foncé dans les belles nébuleuses perforées de l'hémisphère austral.

Parmi les nébuleuses perforées, je dois vous citer encore celles du Scorpion, C, et d'Ophiuchus, E.

Les nébuleuses que nous venons d'examiner, circulaires ou sphériques, annulaires ou elliptiques, nous offrent assez de régularité, dans leurs con-

Fig. 4. — Nébuleuse du Lion.

tours, pour que nous donnions un nom géométrique aux formes qu'elles affectent; mais il en existe d'autres, et on les compte par milliers, qui revêtent les formes les plus extraordinaires.

Ici c'est la nébuleuse du Lion (fig. 4); en son milieu la matière dont elle est formée paraît assez condensée pour former un véritable noyau qui est entouré de plusieurs cercles plus ou moins lumineux, plus ou moins chargés d'étoiles, et séparés entre eux par des vides relatifs. Puis, ce système est terminé de chaque côté par un cône chargé d'étoiles dont la base repose sur les cercles concentriques et dont le sommet va se perdre dans l'espace.

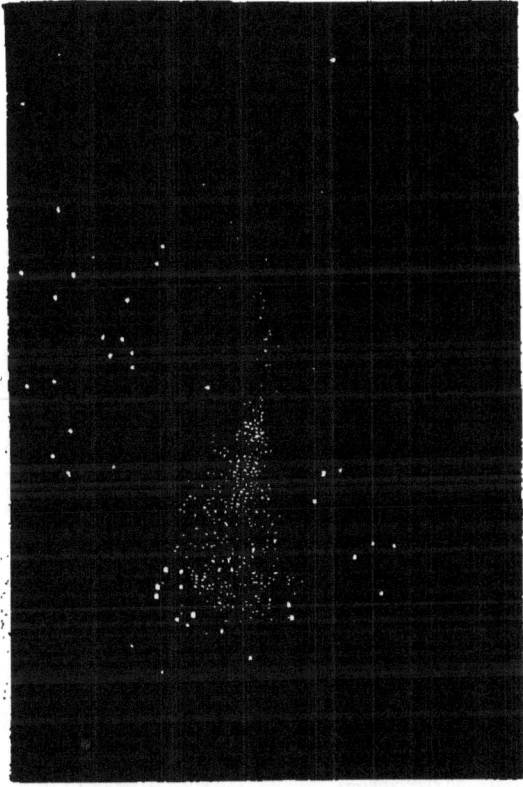

Fig. 5. — Nébuleuse du Taureau.

Ailleurs, dans la constellation zodiacale du Tau-reau (fig. 5), les premiers instruments d'optique avaient révélé une nébuleuse uniforme et ovale ; les astronomes qui l'avaient ainsi observée n'avaient

pas fait à son sujet la plus petite remarque ; ils ne
lui avaient pas trouvé le moindre signe particulier
si ce n'est la forme que nous venons d'indiquer.
Mais lord Rosse, avec son immense télescope, établi
au château de Parsonstown, en Irlande, et qui mesurait dix-sept mètres de hauteur, la signala comme
un phénomène tout à fait curieux. En effet, avec
son télescope, l'ellipse disparaissait pour faire place
à un véritable crustacé auquel il donna le nom de
nébuleuse de l'Ecrevisse (*Crab-Nebula*). La matière
lumineuse condensée au centre, formait le corps, la
cuirasse calcaire d'un crabe, et, de chaque côté de
cette cuirasse, les longues traînées blanchâtres
d'étoiles formaient, sur le fond noir du ciel, les an-
tennes, les pattes et la queue du crustacé.

D'autres très allongées et très étroites ressemblent à des lignes lumineuses droites ou serpentant dans l'espace ; d'autres ont la forme d'un éventail. Là, on croirait voir une tête de comète avec
son noyau : telles, les nébuleuses de la Grande Ourse,
de la Licorne, du fleuve Eridan et surtout du Navire ;
cette dernière repésente le type classique des comètes régulières, son noyau est accompagné d'une
chevelure abondante et suivi d'une longue traînée
lumineuse qui ressemble à la queue d'un paon (fig.6).
« D'autres encore », dit M. Camille Flammarion,
« comme celle d'Orion, l'une des plus célèbres par
les études qui l'ont illustrée, ou comme celle des
Nuées de Magellan, semblent d'immenses nuages
vaporeux tourmentés jadis par quelque vent tumul-
tueux, percés de déchirures profondes, et brisés par
places en lambeaux. Celle de la constellation du
Renard ressemble à ces boulets doubles que les
gymnasiarques anglais soulèvent pour exercer la
force de leurs bras ; celle de l'Ecu de Sobieski écrit

au milieu d'une page du ciel la dernière majuscule
de l'alphabet grec, l'oméga : Ω.»

Ailleurs encore elles sont réunies en groupe sous
la forme de deux ou de plusieurs amas sphériques
entourés d'une couronne nuageuse, séparés par une
faible distance angulaire. Plus loin, comme dans les
Nuées de Magellan, on découvre des constellations,

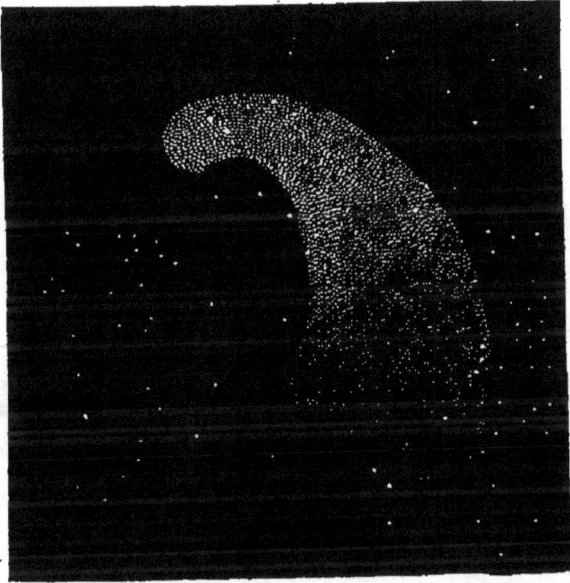

Fig. 6. — Nébuleuse du Navire.

des amas stellaires : on voit, au centre, un losange
peuplé d'étoiles très rapprochées et dont les quatre
angles sont terminés chacun par une nébuleuse circulaire; l'une de ces dernières se divise elle-même
en quatre agglomérations de même forme. On dirait
une miniature du ciel étoilé. On la voit dessinée
dans la nébuleuse C de la figure 7. Les nébuleuses
D et F de cette figure appartiennent à la Vierge, A

et E à la Chevelure de Bérénice, B appartient au Verseau.

De Humboldt, l'illustre auteur du *Cosmos*, à propos de ces mêmes Nuées de Magellan, « objet unique », dit-il, « dans le monde des phénomènes célestes, et qui ajoute au charme pittoresque de l'hémisphère austral, à la grâce du paysage », nous en a laissé la description suivante : « Les magnifiques zones du ciel austral comprises entre les parallèles du 50ᵉ et

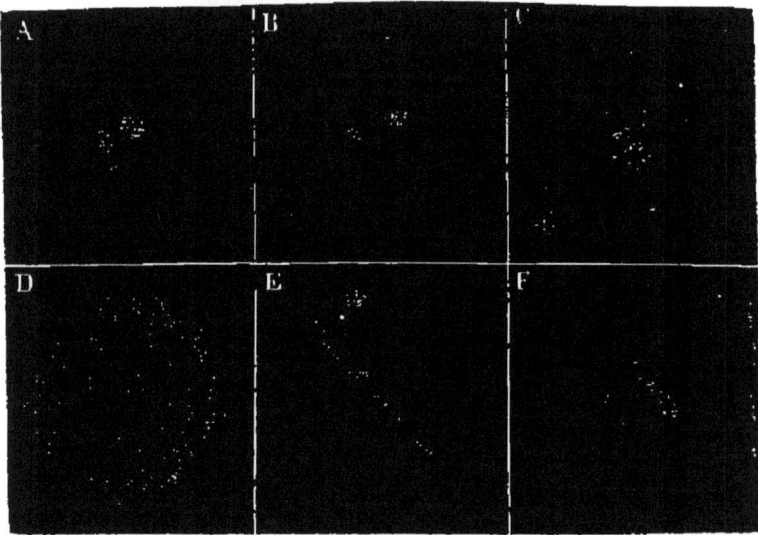

Fig. 7. — Nébuleuses doubles ou multiples.

du 80ᵉ degré, sont les plus riches en étoiles nébuleuses et en amas de nébulosités irréductibles. Des deux nuages magellaniques qui tournent autour du pôle austral, de ce pôle si pauvre en étoiles, qu'on dirait une contrée dévastée, le plus grand surtout paraît être, d'après des recherches récentes, une étonnante agglomération d'amas sphériques, d'étoiles plus ou moins grandes et de nébuleuses irré-

ductibles, dont l'éclat illumine le champ de la vision
et forme comme le fond du tableau. L'aspect de ces
nuages, la brillante constellation du Navire Argo,
la Voie lactée, qui s'étend entre le Scorpion, le Centaure et la Croix, et, j'ose le dire, l'aspect si pittoresque de tout le ciel austral, ont produit sur mon
âme une impression ineffaçable. »

Mais les nébuleuses que nous venons de décrire
ne sont pas encore les plus curieuses ; il en existe
d'autres dont l'aspect est bien plus éloquent, et dont
une analyse minutieuse fait naître en nous des sentiments d'une admiration durable. Avec les instruments primitifs, leurs formes étaient telles que celles
que nous venons de décrire ; mais lord Rosse, avec
son puissant télescope, les vit, le premier, avec leurs
formes réelles : les formes circulaires ou sphériques, les formes annulaires ou elliptiques s'étaient
évanouies pour faire place à de splendides nébuleuses en spirale. Il reconnut en effet que ce n'était
plus autour d'un centre de condensation, que ce
n'était plus en amas aux formes variées, qu'étaient
agglomérés ces soleils nombreux, mais suivant une
distribution qui lui faisait croire à l'existence de
forces gigantesques en action parmi eux. Il observa
des agglomérations d'étoiles distribuées en longues
lignes spirales.

La plus merveilleuse de ces nébuleuses en spirale
appartient à la constellation des Chiens de Chasse
(fig. 8), située au-dessous de la Grande Ourse.

Pour John Herschel, elle avait l'apparence d'une
vaste nébuleuse globulaire très brillante, entourée,
à une grande distance, d'un anneau dont l'éclat
n'était pas partout le même. Il est facile de concevoir un tel système dont le centre est occupé par
un riche amas globulaire d'étoiles ; tout autour, un

vide immense; puis, plus loin, entourant cette
agglomération de soleils, comme une auréole, une
couronne lumineuse dans certains endroits, obscure

Fig. 8. — Nébuleuse de la constellation des Chiens de Chasse.

dans d'autres. Le système qu'avait entrevu Herschel
ne manquait pas d'attrait; mais il lui manquait la
plus grande des qualités, la réalité.

Il ne fallut rien moins que le puissant télescope

de Parsonstown pour faire disparaître le voile qui cachait aux yeux des astronomes la véritable forme de cette nébuleuse à la formation de laquelle avaient dû présider des forces immenses.

Lord Rosse découvrit que le centre de cette nébuleuse est occupé par un noyau brillant d'où partent une multitude de spirales composées d'étoiles nombreuses et s'écartant de plus en plus du noyau autour duquel elles font plusieurs révolutions pour aller se perdre au loin, en diminuant d'éclat, en longues traînées blanchâtres. Les extrémités de la plus longue spirale sont terminées par un noyau presque aussi resplendissant que le noyau central.

Il est d'autres nébuleuses dont la forme se rapproche sensiblement de celle qu'affecte la nébuleuse des Chiens de Chasse et que je viens de vous décrire : je vous citerai la nébuleuse en spirale de la constellation de la Vierge (fig. 9), située dans l'aile boréale de cette figure ; au centre, on remarque un nœud brillant où viennent prendre naissance de blanches traînées lumineuses qui contournent toutes ce noyau dans le même sens et dont l'éclat va se perdre au loin, dans l'espace infini. On dirait, à voir cette nébuleuse, une de ces pièces d'artifice auxquelles on a donné le nom de soleil et qui tournent autour d'un axe qui serait, ici, le noyau brillant, en jetant des feux en forme de rayons.

La nébuleuse du Lion dont j'ai eu occasion de vous parler plus haut, est de la même forme ; en son milieu, vous apercevez un noyau plus lumineux que les cercles qui l'entourent, cercles séparés entre eux par des vides relatifs.

Dans la constellation de Pégase, on admire un semblable système.

Ce n'est rien encore. Non seulement ces amas de

soleils, ces riches familles dont les membres
peuvent se compter par milliers, affectent les formes
les plus variées, formes que, pour la plupart, l'imagination la plus vive, avant la découverte des télescopes, n'eût jamais imaginées, mais encore ces
lointains systèmes stellaires présentent aux yeux
émerveillés qui les contemplent des nuances variées ;

Fig. 9. — Nébuleuse de la Vierge.

les uns sont rouges ou jaunes ; un autre est rose à
son centre et bordé de blanc ; d'autres encore sont
colorés en bleu. Ces nuances diverses que nous dé-
voilent certaines nébuleuses sont dues à la couleur
même des étoiles qui les composent. On en connaît
dont l'intensité lumineuse a varié, et il en est une,
surtout, dont l'éclat a tellement diminué, qu'elle est
de nos jours à peine visible.

Il est facile de se convaincre que les nébuleuses ne sont pas uniformément répandues dans toutes les régions du ciel. Ici, ce sont des vides immenses, déserts arides de l'univers. Puis, loin de ces déserts, à leurs limites extrêmes, l'aridité cesse et fait place à des plaines fertiles à travers lesquelles sont répandues, en nombre souvent considérable, les nébuleuses les plus variées, quant à la forme et quant à la nuance.

Nous venons de voir l'arrangement, l'ordre probable de l'Univers; nous venons de voir que cet Univers est formé par un nombre infini de nébuleuses répandues de tous côtés à travers l'espace, qu'il n'y avait pas un seul corps céleste isolé dans l'immensité, que tous les soleils, que tous les mondes faisaient partie d'une tribu, d'une famille. A cette explication, poussés par un sentiment d'orgueil, et envahis par une égoïste curiosité, nous ne tardons pas à nous demander si la Terre est aussi, comme tous les autres corps célestes, membre d'une tribu, si elle contribue à former une nébuleuse, ou si notre globe que nous sommes toujours prêts, quand la connaissance des phénomènes célestes nous fait défaut, à mettre au premier rang et à douer de toutes les qualités, est isolé dans l'espace. Une inclination naturelle nous porte à croire que nous vivons éloignés en dehors de la création étoilée. Non, la Terre n'est pas un globe déchu qui s'est dérobé à la loi commune; la Terre, comme tous les mondes, appartient à un groupe d'étoiles, à une nébuleuse.

CHAPITRE III.

La Voie lactée.

Rang occupé dans l'Univers par notre Soleil. — Une visite aux
étoiles. — La Voie lactée. — La Terre est placée au centre de la
Voie lactée. — La Fable et la Voie lactée. — Dénombrement des
étoiles de la Voie lactée, par W. Herschel. — Étendue de la Voie
lactée. — Byron et les Nébuleuses. — La Voie lactée est-elle la
Nébuleuse la plus opulente en soleils ?

La Terre n'est donc pas isolée, ainsi qu'une île
dans le vaste Océan, au milieu des déserts immenses
de l'infini ; elle fait partie d'un archipel aux terres
nombreuses, elle appartient à une immense nébuleuse.

La Terre ainsi que toutes les planètes voisines
dépend du Soleil qui « les représente », dit M. Camille
Flammarion, « dans le recensement universel des
astres, car ni terre ni planètes comptent au nombre
de ces splendeurs ». Et ce Soleil est un des nombreux membres qui composent une même famille,
une des étoiles d'une nébuleuse dont l'étendue est
immense.

Le Soleil est une étoile en tout semblable à ces
milliers de points qui scintillent au-dessus de nos
têtes : une telle affirmation paraît surprenante, car
la plupart d'entre nous ont beaucoup de peine à
croire que ce Soleil qui nous éclaire et nous envoie
par l'intermédiaire de ses longs rayons, sa chaleur

bienfaisante, n'est pas l'astre le plus lumineux, le plus nécessaire de tous les astres.

Si quelques-uns d'entre nous s'imaginent que le Soleil est supérieur à toutes les autres étoiles, c'est parce que nous sommes près de lui, c'est parce que notre Terre fait partie de ses vastes domaines, c'est parce que sans lui nous serions plongés dans les ténèbres et que la vie manquerait à la surface de notre globe, puisque, parasites que nous sommes, nous vivons à ses dépens. Il serait injuste que nous autres, habitants d'une humble planète, nous ne reconnussions pas sa puissance. Mais, il ne faut pas, nous basant seulement sur la supériorité qu'il a sur nous, au point de vue physique, et sur les bienfaits qu'il nous prodigue et que nous avons si bien su assimiler aux besoins de notre existence, le proclamer le roi de la création céleste.

Pour faire disparaître cette illusion, transportons-nous par la pensée hors des domaines du Soleil, dans un point reculé de l'espace, afin que nous puissions reconnaître, par comparaison, le rang qu'il occupe dans l'Univers. Et dans ce voyage que nous allons entreprendre, faisons quelques haltes pour bien observer les changements qui se produiront à mesure que nous nous éloignerons. A la première halte, notre Soleil aura déjà diminué de grosseur, sa puissance calorifique sera moins intense, et, par suite, ses bienfaits moins grands; quand nous serons arrivés aux limites de son système, quand nous aurons dépassé la planète Neptune, il ne nous apparaîtra plus que comme une grande étoile; puis, bientôt, comme une simple étoile.

Mais, si, en nous éloignant de notre Soleil, celui-ci perd, à nos yeux, de son prestige, s'il ne nous semble plus le prince des astres, le plus grand

d'entre tous, l'étoile de laquelle nous nous appro-
chons prend peu à peu de l'importance, grossit de
plus en plus, et, au moment où notre Soleil se
montre à nos regards comme un simple petit point
brillant, cette étoile, — phénomène digne d'intérêt,
— apparaît à nos yeux comme un soleil aussi resplendissant que celui que nous avons abandonné;
la lumière qu'il répand au loin autour de lui est
aussi vive, la chaleur qu'il émet aussi ardente, et les
dons qu'il prodigue aux planètes de sa domination
aussi nombreux que ceux de notre Soleil.

Si nous continuions ainsi notre voyage à travers
l'espace, abandonnant une étoile pour nous diriger
vers l'autre, laissant un soleil pour aller rendre visite
à l'autre, nous assisterions à un changement suc-
cessif et réciproque d'étoiles en soleils, spectacle
qui nous montrerait que l'astre dans les domaines
duquel nous vivons n'est pas le plus important de
tous, et que les étoiles sont autant de soleils brillant
d'une lumière propre, c'est-à-dire autant de foyers
planétaires.

Après une longue route pendant laquelle nous
verrions se dérouler les phénomènes les plus grandioses, les plus sublimes de l'Univers, les soleils
deviendraient de moins en moins nombreux, et
nous arriverions bientôt sur des plages arides où
brilleraient de loin en loin de rares étoiles; puis, à
cette stérilité ne tarderait pas à succéder un désert
absolu: à ce moment, nous serions arrivés aux limites
les plus extrêmes de la tribu dont nous aurions été
saluer les membres.

Franchissons encore ces déserts aux plages arides,
et volons à tire-d'aile vers une nébuleuse lointaine qui se montre à nos yeux comme une légère
traînée blanchâtre. Arrêtons-nous aux premiers

soleils de cette nébuleuse, et, de ce point de l'espace, cherchons à apercevoir, à distinguer notre Soleil parmi les étoiles que nous avons laissées derrière nous; c'est en vain que nos yeux, même aidés par les plus puissants instruments d'optique, perceront l'espace afin de le découvrir; toutes ces étoiles paraissent condensées dans une étendue restreinte, et forment une agglomération de petits points brillants, une sorte d'île de lumière semblable à celles que nous avons déjà observées et auxquelles nous avons donné le nom de nébuleuses.

Les contours de cette *Nébuleuse* sont nettement dessinés, et elle est complétement isolée ; un désert immense la sépare des autres nébuleuses, et pas une étoile ne brille dans ces plaines désertes. Au milieu des ténèbres, elle nous apparaît de la Terre sous une forme que nos lecteurs ont bien des fois remarquée : elle traverse le ciel étoilé sous l'aspect d'une longue traînée blanchâtre à laquelle on a donné le nom de *Voie lactée*, qui n'est autre que l'Univers sidéral dont nous faisons partie.

Comme la Voie lactée entoure la Terre, nous nous trouvons dans cette nébuleuse, nous habitons dans son sein, et c'est dans ses domaines que gravite silencieusement notre système solaire.

Et maintenant que, placés loin de la nébuleuse dont nous dépendons, nous venons de l'examiner sous son véritable aspect, il serait curieux de nous demander quelle est notre situation dans la voie lactée. Où sommes-nous ? Cette question ne manque pas d'attrait.

On a pu conclure que nous étions placés à peu près au centre de ces étoiles qui, par leur agglomération, forment notre immense nébuleuse.

Mais, comment est-on arrivé à faire cette conclusion?

Le problème est à la fois trop intéressant et trop simple pour que je vous prive de sa solution.

Par une belle nuit étoilée, alors que brillent, dans des régions lointaines, les soleils innombrables de l'espace, contemplez le spectacle ravissant que vous offre le Ciel; avec un peu d'attention, vous ne tarderez pas à découvrir un grand centre nébuleux.

Dans tous les points de la surface du globe, cette longue trainée blanchâtre qui n'est autre, comme vous le savez maintenant, que la Voie lactée, ne peut échapper aux yeux d'un observateur. Et en quelque endroit de la Terre que nous soyions, nous nous voyons au centre de ce cercle.

Ce vaste anneau d'étoiles nous entoure de toutes parts, et le Soleil auquel nous devons la lumière et la chaleur, ce Soleil si éblouissant par lequel nous vivons, n'est qu'un atome, qu'une partie constituante bien humble de cet anneau.

Avec le télescope, cet œil de géant, la lueur diffuse, mal définie que nous observions il n'y a qu'un instant sans le secours de l'optique, disparaît pour faire place à d'innombrables étoiles parfaitement distinctes les unes des autres, et irrégulièrement assemblées : ce sont autant de systèmes solaires accompagnés de leurs parasites, les planètes.

L'historique de la Voie lactée ne manque pas de légendes toutes plus ingénieuses, plus captivantes les unes que les autres, mais toutes aussi fort invraisemblables. La mythologie, cette science des fables, s'est plu à doter, comme toutes choses d'ailleurs, à commencer par les dieux, les demi-dieux et les héros de l'antiquité, la Voie lactée d'une foule

d'images dont s'est inspiré Georges Buchanan, un
poète écossais du xvie siècle.

« Pourrai-je te passer sous silence, toi que les
anciens poètes ont tant célébrée dans leurs chants !
toi qui partages le ciel par ta large ceinture et qui
en es un des plus beaux ornements ? Tu brilles au
sein de la nuit, et, sensible à tout l'Univers, tu
frappes les yeux des mortels ; tu répands ta douce
lumière toutes les fois que l'air sans nuages nous
laisse librement porter nos regards jusqu'à la voûte
céleste. Cette blancheur éclatante qui te fait si aisément remarquer, t'a fait donner le nom de Voie
lactée, soit (si la Fable n'en a point imposé aux anciens poètes) parce que des gouttes de lait tombées
des seins de Junon coulèrent obliquement à travers
les astres, et tracèrent sur l'azur des cieux cette
bande si remarquable par sa blancheur, soit, selon
d'autres, parce que c'est le chemin qui conduit à la
demeure des dieux et au palais du tonnerre. Il en
est qui croient que c'est le séjour qu'habitent les
mânes des âmes heureuses ; que là, exemptes de
tout travail, libres de tout souci, elles vivent comme
les dieux dans une éternelle félicité. D'autres veulent que le pôle conserve encore les traces de l'incendie allumé par Phaéton, lorsque le char de
Phébus, écarté de sa route par ce conducteur no-
vice, livra à la proie des flammes les demeures
célestes, et manqua d'embraser l'Univers. Il y en a
qui prétendent que lorsque Dieu créa le monde et en
assembla les différentes parties, lorsqu'il réunit ses
flancs immenses, les extrémités du Ciel, en se liant
l'une à l'autre, laissèrent entre elles une espèce de
suture et comme une cicatrice toujours subsistante,
qui marque le point de réunion de toutes les parties. Mais ceux qui se sont occupés de rechercher

2

les causes secrètes des phénomènes célestes, ont constaté que cette bande est produite par un amas de petites étoiles contiguës, dont les clartés réunies forment cette blancheur lumineuse, semblable à celle que donne le crépuscule, ou à cette faible lumière que conservent encore les astres lorsqu'ils pâlissent à l'approche de Phébus. »

Laissant loin derrière nous les ingénieuses opinions des poètes et de nos pères, examinons ensemble notre nébuleuse.

A peine l'optique eut-elle agrandi le champ de l'astronomie, que les savants voulurent aussitôt connaître la constitution, la structure de la tribu à laquelle ils appartenaient, de la Voie lactée. William Herschel tout le premier, à l'aide du puissant télescope qu'il construisit de ses mains, prit la résolution de savoir le nombre des étoiles qui constituaient cette zone. C'est à la fin du siècle dernier qu'il mit à exécution ce gigantesque projet. Pour arriver à son but, il divisa son travail parties par parties. Grâce à une persévérance au-dessus de tout éloge, à des efforts qu'il est difficile d'imaginer, il réussit à mener à bonne fin la tâche laborieuse qu'il s'était imposée. Il compara les parties où les étoiles atteignaient leur maximum de condensation aux parties où il avait constaté le minimum, et il examina de la façon la plus attentive l'étendue occupée par ces anneaux immenses. Cet observateur infatigable, que ce travail immense n'avait pas terrifié, trouva que la Voie lactée ne renferme pas moins de dix-huit millions d'étoiles !

Dix-huit millions ! Ce nombre d'étoiles de la couche équatoriale de l'amas auquel nous appartenons, est éloquent, et ne cesse pas d'exciter notre étonnement ; cependant il est au-dessous de la réa-

lité, car dans ce nombre, William Herschel n'a pas
compté les étoiles qui se trouvent dans les parties
latérales de cette masse gigantesque. Vous verrez
dans un des chapitres suivants, qu'au sein de cette
famille, de cette tribu dont les bornes s'étendent
au loin, gravitent bien plus de dix-huit millions de
soleils.

Un second problème, conséquence immédiate du
premier, reste à éliminer. Quelle est l'étendue de
cette nébuleuse? Si nous considérons le nombre
d'étoiles qui forment la Voie lactée, les distances
réciproques qui existent entre elles, les plaines
désertes qui les séparent en tous sens, il nous est
difficile de concevoir au premier abord un nombre
assez grand mesurant cette imposante étendue. S'il
nous fallait compter en lieues un tel nombre, il faudrait ajouter aux milliards de lieues les milliards
de lieues. Mais nous avons à notre disposition un
messager qui, déjà, plus d'une fois, dans le cours
de ce volume, nous a prêté ses utiles services : ce
messager, c'est la lumière. Supposons que placés
avec un rayon de lumière à une des extrémités de
la Voie lactée, il nous emporte à la vitesse de
76,000 lieues par seconde, il nous faudrait, volant
toujours en ligne droite, pour traverser la Voie
lactée, dans sa plus grande longueur, voyager ainsi
pendant quinze mille ans.

N'est-ce pas que ces chiffres vous donnent le fris-
son, et que beaucoup d'entre les habitants de la
Terre, — planète qui a moins d'importance dans
l'Univers qu'un grain de sable perdu au milieu des
innombrables autres grains de sable qui peuplent
les mers de notre globe —, ignorent les faits qui
excitent notre admiration, tant ils sont pleins de
grandiose éloquence? Ainsi, quand nous examinons avec un télescope, et d'un point quelconque

de la surface de notre globe, une des étoiles qui brillent dans les domaines les plus reculés de la Voie lactée, notre rétine est impressionnée par un rayon parti de ce Soleil il y a plus de sept mille ans.

Il est facile de comprendre les cris d'admiration qu'ont arrachés à Byron ces merveilleuses grandeurs :

« O vous, innombrables masses de lumière qui vous multipliez et vous multipliez sans cesse à nos yeux ! Qu'êtes-vous ? Qu'est-ce que ce désert bleu et sans bornes des plaines éthérées où vous roulez comme les feuilles tombées sur les fleuves limpides d'Éden ? Votre carrière vous est-elle tracée, ou parcourez-vous dans un joyeux désordre un univers aérien, infini par son étendue ? O Dieu ou dieux, ou qui que vous soyez, que vous êtes beaux ! Que je trouve vos ouvrages parfaits !... Faites-moi mourir comme meurent les atomes (si toutefois ils meurent), ou révélez-vous à moi dans votre pouvoir et votre science... Esprit, accorde-moi d'expirer ou de voir ces merveilles de plus près ! »

Toutes les nébuleuses sont autant de voies lactées plus ou moins vastes.

Mais, puisque ces nébuleuses se montrent à nos yeux sous la forme de nuages blanchâtres, vaporeux, indécis dans leurs formes, la distance qui les sépare de nous est donc bien grande ? Si grande qu'il faudrait à notre agile messager, le rayon de lumière, pour franchir cette distance, plus de cinq millions d'années.

Suspendues dans l'immensité des domaines insondés, les nébuleuses planent dans l'espace avec leurs larges envergures, entraînant dans leurs mouvements de nombreux soleils et des mondes plus nombreux encore.

DEUXIÈME PARTIE

LES ÉTOILES

CHAPITRE PREMIER

Les Constellations

Les constellations. — Division mythologique des constellations. — Essais infructueux du christianisme pour faire disparaître les dénominations païennes des constellations. — Grandeur des étoiles; leur éclat apparent. — Proximité apparente des étoiles. — Géographie céleste; géographie ancienne. — Les zones célestes.

Nous savons donc, d'après ce qui précède, que nous faisons partie d'une nébuleuse à laquelle on a donné le nom de Voie lactée, que nous habitons dans son sein, et que notre Soleil est une des nombreuses étoiles composantes de cette vaste agglomération d'étoiles. Les autres amas d'étoiles, plus ou moins éloignés, plus ou moins nombreux, et dont les limites sont plus ou moins étendues, sont autant d'univers peuplés de soleils aussi resplendissants que le nôtre. Nous venons de contempler le spectacle grandiose et merveilleux, — spectacle qui a si vivement frappé nos esprits qu'il nous a laissés dans une profonde admiration —, qu'offre l'ensemble de ces univers.

Désormais nous abandonnerons ces univers lointains et mystérieux, pour ne nous occuper que de notre univers sidéral. Nous étudierons les étoiles que nous voyons briller au-dessus de nos têtes pendant les nuits silencieuses ; descendant du grand au petit, nous restreindrons nos vues, nous embrasserons de moins grands espaces, afin de porter nos regards, avec une attention plus soutenue, sur les îles de lumière qui constituent notre archipel céleste.

Quand, par une belle nuit étoilée, nous examinons le ciel, nous voyons les milliers de points lumineux qui le parsèment en tous sens, briller avec des éclats différents : pendant que celui-ci scintille avec ardeur, cet autre n'offre à nos yeux qu'une clarté peu vive ; nous remarquons en outre que ces points sont répandus sans ordre à travers l'espace. Ces deux causes et le nombre considérable des étoiles ont empêché de donner un nom à chacune de celles-ci.

« Pour les reconnaître et en faciliter l'étude », dit Camille Flammarion, « on a partagé la sphère céleste en sections. L'astronomie des premiers peuples s'est bornée à quelques distinctions grossières ; on a d'abord remarqué et nommé les planètes et les plus belles étoiles, mais quand on a voulu étudier avec plus de soin et qu'on a eu besoin de désigner les astres d'un éclat moindre, on n'a pu suivre une méthode dont on sentait l'imperfection. On s'est conduit comme le font les naturalistes, qui, pour dénommer les espèces des trois règnes, réunissent sous un nom commun un certain nombre d'individus, qu'ils distinguent ensuite entre eux par une qualification. Les astronomes ont réuni les étoiles en divers groupes, sur lesquels ils ont dessiné un animal ou un être fabuleux. On imposa à ces groupes ou *constellations* des noms tirés de la fable, de l'histoire ou des règnes de la nature. Ces dénominations, consacrées par l'antiquité, ne sont pas absolument arbitraires, et, de même que l'imagination trouve parfois des figures dans les contours capricieux des nuages, de même nos aïeux ont cru reconnaître dans le ciel certaines ressemblances, auxquelles ils ont ajouté des allusions historiques et mythologiques suffisantes pour animer le ciel d'une sorte de vie fantastique. La nécessité de se guider sur les mers obligea l'homme à choisir dans les cieux d'invariables points de repère sur lesquels il pût orienter sa course; et c'est là l'origine historique des constellations. On forma des cartes représentatives du ciel, et, dès Hipparque, astronome grec, on put classer les étoiles, en les distinguant selon leur éclat, dans les positions occupées par chacune d'elles sur les figures dessinées. »

Il était absolument nécessaire d'avoir une méthode pour trouver, parmi les nombreuses étoiles que nous distinguons à l'œil nu, une étoile particulière. On ne sait pas au juste l'époque de la formation des constellations, mais on sait qu'elles ont été établies successivement. Le précepteur de Jason, le centaure Chiron paraît être le premier qui a partagé le ciel sur la sphère des Argonautes; mais Job qui vivait avant Chiron, a parlé d'Orion, des Pléiades, des Hyades. Homère, dans le chant XVIII de l'*Iliade*, parle également de ces constellations : « Sur la surface, » dit-il, « Vulcain, avec une divine intelligence, trace mille tableaux variés. Il y représente la terre, les cieux, la mer, le soleil infatigable, la

lune dans son plein, et tous les astres dont se couronne le ciel ; les Pléiades, les Hyades, le brillant
Orion, l'Ourse, qu'on appelle aussi le Chariot, et
tourne autour du pôle : c'est la seule constellation
qui ne se plonge point dans les flots de l'Océan. »

De nos jours encore, la même division mythologique règne en maîtresse dans la description du
ciel. Maints essais furent tentés, à diverses époques,
dans le but de faire disparaître ces dénominations
païennes et de substituer à celles-ci notamment
des dénominations chrétiennes ; c'est ainsi que l'on
voit sur certaines cartes anciennes, saint Pierre
remplacer le Bélier, saint André le Taureau, etc.
Mais le paganisme, en cette circonstance, a triomphé
du christianisme ; les tentatives ont échoué, et il
n'est pas un nom chrétien qui ait survécu, car le
chariot de David, le sceau de Salomon, les trois Rois
mages, ou le bâton de Jacob, etc., datent de plus
haut.

Quand, par une nuit claire, nous observons le ciel
et les milliers de points brillants, de soleils qui le parsèment, nous ne tardons pas à nous apercevoir que
ces soleils, — nous l'avons précédemment expliqué, — ont des éclats différents, que la lumière qu'ils
répandent au loin à travers les immenses plaines
célestes est plus ou moins vive : ce phénomène a fait
classer les étoiles par ordre de grandeur. Il est
utile ici que nous nous entendions sur ce mot de
grandeur qui, véritablement, est fort impropre. Ce
mot date de l'époque où l'on croyait que les étoiles
les plus brillantes étaient les plus grosses : cette
hypothèse ne manque pas de plaire au premier
abord ; mais elle ne résiste pas à l'analyse, car le
moindre raisonnement suffit pour nous débarrasser
d'elle et pour nous montrer la sublime réalité.

Quand nous parlons aujourd'hui de grandeur des étoiles, nous entendons parler de leur éclat *apparent*. Cet éclat apparent dépend de plusieurs causes, dont trois surtout sont essentielles : 1° la grosseur réelle des étoiles ; 2° leur lumière intrinsèque ; 3° la distance qui les sépare du monde que nous habitons. On entend donc par étoiles de première grandeur, celles qui se montrent à nos yeux comme les plus brillantes ; les étoiles de deuxième grandeur sont moins brillantes que les premières, et ainsi de suite. Cependant, en général, les étoiles les plus brillantes sont les plus rapprochées, et celles qui ne se montrent à nous que comme de pâles lueurs que l'on dirait mourantes, habitent les régions les plus lointaines. Ainsi, quand nous parlerons de la grandeur des étoiles, soleils de l'espace, nous aurons en vue leur éclat apparent.

Nous savons maintenant que le ciel n'est pas une sphère concave parsemée de points brillants ; nous savons qu'au-dessus de nos têtes, il n'y a pas de voûte, que l'Univers dans lequel habitent des soleils infinis est lui-même infini, que cet Univers n'a pas de limites. Nous savons enfin que les étoiles sont disséminées à toutes les distances dans l'immensité.

Regardons ensemble le ciel ; voyez-vous, là-bas, dans les profondeurs de l'espace, ces deux étoiles voisines l'une de l'autre ? Vous êtes tentés de croire qu'elles sont également distantes de la Terre. Il n'en est cependant point ainsi que vous le pensez ; l'apparente proximité de ces étoiles n'entraîne pas nécessairement leur proximité réelle. On dirait, d'ici, que ces soleils gravitent silencieusement, côte à côte, dans les mêmes domaines ; mais ils peuvent être très-éloignés l'un de l'autre dans le sens de la profondeur. Réunissons dans un même groupe plusieurs étoiles de proximité apparente; il n'est pas raisonnable de conclure que ces étoiles formant une même constellation, se trouvent sur un même plan et à une égale distance de la Terre. Elles sont disséminées dans l'espace, à toutes les profondeurs. Ce qui nous induit en erreur, ce qui fait que nous donnons volontiers à cette apparence les qualités de la réalité, c'est la position que nous occupons vis-à-vis d'elles.

Si nous quittions la Terre pour nous rendre à des points éloignés de l'espace, d'où nous puissions considérer ce même groupe d'étoiles, nous verrions augmenter la variation de la disposition apparente de ces astres, à mesure que nous nous éloignerions de notre globe. Mais les points de l'espace qu'il nous faudrait occuper pour apercevoir que cette apparence est mensongère devraient être assez reculés; il faudrait que nous sortions des domaines de notre système, car si nous nous arrêtions à la dernière planète qui habite les confins de notre système, si nous nous arrêtions à Neptune, les étoiles nous apparaîtraient comme elles nous apparaissaient de la Terre.

Pour que cette apparence disparût complètement à nos yeux, pour que nous vissions que des espaces considérables existent entre ces étoiles, il faudrait nous transporter dans les domaines d'une autre étoile. Si nous voyagions d'étoile en étoile, de système en système, nous verrions s'opérer des changements successifs pour chaque groupe d'astres.

Une fois ces illusions disparues, on peut commencer la description des figures dont la Fable antique a constellé la sphère. Il est absolument nécessaire que nous fassions connaissance avec les constellations, pour que nous puissions observer le ciel. Sans la connaissance de ces constellations, nous voyagerions dans un pays absolument inconnu, et nous ne tarderions pas à nous égarer, sans la moindre chance de retrouver notre route au milieu de cet espace infini peuplé d'innombrables étoiles. Nos aïeux ont eu le soin de faire la géographie du ciel, géographie à laquelle les plus célèbres astronomes contemporains ont collaboré de leur côté; les générations qui nous suivront, découvrant aussi quelques mondes inconnus, apporteront leur pierre à la construction de cet immense édifice qu'on appelle la géographie céleste. Mais, profitant des connaissances actuelles, je vais vous conduire à travers le ciel d'étoile en étoile. Je ne vous dessinerai pas ici les figures d'animaux, d'hommes et d'objets dont nos ancêtres ont orné la sphère céleste, car elles ne sont pas indispensables à l'étude que nous poursuivons, l'étude de l'astronomie pratique; elles ne peuvent servir qu'à l'histoire du ciel.

Autrefois on gravait avec un goût tout particulier des atlas célestes où l'on représentait ces figures; on était arrivé à une telle perfection qu'on avait fini par oublier les étoiles, et que le Ciel était devenu une véritable ménagerie.

Débrouillons-nous donc au milieu du chaos de tant de points lumineux.

Choisissons, pour faire cette révision, un point quelconque situé à la surface de la Terre, par exemple, l'horizon de Paris. Ainsi que je vous le démontrerai plus loin, la Terre met environ vingt-quatre heures pour exécuter une rotation entière autour de son axe; il résulte de ce fait que la portion de la voûte céleste visible de la station que nous avons choisie, défile devant nos yeux pendant le même temps. Nous pourrions donc faire cette revue en vingt-quatre heures; mais, pendant le jour, l'atmosphère est tellement illuminée, qu'il nous est impossible d'apercevoir les étoiles. L'alternative du jour et de la nuit ne nous permet donc de voir qu'une partie des étoiles visibles dans un lieu donné.

« Heureusement », dit M. A. Guillemin, « le mouvement de la Terre dans son orbite annuelle résout cette difficulté. En vertu de ce mouvement, chaque nuit vient nous montrer de nouvelles étoiles, tandis que d'autres d'abord visibles disparaissent. Dans le cours d'une année, la Terre présente ainsi successivement l'un quelconque de ses hémisphères obscurs à toutes les parties du Ciel, à toutes celles du moins qui peuvent correspondre à l'horizon de l'observateur.

» Enfin, il ne faut pas perdre de vue que, même dans cette hypothèse, toute une partie de la voûte céleste restera encore invisible. Il va suffire, pour s'en convaincre, de se rappeler quel est l'effet du mouvement diurne de rotation sur l'aspect du ciel en un lieu donné de la Terre, à Paris, je suppose. Un point situé à une certaine hauteur au-dessus de cet horizon, et au nord dans la direction du méridien, reste immobile. C'est l'un des pôles. Puis, autour de ce point les étoiles semblent décrire, du levant au couchant, des cercles de plus en plus grands à mesure qu'elles sont plus éloignées du pôle. Tant que ces cercles ne vont pas atteindre l'horizon par leur arc inférieur, les étoiles ne se lèvent ni ne se couchent et restent constamment visibles : ce sont les étoiles *circompolaires*. Au delà, les cercles décrits plongent en partie au-dessous de l'horizon, grandissant jusqu'à un cercle limité qui est l'équateur. Puis, en s'éloignant encore, les étoiles décrivent des arcs de plus en plus courts, du côté du midi. Les dernières se lèvent à peine pour bientôt se coucher et disparaître. On conçoit donc qu'il reste toute une zone d'étoiles, lesquelles n'émergeant jamais au-dessus de l'horizon de Paris, sont à jamais invisibles pour tous les lieux de la Terre qui ont cette même latitude. Ce sont les étoiles qui environnent le pôle méridional du ciel, et qu'un observateur découvrirait peu à peu à mesure qu'il descendrait en s'approchant des régions équatoriales de la Terre. »

En chaque endroit de la Terre, le ciel peut donc être considéré comme formé de trois zones : la première est visible pendant la nuit, d'un bout de l'année à l'autre; la seconde n'est visible qu'en partie, la troisième est toujours invisible.

Passons successivement en revue ces trois zones.

CHAPITRE II.

Constellations visibles sur l'horizon de Paris.
— Zone circompolaire.

Étoile polaire ; son immobilité ; combien il est utile de savoir la reconnaître ; un exemple entre mille. — La Grande Ourse ; ses noms différents. — La Grande Ourse et le poète Ware. — Les Grecs et les deux Ourses. — Rôle et importance de l'étoile polaire. — Cassiopée. — La Petite Ourse. — Le Dragon, Céphée, la Girafe, le Lynx. — La Chèvre et le Cocher. — Persée et Algol.

Examinons d'abord la zone, toujours visible, pour tous les points de la Terre qui ont même latitude septentrionale que Paris.

Supposons que nous sommes à la fin de l'automne, vers le 20 décembre, pendant la nuit du solstice d'hiver. Après nous être orientés, dirigeons nos regards vers le côté nord du ciel.

Imaginez-vous un cercle qui, rasant l'horizon au nord même, vienne se terminer un peu au delà du zénith, qui est le point du ciel situé verticalement au-dessus de nos têtes ; le centre de ce cercle idéal sera à peu près à égale distance du zénith et de l'horizon ; c'est le pôle céleste septentrional. Une étoile assez brillante, de seconde grandeur, *l'étoile polaire*, se trouve très-près de ce point. Il est important de savoir reconnaître cette étoile, car seule, parmi les milliers d'astres qui scintillent dans nos nuits étoilées, elle reste immobile ou à peu près immobile dans les cieux. A quelque moment de l'année que vous observiez le lieu permanent de l'espace qu'elle occupe, vous la verrez toujours briller : gardienne fidèle du pôle nord, elle semble observer une consigne inviolable, car elle n'abandonne jamais son poste. La Polaire demeure immobile : aussi sert-elle de point fixe aux navigateurs de l'Océan, comme aux voyageurs du désert inexploré. Nous indiquerons bientôt le moyen de la reconnaître.

« Sur mille faits que je pourrais citer », dit M. C. Flammarion, « pour montrer combien l'étoile polaire et sa constellation, toujours visibles au nord, ont sauvé de fois la vie de voyageurs égarés dans les ténèbres, je me contenterai du suivant :

« Le 4 avril 1799, le général anglais Baird, lors de la guerre contre Tippoo-Saïb, reçut l'ordre de marcher durant la nuit, pour reconnaître une hauteur sur laquelle on supposait que l'ennemi avait placé un poste avancé ; le capitaine Lambton l'accompagnait comme aide de camp. Après avoir traversé à plusieurs reprises cette hauteur sans y rencontrer personne, le général résolut de retourner au camp. Cependant, comme la nuit était claire et que la constellation de la Grande Ourse était près du méridien, le capitaine Lambton remarqua qu'au lieu de retourner au sud, comme il le fallait pour revenir au camp, la division s'avançait vers le nord, c'est-à-dire vers le gros de l'armée ennemie ; et il avertit immédiatement le général de cette méprise. Mais cet officier qui s'inquiétait fort peu de l'astronomie, répliqua qu'il savait très-bien ce qu'il faisait sans consulter les étoiles. A l'instant même, le détachement tomba dans un avant-poste ennemi. Cette surprise ayant trop bien confirmé l'observation du

capitaine, on se hâta d'abord de disperser les soldats
de l'avant-poste, puis de rebrousser chemin. On se
procura de la lumière, on consulta une boussole, et
on trouva, comme le disait en riant l'officier astronome, que les étoiles avaient raison. »

Examinons vers la droite, dans la figure 10, un
groupe de sept étoiles de seconde grandeur. Il ap-

Fig. 10. — Constellations circompolaires boréales (ciel
de l'horizon de Paris).

partient à une constellation du ciel boréal à laquelle
on a donné le nom de *Grande Ourse*. Arrêtons-nous
un instant en ce point du ciel, d'où nous partirons
tout à l'heure, pour aller vers les autres ; elle nous
servira de point de repère pour trouver ses compagnons. Cette constellation, que l'on surnomme aussi
le *Chariot de David*, que les latins nommaient *Septem-*

triones (d'où est venu le mot septentrion), ou encore *Helix*, *Plaustrum*, que les Grecs ont saluée sous le nom d'Ἄρκτος κεφᾶλη, ἕλίκη, etc., est appelée par les Arabes *Aldebb al Akbar* ; les Chinois l'ont honorée, il y a trois mille ans, dans le *Tcheou-pey*, comme la divinité du Nord.

Il n'est certes pas un de vous qui n'ait vu cette constellation. Tout enfant, on a dû vous apprendre à la distinguer entre les autres groupes d'étoiles. Elle est formée par sept belles étoiles, dont quatre en quadrilatère et trois à l'angle d'un côté. Les quatre étoiles du quadrilatère forment le corps de l'Ourse, tandis que les trois étoiles inférieures forment la queue. Les deux étoiles extrêmes du quadrilatère se nomment les *gardes*. Dans le *Chariot*, les quatre étoiles forment les roues, tandis que les trois autres forment le timon. Six des sept étoiles principales de cette constellation sont à peu près égales en éclat, et de seconde grandeur. Mais on peut facilement reconnaître à l'œil nu que l'étoile du corps de l'Ourse la plus voisine de la queue est inférieure aux autres. L'étoile du milieu du timon, est accompagnée, vers la gauche, d'une toute petite étoile que les bonnes vues peuvent distinguer et à laquelle on a donné le nom d'*Alcor* ; on l'appelle aussi le *cavalier* ; les Arabes la nomment Saïdak, c'est-à-dire l'épreuve, parce qu'ils s'en servent pour éprouver la portée de la vue. Humboldt affirme qu'il n'a pu distinguer cette étoile, à l'œil nu, que fort rarement, en Europe. Quant à moi, quand le temps le permet, sous le ciel de Paris, je la vois à toute époque.

Elle veille nuit et jour au-dessus de l'horizon du nord ; elle ne se couche jamais ; elle tourne lentement en vingt-quatre heures autour de la Polaire.

Plusieurs poètes ont chanté cette brillante constellation. Ecoutez ce que dit, à son sujet, Ware, poète américain :

« Avec quels pas grandioses et majestueux cette glorieuse constellation du nord s'avance dans son cercle éternel, suivant parmi les étoiles sa voie royale dans une clarté lente et silencieuse ! Création puissante, je te salue ! J'aime te voir, errant dans les brillants sentiers, comme un géant superbe à la forte ceinture, sévère, infatigable, résolu, dont les pieds ne s'arrêtent jamais devant le chemin qui les attend. Les autres tribus abandonnent leur course nocturne et reposent sous les vagues leurs orbes fatigués ; mais toi, tu ne fermes jamais ton œil brûlant et ne suspends jamais ton pas déterminé. En avant, toujours en avant ! tandis que les systèmes changent, que les soleils se retirent, que les mondes s'endorment et se réveillent, tu poursuis ta marche sans fin. L'horizon prochain essaye de t'arrêter, mais en vain. Sentinelle vigilante, tu ne quittes jamais ta faction séculaire ; mais, sans te laisser surprendre par le sommeil, tu gardes la lumière fixe de l'univers, empêchant le nord de jamais oublier sa place...

« Sept étoiles habitent dans cette brillante tribu ; la vue les embrasse toutes ensemble ; leurs distances respectives ne sont pas inférieures à leur éloignement de la Terre. Et c'est encore là l'éloignement réciproque des foyers célestes. Des profondeurs du ciel, inexplorées par la pensée, les rayons perçants dardent à travers le vide, révélant aux sens les systèmes et les mondes sans nombre. Que notre vue s'arme du télescope et qu'elle explore les cieux. Les cieux s'ouvrent, une pluie de feux étincelants tombe sur nos têtes, les étoiles se resserrent, se condensent dans des régions si éloignées, que leurs rayons rapides (plus rapides que toute chose) ont voyagé pendant des siècles avant d'atteindre la Terre. Terre, soleils et constellations plus voisines, qu'êtes-vous parmi cette immensité infinie? »

Ces pensées ont été inspirées à Ware par la vérité scientifique. Elles sont bien au-dessus des fictions que nous a léguées la fable antique.

Les Grecs considéraient la Grande et la Petite Ourse comme Callisto et son chien.

Jupiter avait eu de Callisto un fils, le Bouvier; il avait placé cette nymphe et son fils dans le Ciel. Mais l'épouse de Jupiter, Junon, fut tellement courroucée d'un tel fait, qu'elle alla trouver Téthys, la souveraine des ondes; et elle obtint d'elle que ces constellations ne se baigneraient jamais dans l'Océan. C'est ainsi qu'on expliquait leur présence perpétuelle au-dessus de l'horizon. Certains poètes ont prétendu que les deux Ourses n'étaient autres que les deux nymphes qui ont nourri Jupiter sur le mont Ida; pour d'autres, elles représentaient les bœufs d'Icare.

Laissons là ces fantaisies que l'antique mythologie a répandues, et continuons notre voyage à travers l'espace.

Reportons-nous à la fig. 10. Revenons à l'étoile polaire. Prolongeons, dans ce but, la ligne droite qui joint les Gardes, en nous approchant du centre de la portion du ciel qui est en vue. A une distance d'environ cinq fois l'intervalle qui sépare ces deux étoiles, nous retrouvons la Polaire qui est aussi de seconde grandeur.

La Polaire joue un grand rôle dans le Ciel boréal. Nous avons dit précédemment qu'elle semblait immobile, en conservant la même hauteur au-dessus d'un horizon quelconque. Au contraire, toutes les étoiles tournent en vingt-quatre heures autour d'elle, prise pour centre de cette immense rotation. Cette étoile est, pour ainsi dire, l'un des pivots de l'axe idéal autour duquel la Terre exécute sa rotation diurne.

Il en résulte que la Grande Ourse, d'abord située à l'orient du pôle, à minuit, heure que nous avons choisie pour le début de notre voyage à travers le Ciel, remontera vers le zénith à mesure que la nuit s'écoulera. Vers six heures du matin, elle se trouvera située au-dessus de la Polaire, et à six heures du soir, elle sera au-dessous du pôle et près de l'horizon. Toutes les étoiles participent à ce mouvement d'ensemble.

A l'ouest de la Polaire se trouve une autre constellation facile à reconnaître. Si de l'étoile du milieu de la Grande Ourse (la moins brillante des sept), on mène une ligne à la Polaire, en prolongeant cette ligne d'une égale quantité, on traverse la figure de *Cassiopée*, formée de six étoiles, dont deux sont de la seconde grandeur, deux de la troisième et deux de la quatrième. Ces six étoiles sont disposées un peu comme les jambages écartés de la lettre M ; elles forment aussi une sorte de chaise renversée.

Entre la Grande Ourse et Cassiopée, on rencontre la *Petite Ourse*, dont la Polaire est l'étoile la plus brillante. Sept des étoiles qui la composent forment une figure ayant avec les sept étoiles de la Grande Ourse une grande ressemblance, mais placée en sens inverse.

On aperçoit, au-dessous de la Petite Ourse, une série d'étoiles formant une ligne sinueuse qui se termine, par l'une de ses extrémités, près des Gardes de la Grande Ourse, et de l'autre, par un groupe de quatre étoiles rangées en trapèze : c'est le *Dragon*. *Céphée*, la *Girafe* et le *Lynx* sont trois autres constellations voisines du pôle. Céphée est située entre la Petite Ourse et Cassiopée ; la Girafe, est opposée au Dragon ; quant à la constellation du Lynx, elle est située du même côté que la Girafe. Elles n'offrent ni les unes ni les autres rien de bien remarquable, surtout les deux dernières.

Parmi toutes les étoiles qui, sur l'horizon de Paris, ne se couchent jamais, la plus brillante est une étoile de première grandeur, la *Chèvre*. Vers le 20 décembre, à minuit, la Chèvre est très-près du zénith. On peut trouver cette étoile en prolongeant la ligne qui joint les deux étoiles du quadrilatère de la Grande Ourse, les plus voisines du pôle. La Chèvre fait partie de la constellation du *Cocher*.

Au nombre des constellations visibles au moins en partie pendant toute l'année, et dont les étoiles environnant le pôle ont reçu, pour cette raison, le nom d'*étoiles circompolaires*, il faut ranger *Persée*, qu'on aperçoit dans le voisinage du Cocher. C'est dans Persée que se trouve l'étoile *Algol* ou *Tête de Méduse*. Cette étoile appartient à une classe d'étoiles variables dont nous parlerons plus loin avec détail. Au lieu de garder un éclat fixe, comme les autres astres, elle a des variations singulières de lumière ; elle passe de la seconde grandeur à la quatrième dans une très-courte période.

J'ai supposé, pour décrire la zone circompolaire boréale, que nous étions au 20 décembre à minuit. Mais il est facile de trouver son aspect et sa position pour une heure quelconque de la nuit, ou pour toute autre époque de l'année. Comme la rotation entière du mouvement diurne s'effectue en vingt-quatre heures sidérales, le quart du mouvement total s'accomplit en six heures. Il résulte de ce phénomène, qu'une constellation, comme Cassiopée, par exemple, qui à minuit est à gauche du pôle, était au-dessus à six heures du soir, et se trouve au-dessous, vers l'horizon, à six heures du matin.

L'aspect changera d'un jour à l'autre; chaque étoile viendra occuper de plus en plus tôt la même position que les nuits précédentes. Cette avance est de six heures tous les trois mois.

Il y a, dans le groupe d'étoiles que nous venons de décrire, l'un des plus grands drames de la mythologie dont nous ne voudrions pas priver le lecteur.

Cassiopée, femme de Céphée, roi d'Ethiopie, eut un jour la vanité de se croire plus belle que les Néréides, malgré la couleur africaine de son teint. Ces nymphes mises en fureur par une telle prétention, supplièrent Neptune de les venger d'un affront aussi colossal; le souverain des mers ordonna à un monstre marin de ravager les côtes de Syrie. Pour conjurer le fléau, Céphée enchaîna sa fille Andromède sur un rocher, et l'offrit en sacrifice au terrible monstre. Mais le jeune Persée, touché de tant de malheurs, enfourcha le cheval Pégase, modèle des coursiers, et partit pour le rocher fatal. Il arriva juste au moment où Andromède allait devenir la proie du monstre marin. A cette vue, Persée se précipite du haut des airs sur le monstre, lui tranche la tête, et délivre Andromède évanouie.

En commémoration de ces exploits, toute la famille fut installée au Ciel; de nos jours, on peut encore, avec un peu de bonne volonté, voir tracé, sous le dôme étoilé, ce drame émouvant : Céphée trône, couronne sur la tête et sceptre en main; à ses côtés, il a sa femme Casssiopée, assise sur un fauteuil orné de palmes; un peu plus loin, Andromède est enchaînée sur un rocher; uné norme monstre marin la mord aux flancs ; un peu en avant, Pégase vole dans les airs ; quant à Persée, le héros de la pièce, il tient dans sa main droite un glaive recourbé et dans sa main gauche la tête de Méduse.

Voici comment Daru a chanté le combat de Persée contre le monstre :

Le héros fond sur lui sans se laisser atteindre,
S'élève, redescend, frappe encor, mais en vain.
L'écaille impénétrable a repoussé l'airain.
Le monstre est en fureur; Andromède éperdue
De cet affreux combat veut détourner la vue,
Pousse un cri lamentable et, levant ses beaux yeux,
Retrouve son vengeur qui plane dans les cieux.
La fille de Céphée, en sa douleur mortelle,
Pleure, frémit de crainte, et ce n'est plus pour elle.
Mais enfin le héros vers le monstre abhorré
Précipite son vol, et d'un bras assuré
Du sang de la Gorgone encor toute trempée.
C'en est fait; à ses pieds revoyant son vengeur,
Andromède a senti redoubler sa rougeur ;
Les dieux sont satisfaits ; et, près de lui placée,
Jusqu'au brillant Olympe elle a suivi Persée.
Par quels beaux exploits monte-t-on dans les cieux?

Voilà ce que l'œil mythologique peut encore contempler par une belle nuit d'été.

CHAPITRE III.

Constellations visibles au sud de l'horizon de Paris. — Étoiles de la zone équatoriale.

Orion : sa nébuleuse ; Rigel, étoile sextuple d'Orion ; Orion et le poëte Longfellow. — Le Taureau. — Les Hyades. — Les Pléiades. — Constellation du Grand Chien ; Sirius ; Sirius et les Égyptiens. — Le Petit Chien. — Les Gémeaux. — Le Bélier. — La Baleine. — L'Éridan. — Le Lion. — L'Épi de la Vierge. — Le Bouvier. — La Chevelure de Bérénice. — La Couronne boréale. — La Balance, le Corbeau, la Coupe, le Scorpion, le Centaure. — Les Chiens de chasse, le Petit Lion, le Cancer, l'Hydre, la Licorne. — Hercule. — La Lyre. — Le Cygne. — Le Renard, la Flèche, le Dauphin, le Verseau, le Capricorne. — Le Sagittaire. — Le Scorpion. — Ophiucus et le Serpent. — Le Serpentaire. — L'Aigle. — Le Carré de Pégase. — Andromède. — Les Poissons, le Bélier. — La Baleine. — Le Poisson austral.

Supposons que nous sommes à la fin de l'automne vers le 20 décembre, à l'heure de minuit.

L'étendue de la zone équatoriale est considérable, car elle embrasse presque la moitié de l'arc de l'horizon qui va de l'est à l'ouest en passant par le point sud, et s'étend en hauteur jusque vers le zénith. On y remarque les plus belles constellations, et on y voit briller les plus belles étoiles. La zone équatoriale est en outre partagée en deux par la voie lactée.

Orion est la plus belle des constellations ; elle occupe à peu près le milieu de la figure 11. Elle

forme un grand quadrilatère, plus haut que large ; à
son centre, on aperçoit trois étoiles de seconde grandeur et bien connues sous le nom des *Trois Rois
Mages* ou du *Bâton de Jacob* ; dans nos campagnes,
on les distingue encore sous le nom populaire du
Râteau. Deux des étoiles du quadrilatère sont de
première grandeur : on les nomme, celle de l'angle

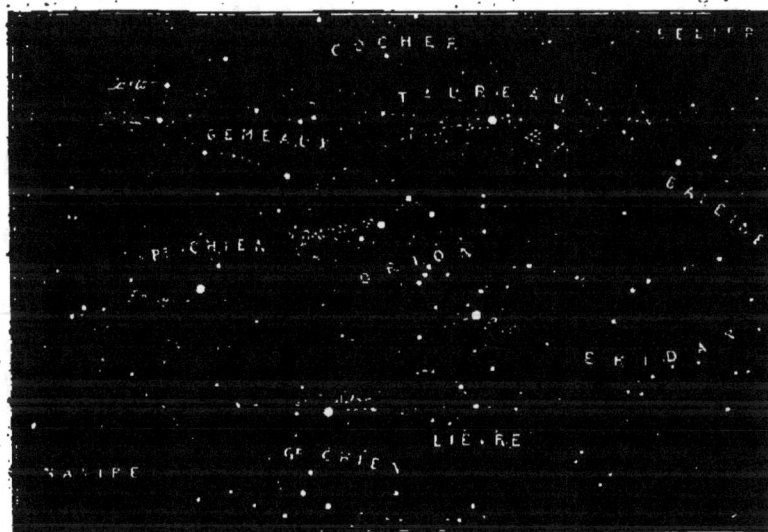

Fig. 11. — Zone équatoriale : Orion, le Taureau, etc.,
(ciel de l'horizon de Paris).

nord-est, *Betelgeuse*, celle de l'angle sud-ouest,
Rigel.

La constellation d'Orion renferme non-seulement
les étoiles les plus brillantes, mais elle recèle encore
dans son sein de merveilleux trésors capables de
captiver les imaginations les moins ardentes. La
première fois que, grâce au télescope, il m'a été
donné de contempler de plus-près les merveilles si

variées de cette constellation, j'en ai été si vivement charmé, qu'il m'en est resté une impression inoubliable. Aussi, je ne saurais résister au
désir bien naturel de vous parler longuement d'elle
et de vous initier à toutes ses beautés qui la rendent si digne d'intérêt, je dirai plus, d'admiration.

Parlons d'abord de sa nébuleuse, située au-dessous de la seconde étoile du *Baudrier*, — c'est encore
un nom donné au Râteau —. Ce fut Huyghens qui la
découvrit le premier, en 1656.

« Les astronomes », dit Huyghens, « ont compté
dans l'*Épée*(1) d'Orion, trois étoiles très-voisines l'une
de l'autre. Lorsque, en 1656, j'observai par hasard
celle de ces étoiles qui occupe le centre du groupe,
au lieu d'une, j'en découvris douze; résultat que
d'ailleurs il n'est pas rare d'obtenir avec les télescopes. De ces étoiles, il y en avait trois qui, comme
la première, se touchaient presque, et quatre autres
semblaient briller à travers un nuage, de telle façon
que l'espace qui les environnait paraissait beaucoup
plus lumineux que le reste. »

Selon J. Herschel, elle occupe sur le ciel un espace
dont les dimensions apparentes ont la même étendue
que le disque lunaire. Quand on songe à l'éloignement qui nous sépare d'elle, on est effrayé de l'étendue véritable qu'elle occupe.

Depuis Huyghens, les astronomes se sont particulièrement préoccupés de cette nébuleuse; ils l'ont
étudiée avec un soin tout particulier. Les merveilles
qu'elle recèle se sont multipliées avec les progrès de
l'optique. Au centre, on voit une partie plus brillante
dont la forme est singulière; John Herschel la com-

---

(1) Au-dessous du Baudrier est une traînée lumineuse de trois
étoiles très rapprochées : c'est l'*Épée*.

pare à la tête d'un animal monstrueux, dont la
gueule reste béante et dont le nez se prolonge
comme la trompe d'un éléphant. Cette nébuleuse a
non-seulement des formes curieuses, une étendue
considérable, mais elle est aussi remarquable à
un autre point de vue; d'étranges phénomènes s'y
rattachent, ce sont les changements que l'on a
observés en elle. En effet, la comparaison des dessins de Lamont, d'Herschel, de Liapounov et de
Bond a suggéré l'idée que la nébuleuse d'Orion a
subi, dans les intervalles des observations, des
changements assez importants. Ce fut, dès l'origine,
l'opinion de plusieurs astronomes, qui trouvaient
de grandes différences entre leurs représentations
de la nébuleuse. Ces différences provenaient alors
de l'imperfection des instruments et de l'inégalité
de leur netteté et de leur fonction. Il y a quelques
années encore, on vient de remarquer en Angleterre une disparition d'éclat à travers un endroit
sombre qui n'existait pas il y a dix ans.

Ici se place tout naturellement la question suivante : les différences signalées entre les observations modernes, bien que moins frappantes que
celles d'il y a un ou deux siècles doivent-elles être
mises sur le compte des instruments ou des circonstances atmosphériques ?

Nous laissons la parole aux grands maîtres de la
science astronomique.

J. Herschel fait remarquer la difficulté de repré-
senter avec exactitude les diverses parties d'objets
aussi complexes, les intensités relatives, les positions et les contours exacts de lueurs si faibles, et
dont l'aspect change aussi bien avec le pouvoir optique qu'avec la pureté plus ou moins grande de
l'atmosphère. L'opinion de Struve n'est pas absolu-

ment conforme à l'opinion de J. Herschel. « Les observations concernant la distribution de l'éclat de la matière nébuleuse », dit-il, « n'accusent presque aucun changement de forme, mais bien des fluctuations dans l'état des différentes parties. L'impression générale que j'ai reçue de ces observations est que la partie centrale de la nébuleuse se trouve dans un état d'agitation continuelle comme la surface d'une mer. » Écoutez maintenant M. Liapounov : « J'ai été frappé de la grande différence qui existe dans les dessins de MM. Herschel et Bond, par rapport aux formes et à la constitution de la région centrale, la plus lumineuse et la mieux définie de toutes les parties de la nébuleuse. Il est presque impossible de concilier sous ce rapport les deux dessins, sans admettre la supposition d'un changement considérable qu'aurait subi cette région dans l'intervalle écoulé entre les époques des deux observations. » (*Observations de la nébuleuse d'Orion faites à Cazan.*) Ce savant avait aussi remarqué l'état d'agitation, signalé par Struve, de cette même région centrale, car son journal d'observation du 24 février 1851 portait la note suivante : « Toute la région me paraît offrir aujourd'hui les apparences d'une surface liquide, qui se trouve en mouvement ondulatoire rapide ». Peut-on nier que la cause de cette agitation apparente n'était pas dans l'état des couches de l'air de notre atmosphère ?

Orion possède bien d'autres richesses. L'étoile Rigel est une belle étoile *double* qui se compose d'un soleil blanc et d'un soleil bleu. On rencontre encore deux autres systèmes binaires dans les deux étoiles des extrémités du Baudrier : car celle de droite est formée d'un soleil blanc et d'un soleil pourpre; la seconde, d'un soleil jaune et d'un soleil bleu.

« Ainsi », dit M. C. Flammarion, « voilà trois systèmes de mondes les plus dissemblables réunis
dans la même constellation. Dans chacun de ces
systèmes, deux soleils au lieu d'un ; non-seulement
deux soleils comme le nôtre, mais deux soleils diversement colorés; sur les planètes qui appartiennent au premier, un astre blanc et un astre bleu
se disputent l'empire du jour, donnant naissance,
par les combinaisons sans nombre de leur chaleur,
de leur lumière, de leur puissance électrique, à une
variété d'actions incomparable et inimaginable pour
nous, qui sommes voués à un unique Soleil. Sur
les planètes qui appartiennent au second, c'est un
Soleil pourpre qui vient diversifier la blanche lumière de son congénère. Sur celle du troisième,
le nombre des couleurs, essentiellement différentes
des nôtres, puisqu'il n'y a point là de lumière
blanche génératrice de toutes les teintes, présente
une série inconnue des nuances issues des mariages
de l'or et du saphir! »

Mais nous ne connaissons pas encore toutes les
richesses de cette immense constellation. Elle renferme, en outre, le plus complexe des systèmes
multiples qu'on ait jamais rencontrés. Dans la nébuleuse d'Orion sur laquelle je me suis longuement
arrêté tout à l'heure, on voit, un peu au-dessous de
l'Épée, une étoile extraordinaire. On la connaissait
d'abord comme une étoile quadruple dont les composantes forment un quadrilatère et qui sont de
quatrième, de sixième, de septième et de huitième
grandeur. L'emploi de télescopes plus puissants a
fait découvrir ensuite deux très-petites étoiles, de
sorte qu'il y a là un groupe de six étoiles. M. Lassell
a récemment découvert une septième composante
dans ce remarquable système. Pour Humboldt,

l'étoile sextuple d'Orion constitue un véritable système, car les cinq petites étoiles partagent le mouvement propre de l'étoile principale.

La vingt-troisième étoile d'Orion est aussi double ;
elle présente en outre ce phénomène remarquable :
au lieu d'avoir comme dans la généralité des cas,
sa principale blanche et sa petite bleue, c'est le
contraire qui existe.

Quand la lune passe près d'Orion, elle occulte
alors les étoiles devant lesquelles sa marche l'a
conduite. A ce sujet, le poète américain Longfellow
a donné libre cours à son imagination, et a dépeint
cette occultation sous de vives couleurs :

« Sirius se levait à l'Orient, et lentement, mon-
tant l'une après l'autre, brillaient les constellations
étincelantes. Au milieu du cortège d'étoiles flam-
boyantes, se tenait debout le géant Algebar, Orion
le chasseur. Sa luisante épée était suspendue à son
côté, et sur son épaule la peau du Lion laissait vol-
tiger sur le ciel de minuit le rayonnement doré de
sa chevelure. La lune était pâlissante, sans que sa
clarté fût affaiblie, belle comme une vierge sacrée,
s'avançant dans la pureté de sa voie pendant les
heures d'épreuve et de terreur....... Errant ainsi
dans son pas silencieux, le triomphe empreint sur
son visage si pur, elle atteignit la station d'Orion.
Étonné, il s'arrêta dans une étrange frayeur, et subitement de son bras étendu laissa tomber la peau
rouge du Lion à ses pieds, dans la rivière. Sa massue
ne resta pas plus longtemps levée sur le front du
Taureau ; mais, lui, chancela comme autrefois près
de la mer, lorsque, aveuglé par Œnopian, il chercha
le forgeron dans sa forge, et grimpant sur la montagne escarpée, fixa ses yeux ternes sur le Soleil ».

En prolongeant vers le nord-ouest la ligne des

trois étoiles du Baudrier d'Orion, l'œil passe près d'une étoile de première grandeur : c'est *Aldébaran*, la plus brillante de la constellation du *Taureau*, (fig. 11). Aldébaran est au milieu d'un groupe de petites étoiles qu'on nomme les *Hyades*. Au nord-ouest d'Aldébaran, les *Pléiades* paraissent trembler ; elles sont formées par un amas d'étoiles dans lequel on en compte six à l'œil nu. Les anciens connaissaient sept étoiles dans les Pléiades. Ovide prétend que la septième, lors de la prise de Troie, s'est cachée de douleur. L'illustre poète latin ne se doutait guère certainement de la distance à laquelle il était de ce groupe d'étoiles. En admettant même que l'une des Pléiades se serait cachée à la prise de Troie, l'auteur des *Métamorphoses* l'aurait encore aperçue à l'époque où il vivait ; nous-mêmes nous la verrions peut-être encore aujourd'hui, tant les rayons lumineux de tous les astres, rayons qui sont cependant si agiles, puisqu'ils parcourent 76,000 lieues à la seconde, mettent de temps pour venir jusqu'à nous. Les Hyades et les Pléiades que J.-B. Rousseau a chantées, annonçaient la pluie.

> Déjà le départ des Pléiades
> A fait retirer les nochers,
> Et déjà les tristes Hyades
> Forcent les frileuses Dryades
> A chercher l'abri des rochers.

Au sud-est d'Orion, sur la ligne des Trois Rois, vous allez rencontrer sur le bord de la Voie lactée la constellation du *Grand Chien* (fig. 11), qui renferme *Sirius*, la plus brillante étoile des deux hémisphères, la plus remarquable par la vivacité de sa scintillation et par son éclatante blancheur.

Sirius étant l'étoile la plus brillante du ciel, attira

les regards des astronomes, lorsque ceux-ci entreprirent l'audacieux projet de mesurer la distance
qui séparait les étoiles de la Terre. Après des études
qui exigèrent un travail long et minutieux, — *auda-
ces fortuna juvat* —, les astronomes furent victorieux ; ils avaient trouvé qu'une distance de 52 trillions 200 milliards de lieues nous séparent de
Sirius. La lumière emploie plus de quatorze ans
pour traverser cette distance. Si vous observez actuellement Sirius, c'est le Sirius d'il y a quatorze
ans qui vous apparaît : ainsi le rayon de lumière
qui frappe vos yeux en 1883, est parti de Sirius
depuis 1869.

Le Grand Chien était, avec le Dragon, chargé de
la garde d'Europe. Après l'enlèvement, Jupiter le
donna à Minos ; il appartint ensuite à Proscris, puis
à Céphale, et enfin à l'Aurore. C'est aussi le chien
d'Orion, celui d'Hélène, et enfin Méra, chien d'Icare.

Le nom de « Grand Chien » appartenait jadis à la
constellation toute entière ; et l'on ne trouve pas un
seul monument égyptien où cette figure soit indiquée, sans qu'elle représente Sirius, nom dérivé,
dit-on, d'Osiris, le Soleil. Dans les fables, Osiris est
pris pour l'action fécondante, le soleil d'été, le Nil dé-
bordé, etc. ; Isis est la substance fécondée, la terre
fertile..... Enfin, Nephtys est la matière stérile, les
sables, le désert, etc. Ainsi notre allégorie se traduit
en ces termes : une année, l'inondation du Nil fut si
considérable, que le fleuve se répandit jusque dans
le désert, qu'il féconda, laissant, après sa retraite,
les sables couverts de fleurs et de végétaux inconnus à cette contrée.

L'année civile égyptienne était de trois cent
soixante-cinq jours, et, à leur avénement au trône,
les rois juraient de ne jamais consentir à l'interca-

lation bissextile. Cette année vague recommence un jour plus tôt que l'année solaire tous les quatre ans, deux jours après huit ans, etc., enfin trois cent soixante-cinq jours, ou un an, après trois cent soixante-cinq fois quatre ans ou mil quatre cent soixante ans. Donc, l'année solaire, supposée de trois cent soixante-cinq jours un quart, revenait concorder après mille quatre cent soixante et une années vagues. Le jour initial de l'année civile parcourait lentement l'année solaire par une marche rétrograde ; les saisons, les travaux d'agriculture et les fêtes qui s'y rapportent ne pouvaient pas, comme chez nous, être liées à des dates immuables. L'inondation, ramenée réciproquement par l'été, arrivait à une date qui reculait d'un jour tous les quatre ans dans le calendrier civil. Le Soleil atteint le solstice d'été ; quelques jours après, on voit le Nil s'enfler, et bientôt il commence à déborder, et se répand sur les campagnes. Il fut nécessaire de chercher au ciel, si serein dans ces climats, un signe propre à annoncer le retour de ce phénomène important : le lever du matin de Sirius, qu'on nommait alors Sothis, annonçait à l'Égypte l'époque du solstice et l'approche de l'inondation du Nil.

Depuis ces temps reculés, un mouvement de la Terre qui modifie lentement la marche du Soleil, parmi les constellations, et qui est célèbre sous le nom de précession des équinoxes, a ôté à Sirius la faculté de prédire l'inondation ; son lever héliaque, qui avait lieu en Égypte vers le 20 juin, quinze jours avant la crue des eaux du Nil, n'est sensible maintenant pour cette contrée que le 10 août ; mais, vers l'an 300 de notre ère, il arrivait au mois de juillet et déterminait l'époque des grandes chaleurs et des maladies qu'elles entraînent, qu'on attribuait à l'influence de Sirius, nommé *Canicule*. C'est l'origine de la dénomination des jours caniculaires, du 22 juillet au 23 août, pendant que le Soleil décrit le signe du Lion, ou la constellation du Cancer.

On redoutait l'étoile du midi :

> *Jam rapidus torrens silientes Sirius Indos,*
> *Ardebal, cœlo et medium Sol igneus orbem*
> *Hauserat ; arebant herbæ, et cava flumina siccis*
> *Faucibus ad limum radii tepefacla coquebant.*
>
> (*Géorg.*, IV, 425.)

> Déjà le Chien brûlant dont l'Inde est dévorée
> Vomissait tous ses feux sur la plaine altérée ;
> Déjà l'ardent midi desséchant les ruisseaux,
> Jusqu'au fond de leur lit avait franchi les eaux.
>
> (DELILLE.)

Et dans Manilius :

> .....*Latratque canicula flammas,*
> *Et rabit igne suo, geminatque incendia solis.*
>
> (MANIL., V, 205).

Voici la traduction de ces deux vers :

« La canicule vomit des flammes, l'ardeur de ses feux la rend furieuse et double la chaleur du Soleil. »

Vers l'ouest, et en ce moment à peu près à la même hauteur que Bételgeuse, brille *Procyon*, de l'autre côté de la Voie lactée. C'est une étoile de première grandeur, la plus brillante de la constellation du *Petit Chien*, (fig. 11). Il faut remarquer que Bételgeuse, Sirius et Procyon forment un triangle dont les trois côtés sont presque de même longueur apparente ; on peut aisément, grâce à cette remarque, retrouver ces étoiles. Au point de vue mythologique, le Petit Chien partage avec le Grand Chien la plupart des fables attribuées à ce dernier.

Au-dessus de Procyon et en remontant vers le zénith, brillent *Castor* et *Pollux*; ils font partie de la constellation des *Gémeaux*, (fig. 11). Les Gémeaux étaient fils de l'épouse de Tyndare; toute l'antiquité avait vanté leur union fraternelle et leur amour, ce qui leur avait mérité d'être placés aux cieux par Jupiter. Neptune crut devoir les récompenser en leur donnant les chevaux dont ils se servent. Dans les monuments astronomiques anciens tels que celui trouvé dans l'église Notre-Dame de Paris, et qui remonte au règne de Tibère, et sur le portail de l'église de Strasbourg, les Gémeaux sont ainsi représentés. D'autres auteurs prétendent que les Gémeaux ne sont point Castor et Pollux, mais bien Apollon et Hercule. En effet, on trouve également, dans plusieurs anciens monuments, les Gémeaux décorés des attributs de chacun de ces dieux : l'un tient en main la lyre et l'autre la massue. Quelques écrivains ont cru reconnaître, dans ce signe, Triptolème et Jason, chéris de Cérès, et qui jouent un grand rôle dans l'histoire de cette déesse. D'autres enfin ont voulu y voir Amphion et Zéthus, qui bâtirent les murs de Thèbes au son de la lyre. On rencontre quelques sphères représentant deux paons au signe des Gémeaux; les Perses les représentent généralement par deux chevreaux. Ils paraissent se tenir embrassés, et descendre les pieds droits en avant. Ils semblent, au contraire, inclinés et couchés en se levant. Les phénomènes de leur lever et de leur coucher ont donné lieu à la fiction qui suppose que Pollux partagea avec son frère son immortalité, et qu'alternativement, de deux jours l'un, chacun paraît briller à nos yeux.

Vers l'occident, et à côté des Pléiades, on voit la constellation du *Bélier*, (fig. 11). Dans la Fable, il représente le Bélier à toison d'or de l'expédition des Argonautes, parce qu'au moment où le Soleil se lève dans ce signe, gardé par un monstre, la *Baleine*, — autre constellation que l'on voit un peu au-dessous du Bélier —, et par un taureau qui vomit des flammes, la constellation d'Ophiucus ou Jason, sort le soir du même point, et subjugue ainsi le Bélier disparu. Au-dessous de la Baleine, vous voyez l'*Eridan*, (fig. 11), qui est un fleuve composé d'une suite d'étoiles de troisième et de quatrième grandeur ; il descend de l'étoile Rigel, d'Orion, puis va se perdre en serpentant, sous l'horizon. Après avoir suivi de longues sinuosités, il se termine par une étoile de première grandeur à laquelle on a donné le nom d'Achernar. C'est dans l'Eridan que tomba Phaéton qui conduisait maladroitement le char du Soleil attelé de quatre chevaux. Phaéton était le fils d'Apollon et de Clymène, l'une des Océanides ; piqué de voir son origine contestée par Epaphus, il arriva un jour auprès de son père, tout baigné de larmes. Apollon jura imprudemment, par le Styx, qu'il était disposé à tout faire pour le consoler. Phaéton lui demanda de lui céder pour un seul jour la conduite de son char. Apollon, lié par son serment, y consentit ; mais l'inexpérience de ce nouveau guide détourna le char de sa route accoutumée, et embrasa la Terre ; Jupiter le foudroya et le précipita dans l'Eridan ; il fut placé dans le ciel pour consoler Apollon de la mort de son fils.

Mais à mesure que nous contemplons cette partie si brillante du ciel, les étoiles défilent entraînées par le mouvement diurne ; pendant que les unes disparaissent à l'occident, les autres s'élèvent à l'orient : grâce à ce phénomène, nous pouvons apercevoir de nouvelles constellations.

Il résulte de ce mouvement progressif apparent,
dû au mouvement réel de translation de la Terre
autour du Soleil, que le 22 mars, à minuit, le tableau
de la voûte étoilée du côté du sud aura presque complétement changé. Le ciel offre alors au sud de
l'horizon de Paris, l'aspect suivant : Orion vient
de se coucher, et le *Lion* a pris sa place; la Voie

Fig. 12. — Zone équatoriale : le Lion, la Vierge, etc..
(ciel de l'horizon de Paris).

lactée s'est inclinée à l'occident et rase l'horizon
en remontant du côté du nord.

Le Lion, (fig. 12) est un grand trapèze surmonté
du côté du couchant par un demi-cercle en forme
de faucille. Une étoile de première grandeur, *Régulus*, brille à l'extrémité inférieure du manche de la
faucille; on nomme aussi cette étoile le *cœur* du
Lion. Le Soleil entrait dans le Lion au solstice d'été,

et le faisait disparaître en le couvrant de ses feux :
c'est la victoire d'Hercule sur le lion de Némée.
Un lion furieux ravageait la forêt de Némée ; Hercule s'avance contre lui : en vain le monstre vomit-
il des tourbillons de flammes et de fumée, Hercule
l'étreint de ses bras puissants, le terrasse, le frappe
de sa massue, arme terrible formée du tronc d'un
arbre, et le dépouille de sa peau qu'il porta depuis
comme monument de sa victoire. Etant la demeure
du Soleil pendant le mois de juillet, le Lion était
encore le signe des chaleurs brûlantes et des fléaux
qu'elles amènent quelquefois.

Trois étoiles de premier ordre brillent encore en ce
moment, avec Régulus, dans la zone céleste que
nous avons sous les yeux. Vers le sud-ouest, c'est
Procyon que vous connaissez et qui n'est pas encore
couché ; puis, à la même hauteur que Procyon,
mais plus à l'est que le Lion, l'*Epi* de la *Vierge*,
(fig. 12), qui ne tardera pas à passer au méridien ;
enfin *Arcturus*, la plus brillante de la constellation
du *Bouvier*, (fig. 12), qu'il est facile de trouver en
prolongeant jusqu'à leur intersection les deux
bases du trapèze de la Grande Ourse. L'Epi, Arcturus et Dénébola du Lion font ensemble un triangle
équilatéral : la Vierge et le Bouvier sont, avec le
Lion, les plus importantes constellations actuellement en vue.

La constellation de la Vierge est aussi appelée Cérès, Isis, Erigène, la Fortune, la Concorde, Astrée,
Thémis, Atergatis, Thespie. Les anciens ne sont pas
d'accord sur l'origine du nom de cette constellation.
Au reste comme Cérès était prise pour la déesse
des moissons, de la justice et des lois, rien n'empêche
qu'on ne la regarde comme étant celle que les astronomes grecs ont prétendu déifier, et comme l'As-

trée qui tenait la balance. D'autres regardent cette constellation comme le symbole des moissons. On lui met encore un épi dans la main. Les anciennes sphères représentaient un enfant nouveau-né entre les mains de la Vierge. Son ascension à minuit fixa longtemps le solstice d'hiver et la naissance du temps et de l'année solaire. Le mal était entré dans le monde lorsqu'Astrée était retournée dans le ciel ; cette fable a pu être faite dans le temps où la balance occupait l'équinoxe d'automne. C'était alors l'ascension de la Vierge qui annonçait le passage du Soleil dans les signes inférieurs, c'est-à-dire, suivant l'ancienne allégorie, la naissance du mal. Cette constellation était consacrée, en Egypte, à la déesse Isis, de même que le Lion était voué à Osiris, son époux. Du Lion et de la Vierge on avait formé une allégorie, représentée par le Sphinx, pour désigner le débordement du Nil, qui arrivait en général pendant les deux mois où le Soleil parcourait ces deux signes.

Le Bouvier se nommait Arcas ; il était fils de Jupiter et de Callisto. Il était encore Atlas qui porte le monde, parce qu'autrefois sa tête était voisine du pôle. On a prétendu que les Pléiades étaient les filles du Bouvier.

Entre le Lion et le Bouvier, on remarque un amas de 39 petites étoiles très-rapprochées, impossibles à distinguer nettement les unes des autres ; cet amas brille comme une poudre d'or : c'est la *Chevelure de Bérénice*, (fig. 12). Proclus, dans sa sphère, nous dit que cette constellation avait été célébrée par le poëte Callimaque. Ptolémée Lagus, premier de ce nom, roi d'Egypte, épousa Bérénice, qui fut mère de Ptolémée Philadelphe. Son fils, Ptolémée Evergète, surnommé Céraunus ou foudroyant, épousa

Bérénice, sa sœur, dont il eut Ptolémée Philopator. Peu de jours après cette union, Ptolémée s'arracha des bras de son épouse pour aller combattre les Assyriens; la reine inconsolable, fit vœu, si son mari était victorieux, de consacrer sa chevelure dans le temple que Philadelphe avait élevé à sa femme Arsinoé, sous le nom de Vénus Zéphyritis. Ptolémée fut vainqueur et ne revint qu'après avoir soumis une partie de la Perse, de la Médie et de la Babylonie. Bérénice s'empressa d'accomplir sa promesse; mais, dès la nuit suivante, la chevelure disparut du temple. Un astronome célèbre, Conon de Samos, sans doute d'accord avec les prêtres, prétendit, pour consoler la reine, avoir vu sa chevelure transportée dans le ciel; et comme il y avait à cette époque, entre les constellations de la Vierge, du Lion, de la Grande Ourse et du Bouvier, sept étoiles qui n'avaient pas encore reçu de nom, il leur donna celui de Chevelure de Bérénice, *coma Berenicis*. Ce fut alors que le poète Callimaque en fit l'objet d'une élégie qui donna de la célébrité à la nouvelle constellation.

Il paraît que Virgile l'avait également en vue, lorsqu'il disait dans sa troisième églogue:

> *In medio duo signa Conon, et quis fuit alter*
> *Descripsit radio totum qui gentibus orbem.*

« Dans le fond de l'une de ces coupes est la figure de Conon : et quelle est donc l'autre? Dis-moi le nom de cet homme qui, par des lignes tracées, a décrit tout le globe de la terre habitée. »

A l'est d'Arcturus, six étoiles rangées en demi-cercle et dont la plus brillante se nomme la *Perle*, forment la *Couronne Boréale*, (fig. 13). Au mois de mai

1866, on a vu briller là une petite étoile dont l'éclat n'a duré que quinze jours.

Au-dessous de la couronne boréale se trouvent la *Tête* du *Serpent* et Ophiucus. De chaque côté de l'Epi et un peu au-dessous, près de l'horizon, on distingue la *Balance*, le *Corbeau* et la *Coupe*.

Suivant la fable, la Balance est celle d'Astrée,

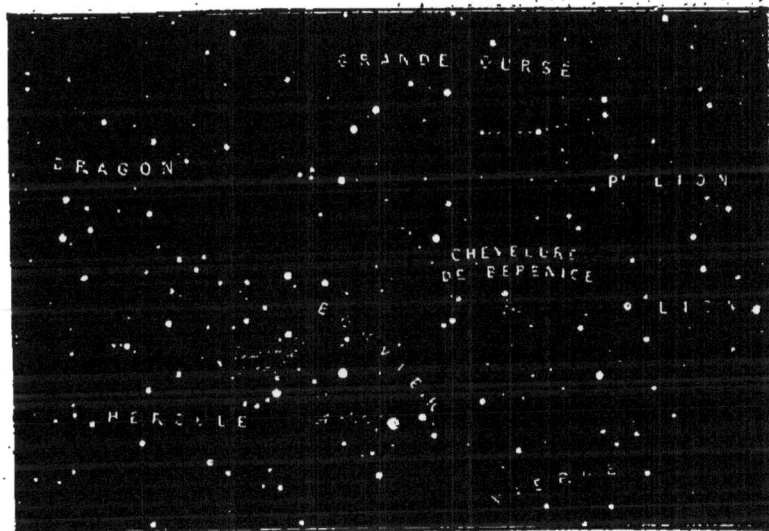

Fig. 13. — Zone équatoriale : Chevelure de Bérénice, Bouvier, Hercule, etc., (ciel de l'horizon de Paris).

qui quitta la Terre pour monter au ciel lorsque commença le siècle de fer. Il y a deux mille ans le Soleil passait là l'équinoxe d'automne, et l'on y a vu l'origine de ce signe qui « égale au jour la nuit, le le travail au sommeil. »

Enfin, sur l'horizon apparaissent un petit nombre d'étoiles du *Scorpion* et du *Centaure*, constellations que nous retrouverons et décrirons plus au complet dans le ciel de juin.

Pour terminer l'examen des constellations visibles le 22 mars à minuit, signalons encore, au-dessous de la Chevelure de Bérénice, les *Chiens de chasse* ou *Lévriers*; ils possèdent la plus belle nébuleuse du ciel, celle que nous avons décrite plus haut ; elle est située dans l'oreille gauche d'Astérion, chien de chasse septentrional.

On avait aussi, au-dessus du Lion, le *Petit Lion*, (fig. 13); puis, à l'occident de Régulus, le *Cancer* ou l'*Ecrevisse*.

L'Ecrevisse fut envoyée par Junon pour inquiéter Hercule dans son combat contre le lion de Némée; elle fut écrasée par le héros, mais la reine du ciel ne lui donna pas moins sa récompense en plaçant ses mânes dans le ciel.

Enfin tout près de l'horizon et de la Voie lactée, on voit l'*Hydre*, (fig. 12), où brille le *Cœur*, étoile variable de second ordre ; puis, au-dessus de Procyon, la *Licorne*. Imitant le cours d'un fleuve, l'Hydre a été regardée comme habitant le Nil et le représentant.

Le 20 juin, à minuit, c'est une autre partie de la zone équatoriale qui va défiler sous nos yeux. L'aspect du ciel, en nous tournant vers le sud, sera le suivant : la Couronne Boréale, le Bouvier, le Serpent, la Balance et la Vierge sont passés de l'orient à l'occident ; la Voie lactée est maintenant divisée en deux grandes branches, et s'élève obliquement du sud vers le nord-est.

A l'ouest de la Couronne boréale, *Hercule*, (fig. 13), s'élève jusqu'au zénith. C'est vers un point de cette constellation que se dirige actuellement notre Soleil, emportant avec lui tout son monde de planètes, de satellites et de comètes.

A l'orient d'Hercule est la *Lyre*, (fig. 14), où l'on distingue la brillante et blanche *Wéga* qui tombe presqu'au zénith. En allant toujours vers l'orient, on rencontre à gauche de la Lyre la constellation du *Cygne*, (fig. 14), qui traverse la Voie lactée et dont

Fig. 14. — Zone équatoriale : le Cygne, la Lyre, l'Aigle, etc., (ciel de l'horizon de Paris).

l'étoile la plus brillante est entre la seconde et la première grandeur; cette étoile forme, avec quatre autres de troisième ordre, une croix qui sert à distinguer la constellation à laquelle elles appartiennent. On trouve aussi dans le Cygne, une petite étoile, à peine visible à l'œil nu, mais qui est à jamais célèbre dans les annales de l'astronomie :

c'est la première dont la distance à la Terre ait été mesurée.

Les constellations du *Renard*, de la *Flèche*, du *Dauphin*, (fig. 14), situées entre la Lyre, le Cygne, et l'Aigle, n'offrent pas d'étoiles remarquables.

En nous rapprochant de l'horizon, et toujours vers l'orient, nous apercevons les constellations du *Verseau* et du *Capricorne*, (fig. 14).

On appelle aussi le Verseau, Aquarius, Junonis Astrum, Deucalion, Aristœus, Ganymedes, Puer Iliacus, Jovis Cynœdus, Fusor Aquæ, Amphora, Urna, Aquæ Tyrannus. Certains pensent que cette constellation a tiré son nom de la saison des pluies qui ont lieu, en Europe, à l'entrée de l'hiver. Les poètes ont prétendu que c'était Deucalion, le réparateur et le père du genre humain, que les hommes déifièrent par reconnaissance. Quelques-uns veulent que ce soit Cécrops qui, venu d'Egypte en Grèce, bâtit la ville d'Athènes, et eut le surnom de Biformis. D'autres on dit que c'était Ganymède, jeune homme d'une extrême beauté, que Jupiter fit enlever par un aigle pour servir le nectar à la table des dieux, après qu'Hébé s'en fut rendue indigne par une faute, (Virgile, Enéide, III et IV; Ovide, Mét. X). D'autres tirent l'origine de cette constellation du débordement du Nil. Voici ce que dit Manilius, à l'occasion du Verseau :

> *Ille quoque, inflexa fontem qui projicit urna,*
> *Cognatas tribuit juvenilis aquarius artes.*
> *Cernere sub terris undas, inducere terris,*
> *Ipsaque conversis aspergere fluctibus astra.*
>
> (MANILIUS, lib. IV, v. 259.)

« Le Verseau, ce signe qui, penché sur son urne, en fait sortir des torrents impétueux, influe sur les avantages que nous procure la conduite des eaux : c'est à lui que nous devons l'art de connaitre les sources cachées dans le sein de la terre, et c'est lui qui nous apprend à les élever à la surface, et à les élancer vers les cieux, où elles semblent se mêler avec les astres. »

Le Capricorne est aussi appelé le Bouc, la Chèvre Amalthée, le signe de l'hiver, la porte du Soleil, car on regardait les deux tropiques, comme les deux portes du ciel. Par l'une, le Soleil montait dans des régions supérieures ; par l'autre, il redescendait à la région la plus basse du ciel. Quelques poètes disent que cette constellation représente la chèvre Amalthée, dont le lait servit aux nymphes qui prirent soin de Jupiter sur le mont Ida, et que Jupiter, par reconnaissance plaça ensuite parmi les astres. D'autres expliquent la forme bizarre du Capricorne, qui est moitié bouc et moité poisson, en forme d'égipan, par le moyen d'une autre fable. Les dieux étant à table dans un endroit de l'Egypte, Typhon, le plus terrible des géants, parut subitement, et causa une si grande frayeur que tous les dieux cherchèrent leur sûreté dans la fuite, et se changèrent en différentes formes. Pan, le dieu des chasseurs, des pasteurs et de toute la nature, se plongea dans le Nil jusqu'à moitié du corps, prit la forme d'un poisson par derrière, et celle d'une chèvre par sa partie antérieure, et Jupiter voulut conserver la mémoire de cet événement, en plaçant dans le ciel cet animal monstrueux ; ce signe indiquait aussi l'élévation du Soleil après la saison des pluies. Dans l'origine, le Capricorne fut placé au solstice d'été : on y réunissait autrefois un capricorne et un poisson, parce que le débordement du Nil commençait sous ce signe, et les Indiens l'appellent encore Poisson.

Vient ensuite, en partie dans la Voie lactée, le *Sagittaire*. On donnait à cette constellation divers noms : les Latins l'appelèrent Arcitenens, Centaurus, Crotos, Chiron ; les Grecs τοξευτὴς, βελοκράτωρ, ῥότωρ τόξου ; les Arabes Elkusu, Alkawso. Les poètes disent que c'est le centaure Chiron, fils de Saturne et de Philyra, qui enseigna le premier aux hommes l'art de monter à cheval ; il excellait dans la sagesse et dans la science des astres : il fut le protecteur d'Achille, de Jason, d'Esculape : il fut tué par une flèche teinte du sang de l'hydre de Lerne, et placé dans le ciel. Ovide en parle, à l'occasion du lever du Centaure :

Nocte minus quartâ promet sua sidera Chiron
Semivir, et flavi corpore mixtus equi.

(OVIDE, *Fast.*, V.)

« A la troisième nuit, Chiron se montrera parmi les astres ; Chiron qui porte la moitié d'un corps d'homme entée sur le corps d'un fauve coursier. »

D'autres cependant ont cru que l'on devait rapporter à Chiron la constellation du Centaure ; mais que celle du Sagittaire n'était autre chose que le Minotaure, dont Pasiphaé fut amoureuse. Lucien semble indiquer que c'était l'amour de l'astronomie et l'étude des constellations célestes, surtout de la constellation du Taureau, qui avait donné lieu à la fable sur la passion de Pasiphaé. Quelques-uns pensent que c'est Croton, qui, élevé sur le mont Hélicon en la compagnie des Muses, devint un excellent poète, et fut aussi grand chasseur ; il était sans cesse à cheval ; il fut regardé comme étant, pour ainsi dire, demi-homme et demi-cheval : il fut transporté au ciel par Jupiter à la prière des Muses. On a regardé aussi cette constellation comme étant l'image d'Hercule, qui était en grande vénération en Egypte. D'autres croient que ce n'est que le symbole des vents étésiens qui venaient du nord, et causaient les débordements du Nil.

Là nous retrouvons les étoiles du *Scorpion*, dont le cœur est marqué par l'étoile rouge *Antarès*, astre de première grandeur : cette étoile ne tardera pas à disparaître, ainsi que les quatre étoiles avec lesquelles elle forme une sorte d'éventail. Le Scorpion est appelé Nepa, dans Cicéron ; Martis fidus, dans Manilius, et, dans Aratus, Fera magna, parce qu'il occupait deux signes entiers, comme Ovide l'exprime dans ces vers :

Est locus, in geminos ubi brachia concavat arcus
Scorpios, et cauda flexisque utrinque lacertis,
Porrigit in spatium signorum membra duorum.

(*Métam.*, II, 195.)

« Il est un lieu où le scorpion replie ses bras en deux arcs, et, développant la courbure de ses pieds et de sa queue, en couvre l'espace de deux signes. »

Les poètes disent que c'est le Scorpion qui, par ordre de Diane, piqua vivement au talon le géant Orion, qui se vantait de pouvoir défier les animaux les plus féroces, et qui même, selon quelques-uns, avait entrepris de violer Diane. Il était encore destiné à indiquer les maladies dangereuses qui règnent en automne. Son lever fait coucher Orion, et c'est l'unique fondement de la mort d'Orion, qui périt de la piqûre d'un scorpion. La vue de cet animal effrayant fut cause, dit Ovide, de la terreur et de la perte de Phaéton, c'est-à-dire que son lever fait coucher le cocher céleste, appelé Phaéton en astronomie. On le mettait avec le Serpent, le Loup et le Dragon. Le mauvais principe empruntait cette forme, c'était l'empire de Typhon, l'introduction du mal dans l'univers, la fin de la végétation, il dévorait le taureau ; tous ces emblèmes étaient ceux de l'automne, ou l'annonce de l'hiver.

Enfin, au-dessus du Scorpion, *Ophiucus* et le *Serpent*, (fig. 14), sont entièrement visibles.

Ophiucus représente un homme tenant dans ses mains un serpent qui se roule autour de son corps. Cette constellation s'appelle aussi *Serpentaire*, mais elle porte encore plusieurs autres noms ; les Arabes nomment Ophiucus *al-hauwa*, *al-hawi* ; les Turcs, *aly-ilange* ; les Grecs lui donnent l'épithète de αἰγλήεις et de παγερὸς, ἀγλάωψ. Les Latins désignent cette constellation sous les noms de Anguifer, Serpentis lator, etc., etc. Dans les fables sacrées, le Serpentaire, c'est Esculape, fils d'Apollon et de la pléïade Coronis ; Esculape étant l'astre de l'équinoxe d'automne. C'est cette constellation qui sert à expliquer le culte d'Esculape et sa merveilleuse histoire, ainsi que la fable de sa naissance. Ophiucus représente encore cet Esculape fameux par ses talents en médecine, qui ressuscitait les morts et qui rendit la vie au Cocher céleste, lequel se lève à son coucher, et qui est connu dans la Fable sous le nom d'Hippolyte, fils de Thésée. Jupiter, irrité du pouvoir d'Esculape, l'avait frappé de la foudre ; mais touché par les prières d'Apollon il lui rendit la vie et le plaça aux cieux. Quelques auteurs voient dans le Serpentaire, Hercule tenant dans ses mains le serpent tué par lui, près du fleuve Sangaris, en Lydie. D'autres écrivains identifient le Serpentaire avec Triopas, Phorbas, Prométhée, Tantale, Tybris, Thésée, Ixion, Jason, Cadmus, dont il serait trop long de rapporter les histoires différentes. La sphère des Maures, au lieu du Serpentaire, représente une cigogne ou une grue placée sur un serpent : c'est peut-être l'Ibis des Egyptiens combattant le serpent. C'est au Serpentaire que se rapportent ces deux vers des *Fastes* d'Ovide :

Surgit humo juvenis telis afflatus avitis,
Et gemino nexas porrigit angue manus.

(*Fast.*, VI, 735.)

« On verra surgir à l'horizon le jeune homme que la foudre de son aïeul a frappé, et lever ses mains enlacées par deux serpents. »

Le Serpent est tenu dans les mains du Serpentaire. C'est le Serpent confié aux soins d'Esculape et placé dans les cieux pour lui avoir indiqué les herbes médicinales avec lesquelles il rendit la vie à Hippolyte. Les Hébreux l'appellent *alchaia*; les Arabes, *el-evan*; les Latins, Anguillas, Coluber, Serpens; les Grecs, εγχελυς.

J'allais oublier l'Aigle, (fig. 14), avec son étoile *Altaïr*. Les poètes disent que l'Aigle apportait du nectar à Jupiter, lorsqu'il était caché dans une antre de Crète, son père voulant le faire périr.

L'Aigle contribua à la victoire de Jupiter contre les Géants, en lui apportant des armes ; il contribua à ses plaisirs, en enlevant Ganymède, pour le servir à table. C'est pourquoi l'Aigle était consacré à Jupiter; il fut placé dans le ciel. D'autres prétendent que c'est l'Aigle engendré par Typhon, qui dévorait le cœur de Prométhée, et qui fut tué par Hercule. Son vol est dirigé vers le pôle, *Vultur volans*. Il est l'emblème de l'élévation du soleil solsticial.

Le 22 septembre, à minuit, c'est la dernière partie de la zone équatoriale qui va défiler sous nos yeux. Tournons-nous vers le Sud : l'aspect du ciel sera le suivant :

A l'occident apparaît Altaïr, dans l'Aigle, et plus

haut le Cigne ; à l'orient, les Pléiades et le Taureau. Orion va bientôt se montrer à nous. La voûte
étoilée tout entière aura défilé sous nos yeux, si nous
y joignons les étoiles actuellement visibles.

Vers le milieu du ciel, un peu plus rapproché du
zénith que de l'horizon, se dessine le Carré de *Pégase*, (fig. 15), qui se termine, du côté de l'orient, par

Fig. 15. Zone équatoriale : Persée, Andromède, Carré de Pégase, etc.
(ciel de l'horizon de Paris).

un prolongement de trois étoiles assez semblables à
celles de la Grande Ourse ; ces trois étoiles appartiennent à *Andromède*, (fig. 15), et aboutissent elles-
mêmes à Persée.

Le carré de Pégase est formé par quatre étoiles,
dont trois sont de seconde et une de troisième grandeur. Pégase est un cheval né du sang de Méduse,
ou de la Terre et de Neptune. Il s'envola sur l'Hé-

licon, où il fit jaillir l'Hippocrène. Minos le dompta, et le donna à Bellérophon pour combattre la Chimère, monstre composé du Lion, de la Chèvre et du Serpent : cette fable vient de ce que ces trois constellations sont les paranatellons du Soleil solsticial dans le Lion, dont les feux s'éteignent en automne, c'est-à-dire à la chûte du cocher Bellérophon ou au coucher du soir de Pégase. On ajoute que le héros avait été précipité pour avoir voulu escalader le ciel : le Soleil étant dans le Taureau, Pégase est en effet sur l'horizon, quand le cocher est au-dessous.

> *Nunc fruitur cœlo, quod pennis ante petebat,*
> *Et nitidus stellis quinque decemque micat.*
> (Ovid., *Fast.*, III, 457.)

« Le voilà revenu dans les cieux, où le portaient auparavant ses ailes ; il brille couronné de quinze étoiles. »

Pégase n'est qu'un demi-cheval, une tête ailée, κεφαλή. Son lever héliaque est l'origine de la fable de Céphale et de l'Aurore qui donnent naissance à Phaéton. En effet, celui-ci est le cocher, qui se levait peu après le Soleil du printemps, et semblait naître de la conjonction de cet astre avec Pégase : à moins que Céphale ne soit la tête de Méduse ; mais l'explication serait la même. Ce cheval est encore Ménalippe, fille de Chiron, qui, séduite par Eole ou par Neptune, prit la fuite ; son père la chercha dans tout l'univers. Au lever de Pégase, le Centaure achève en effet de se coucher : la réunion de ces deux constellations forme un cheval complet.

Entre le carré de Pégase et le Taureau, on rencontre deux constellations : les *Poissons*, le *Bélier*, (fig. 15).

Ces poissons sont ceux dont Vénus et l'Amour prirent la forme pour échapper à Tiphon. Selon d'autres, deux poissons trouvèrent un œuf et le roulèrent sur le rivage ; il fut couvé par une colombe, et Vénus en sortit ; ils ont, dit-on, sauvé des eaux Dercéto, fille de Vénus. C'est depuis ce temps que les Syriens s'obstinèrent à se nourrir de poissons. Enfin, suivant Théon, les Poissons sont les enfants du Poisson austral, à la suite duquel ils se lèvent toujours.

Ovide rapporte au 3 mars le coucher d'un des Poissons, dans les vers suivants :

Tertia nox emersa suos ubi moverit ignes,
Conditus e geminis piscibus alter erit;
Nam duo sunt : austris hic est, aquilonibus ille
Proximus : a vento nomen uterque tenet.

(*Fast.* III, 399.)

« Dès que la troisième nuit aura ramené les étoiles à la voûte des cieux, un des poissons disparaîtra ; car ils sont deux : l'un placé vers les régions de l'Auster, l'autre voisin de l'Aquilon ; et c'est le nom même de ces vents qui sert à les distinguer l'un de l'autre. »

Au-dessus des Poissons et du Bélier est la *Baleine,* dont les étoiles plongent jusqu'au-dessous de l'horizon ; on y distingue une étoile fort remarquable, c'est l'une des plus curieuses du ciel ; on la nomme la *Merveilleuse, Mira Ceti.* Elle appartient à la classe des étoiles changeantes ; tantôt son éclat augmente jusqu'à la faire voir sous l'aspect d'une étoile de quatrième grandeur, tantôt il s'efface assez pour la rendre invisible. Nous décrirons, dans un des chapitres suivants, ces phénomènes de variabilité d'éclat. Les poètes disent que Neptune, dont l'amour pour Andromède s'était tourné en fureur, envoya une baleine pour la dévorer ; ce monstre fut tué par Persée, et Neptune le plaça dans le ciel. Selon d'autres, Laomédon, roi des Troyens, ayant été obligé d'immoler Hésione sa fille, pour apaiser Neptune, elle fut délivrée par Hercule ; et le monstre marin qui était l'instrument de la colère de Neptune fut changé en cette constellation.

A l'occident de cette constellation, nous retrouvons le Verseau et le Capricorne; puis, tout à fait au sud, les étoiles du *Poisson austral* parmi lesquelles ont peut distinguer une belle étoile de première grandeur, *Fomalhaut*. Ce poisson est représenté dans les plus anciennes cartes, comme buvant l'eau que répand le Verseau. Il passe pour avoir autrefois, sauvé la vie à Isis, et c'est en reconnaissance de ce service qu'il fut placé lui et ses enfants, les Poissons du Zodiaque, au nombre des constellations. Théon l'appelle le *Poissan du Capricorne* ; effectivement, il se replie dans le Capricorne avec une queue de poisson en réunissant ainsi les deux symboles. Les Hébreux le nomment *dag*, et les Arabes *haut*. Les Egyptiens avaient placé la tête d'Isis vers le bord des deux constellations des Poissons et du Poisson austral, parce qu'à cette époque se pratiquait l'ouverture des digues. *Thaut* ou *Thoth*, ou par corruption *haut*, signifiait épanchement des eaux ; ce qui fait dire à Philon que *messarie*, la crue du Nil, a produit *tou-haut*, l'épanchement des eaux où se promènent les Poissons.

Les figures qui nous ont servi pour faire la géographie du ciel, peuvent même nous servir à d'autres époques de l'année et à d'autres heures de la nuit. Seulement, les groupes d'étoiles, tout en conservant les mêmes positions relatives, seront plus ou moins inclinés sur l'horizon.

CHAPITRE IV.

Zone circompolaire australe. — Étoiles invisibles sur l'horizon de Paris.

Aspect général de la zone circompolaire australe. — La Croix du Sud. — Le Centaure. — Le Loup. — L'Autel, le Triangle austral. — Le Navire. — Le Poisson volant, la Dorade, le Réticule. — Le Toucan, la Grue, l'Indien, le Paon. — Le Grand Nuage et le Petit Nuage.

Jusqu'à présent, nous avons fait toutes nos observations, placés en un point de l'hémisphère boréal. Transportons-nous ensemble dans l'hémisphère austral, et choisissons notre nouveau poste à la même distance de l'équateur que l'ancien. Supposons que ce poste soit situé, par exemple, sur les côtes de la Patagonie. En ce lieu, les étoiles de la zone circompolaire boréale seront constamment invisibles. Si, de notre nouveau poste, nous tournons nos regards vers le nord, nous verrons défiler pendant toute l'année, les constellations de la zone équatoriale que vous connaissez. Mais les étoiles, relativement à l'horizon, seront disposées d'une manière inverse; ainsi les deux étoiles du grand quadrilatère d'Orion qui, à Paris, en forment la base inférieure, apparaîtront à la partie supérieure. Ce changement d'aspect a son explication dans notre changement complet de position.

Si les étoiles de la zone circompolaire boréale

sont invisibles, il n'en est pas de même des étoiles qui environnent le pôle austral du ciel, étoiles qui nous sont jusqu'alors absolument inconnues, car il nous était impossible de les apercevoir, de notre premier poste. Quand vous connaîtrez la géographie de cette nouvelle zone d'étoiles, vous connaîtrez la géographie tout entière des plaines si variées des

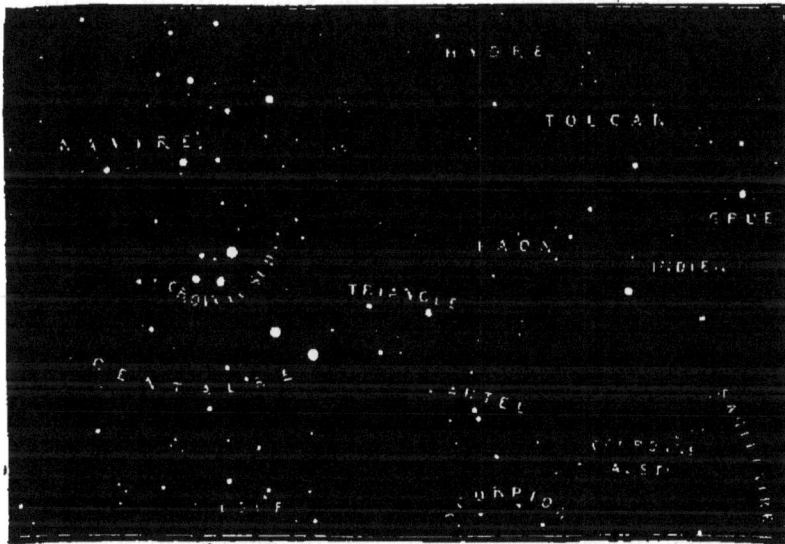

Fig. 16. — Zone circompolaire australe : Navire, Croix du sud, Centaure, etc., (étoiles invisibles sur l'horizon de Paris).

espaces célestes et des soleils infinis qui les peuplent. Quand on songe aux distances incalculables qui nous séparent des étoiles et qui séparent les étoiles entre elles, on frémit en songeant à la route que nous venons de parcourir par la pensée. La lumière aux rayons agiles mettrait..... j'allais dire des milliards d'années, — ce nombre qui paraît cependant respectable est bien au-dessous de la vérité—, à faire le voyage au terme duquel nous touchons.

Il est minuit, je suppose. Nous sommes vers le 20 décembre. Orientons-nous, et cela fait, tournons nos regards vers le côté sud du ciel. Nous allons essayer de reconnaître toutes les constellations comprises dans cette zone d'étoiles circompolaires.

A gauche, c'est-à-dire du côté de l'orient, vous voyez la Voie lactée et ses nombreuses ramifications qui s'élève légèrement inclinée sur l'horizon. Ce qui doit surtout frapper votre vue, c'est ce nombre considérable de brillantes étoiles qui suivent les sentiers sinueux de la Voie lactée jusqu'au zénith, et qui vont, derrière nous, jusque près de l'horizon du nord, rejoindre Sirius, Procyon et Aldébaran.

A peu près à la hauteur du pôle, quatre étoiles de seconde grandeur, forment la *Croix du Sud*, (fig. 16 et 17). Au-dessous de la plus brillante de la Croix, et entre deux branches de la Voie lactée, on aperçoit le *Centaure* qui s'étend à l'orient et au nord de la Croix qu'il enveloppe presqu'entièrement. La plus brillante étoile de cette constellation forme un système de deux soleils, se mouvant l'un autour de l'autre; c'est aussi la plus rapprochée de nous, sa distance est de 8 trillions de lieues environ; c'est également dans cette constellation que se trouve la nébuleuse régulière que nous avons étudiée plus haut. Les Centaures étaient un peuple de nomades ou de pâtres, qu'on disait avoir inventé l'art de dompter les chevaux; de là vient la fable qui les faisait demi-hommes et demi-chevaux. Les anciens crurent qu'il existait véritablement une race d'hommes de cette forme, et l'on en montrait un à Rome, conservé dans le miel (Pline, VIII, 3). On appela aussi centaures les gardes de Saturne, et en général ceux qui passèrent pour inventeurs de l'art d'exercer les chevaux, ou de garder les troupeaux. De là vient qu'on attribue à plusieurs héros de la fable la constellation du Centaure ; certains ont dit que c'était le centaure Chiron, représenté moitié homme et moitié cheval, parce qu'il avait su rendre l'art de la médecine utile aux hommes et aux chevaux ; enfin d'autres prétendent que c'est le symbole de la volupté qui rend l'homme semblable aux animaux.

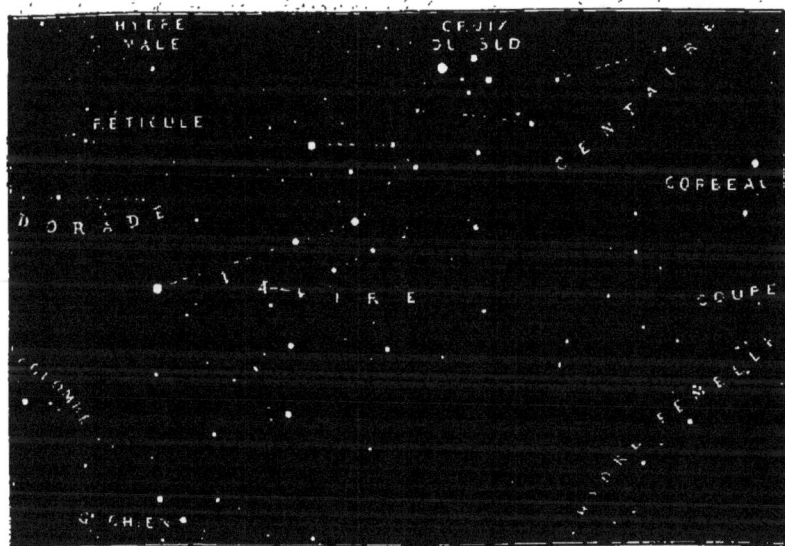

Fig. 17.—Zone circompolaire australe : la Croix du Sud, le Navire, etc., (étoiles invisibles sur l'horizon de Paris).

On lui mettait dans les mains une outre pleine de vin, symbole des vendanges, qui arrivaient quand le Soleil était près de cette constellation. On en a fait le septième travail d'Hercule, ou son triomphe sur un taureau furieux, parce que le Soleil, dans la ligne du Verseau, faisait disparaître ce monstre minotaure ou cette constellation.

Au-dessous du Centaure et vers l'horizon, appa-

raissent un assez grand nombre d'étoiles qui forment la constellation du *Loup*, (fig. 16). Le Loup est
Lycaon. On représente cet animal percé d'une pique
que tient le Centaure. On a regardé la constellation
du Loup comme un présage sinistre, ainsi que le
Serpent et le Scorpion, qui occupent la même région
du ciel et sont les symboles de l'hiver. L'*Autel* et le
Triangle austral, (fig. 16), qui remontent vers le pôle,
en longeant la voie lactée, vont nous conduire au-
dessus de la Croix, dans la magnifique constellation
du *Navire* ou d'*Argo*, (fig. 16 et 17). Là, une multitude
de brillantes étoiles rangées autour du pôle en zone
circulaire, donnent à cette région du ciel une splendeur incomparable. Le Navire Argo fut, dit-on, le
premier vaisseau connu. Minerve et Neptune le
firent construire d'un bois de la forêt sacrée de
Dodone, pour aller à la conquête de la Toison d'Or.
Jason fut le chef de l'entreprise ; il était accompagné
de cinquante-six autres héros, plus ou moins, suivant différents auteurs ; la date de cette fameuse
expédition est ordinairement fixée à treize ou quatorze cents ans avant Jésus-Christ.

> *Incipient magni procedere menses.....*
> *Ultima Cumæi venit jam carminis ætas :*
> *Magnus ab integro sæclorum nascitur ordo.*
> *Jam redit et virgo ; redeunt Saturnia regna ;*
> *Jam nova progenies cœlo dimittitur alto.....*
> *Alter erit tum Typhis, et altera quæ vehat Argo*
> *Delectos heroas ; erunt etiam altera bella,*
> *Atque iterum ad Trojam magnus mittetur Achilles....*
> (VIRGILE, Égl., IV.)

> Du naissant univers voici les premiers jours ;
> Les siècles écoulés recommencent leur cours ;
> Déjà revient Thémis et Saturne avec elle ;
> Du haut des cieux descend une race nouvelle.....
> Sous un autre Typhis, aux champs de la Colchide,
> Un autre Argo conduit une élite intrépide.
> La guerre, encor la guerre !... et toi, tremble, Illion :
> Le grand Achille vole à ta destruction.
> (TISSOT.

Nous apercevons, à l'orient du Navire, le *Poisson volant*, la *Dorade*, le *Réticule*, (fig. 17), constellations sans grande importance, puis l'Éridan dont nous avons déjà observé une partie dans le ciel de Paris; à l'extrémité de cette dernière constellation, la plus voisine du pôle, brille une étoile de première grandeur, *Achernar*, (fig. 18). A droite d'Achernar,

Fig. 18. — Zone circompolaire australe : Paon, Eridan, Indien, Phénix, Grue, etc., (étoiles invisibles sur l'horizon de Paris).

vous apercevez le Phénix, au-dessous duquel, en revenant à l'horizon et au méridien, on trouve le *Toucan* et la *Grue*, l'*Indien* et le *Paon*, (fig. 16 et 18).

Nous devons ajouter, qu'en dehors de la voie lactée, se voient le *Grand Nuage* et le *Petit Nuage*, les deux Nuées de Magellan, dont nous avons longuement parlé dans un chapitre précédent.

CHAPITRE V.

Le nombre des étoiles et leurs distances.

Grande diversité d'éclat des étoiles. — Liste des étoiles de première grandeur. — Distances des étoiles. — Anciennes conjectures sur les distances des étoiles. — Distances de quelques étoiles. — Distances des étoiles des divers ordres de grandeur.

Je vous ai déjà entretenu d'un fait qui vous a tous certainement frappés, je veux parler de la grande diversité d'éclat des étoiles. Je crois utile, au commencement de ce chapitre qui traite du nombre des étoiles et de leurs distances, de vous rappeler ce fait. On remarque, dans le ciel, tous les degrés d'intensité ; c'est ainsi que Sirius montre à nos yeux sa lumière éblouissante, et, qu'au contraire, nous voyons trembler dans les profondeurs de l'espace la pâle lumière des dernières étoiles visibles à l'œil nu. Les causes qui produisent cette différence d'éclat sont nombreuses ; mais, nous le répétons, il en est trois surtout qui produisent ce phénomène : le plus ou moins grand éloignement, les dimensions réelles et variées des astres, enfin leur éclat intrinsèque. C'est en se basant sur ces différences d'éclat que les astronomes ont fait des classes dans les étoiles, les ont partagées en ordres, en grandeurs. L'éclat apparent des astres, cette lumière plus ou moins vive qu'ils font briller à nos yeux, ne peut donc pas nous donner leurs dimensions, la distance qui les sépare de nous et leur éclat réel. Désormais, quand nous parlerons d'une étoile de *première*, *de deuxième*, de *troisième grandeur*, nous saurons donc que cette façon de parler est absolument relative à l'intensité apparente.

Les grandeurs adoptées par les astronomes sont de pure convention, c'est-à-dire qu'elles sont du domaine de l'arbitraire, car les étoiles rangées par ordre d'éclat forment une progression dont les termes, les intensités décroissent par degrés insensibles. Toutes les étoiles que l'œil humain, sans le secours d'aucun instrument d'optique, peut distinguer, sont comprises dans les six premières grandeurs. Mais le télescope a augmenté le champ d'observation, et grâce à lui, il nous est aujourd'hui permis d'admirer des étoiles d'un éclat beaucoup plus faible, des étoiles de dix-huitième grandeur. La progression n'a donc pas de limite inférieure, puisque l'espace et les soleils qui le peuplent sont infinis; cette limite inférieure a suivi les progrès de l'optique, elle a grandi avec le télescope, et j'entrevois une époque prochaine où nulle barrière n'entravera la puissance de cet instrument, et où l'aérostation viendra prêter son concours certain aux astronomes. Que de mystères alors expliqués! Cette époque sera l'âge d'or de l'astronomie.

Voici les noms des dix-huit étoiles de première grandeur, dans l'ordre de leur éclat décroissant :

1. Sirius, ou Alpha (α) du Grand Chien.
2. Êta (η) du Navire (étoile variable).
3. Canopus ou Alpha (α) du Navire.
4. Alpha (α) du Centaure.
5. Arcturus, ou Alpha (α) du Bouvier.
6. Rigel, ou Bêta (β) d'Orion.
7. La Chèvre, ou Alpha (α) du Cocher.

8. Wéga, ou Alpha (α) de la Lyre.

9. Procyon, ou Alpha (α) du Petit Chien.

10. Bételgeuse, ou Alpha (α) d'Orion (étoile variable).

11. Achernar, ou Alpha (α) de l'Éridan.

12. Aldébaran, ou Alpha (α) du Taureau.

13. Bêta (β) du Centaure.

14. Alpha (α) de la Croix du Sud.

15. Antarès, ou Alpha (α) du Scorpion.

16. Altaïr, ou Alpha (α) de l'Aigle.

17. L'Épi, ou Alpha (α) de la Vierge.

18. Fomalhaut, ou (α) du Poisson austral.

A mesure qu'on descend l'échelle des grandeurs, le nombre des étoiles contenues dans chaque classe va en croissant rapidement. Nous venons de voir qu'il n'y avait que 18 étoiles de première grandeur; on évalue à 55 le nombre d'étoiles comprises dans la seconde; à 170, celles de la troisième; à 500, le nombre des étoiles de quatrième grandeur; à 1100, celles de cinquième, et à 3200, celles de sixième grandeur. En faisant la somme de tous ces nombres, on trouve à peu près 5000 étoiles pour les six premières grandeurs, comprenant à peu près toutes celles que l'on peut apercevoir à l'œil nu.

Toutes les personnes qui n'ont jamais cherché à se rendre bien exactement compte du nombre d'étoiles qu'elles pouvaient découvrir à l'œil nu, seront surprises par le chiffre que je viens de donner; en effet, on est généralement porté à croire, quand on regarde le ciel, que les points brillants qui le parsèment et qui se montrent à nos yeux avec plus ou moins d'éclat, que ces soleils plus ou moins éloignés de notre planète peuvent se compter par milliers. C'est encore une illusion dont il faut se débarrasser.

Mais demandons au télescope son concours si précieux, et pénétrons au delà des limites assignées à notre faible vue. C'est alors que nous allons pouvoir compter les astres par millions, et que nous allons retrouver ces nombres prodigieux de points lumineux que notre ardente imagination nous faisait voir à la vue simple. D'après l'astronome Argelander, la septième grandeur comprend à peu près 1300 étoiles, la huitième 40000, la neuvième enfin 142000. W. Struve porte à plus de 20 millions le nombre total des étoiles visibles dans le ciel entier à l'aide de l'immense télescope construit par W. Herschel.

Fig. 19. — Un petit coin de la constellation des Gémeaux
vu à l'œil nu.

A quelle magnifique transformation du ciel nous venons d'assister? Tout à l'heure nous ne distinguions sur un fond noir que quelques étoiles; maintenant le ciel s'est tout à coup illuminé, et à côté de ces rares étoiles qui se montraient à nos yeux, nous en apercevons, grâce aux merveilleuses découvertes de l'optique, des millions d'autres répandues dans l'espace comme une fine poussière dorée; les divisions et les constellations ont complètement disparu.

Rien n'est plus curieux que d'examiner d'abord à l'œil nu puis à l'aide d'un télescope, une même

surface du ciel. Là où l'œil ne distingue que quelques
étoiles, la lunette en montre des milliers. Voici,
par exemple, (fig. 19), un petit coin de la constellation des Gémeaux, où l'œil nu permet de compter
sept étoiles. Eh bien, en dirigeant le télescope sur
ce point, on arrive à y compter 3205 étoiles, (fig. 20);
c'est un véritable fourmillement de points lumineux.

Fig. 20. — Le même coin vu au télescope.

Ces millions d'étoiles qui parsèment le ciel dans
tous les sens et à toutes les profondeurs, sont-elles
bien éloignées de nous? Tel est le problème si intéressant que vous avez hâte de me poser. Cette curiosité bien naturelle a trop d'intérêt scientifique, pour que je ne la satisfasse pas. Cette question n'a jamais cessé de préoccuper nos ancêtres;

ils l'ont tournée dans tous les sens sans pouvoir lui donner sa véritable solution ; cette importante détermination devait avoir lieu dans notre siècle si fécond en découvertes toutes plus grandioses les unes que les autres.

Les anciens n'avaient et ne pouvaient avoir aucune notion un peu précise sur la distance des étoiles. La plupart croyaient que les corps célestes étaient formés par des émanations de la Terre : ainsi s'élèvent, au-dessus des endroits marécageux, les feux follets; l'histoire des opinions diverses des anciens sur la distance des astres et leur nature, serait à la fois longue et curieuse, — opinions fort peu en harmonie avec la magnificence, la grandeur de la création.

L'astronomie est pleine de faits qui sortent tellement de la sphère des conceptions habituelles de l'homme, qu'on est tenté de les mettre en doute.

Essayons autrement que par des affirmations qui ne sont peut-être pas complètement de nature à convaincre absolument, d'établir que les étoiles les plus rapprochées de nous sont situées à des milliards de kilomètres, et qu'il faut à la lumière qui parcourt 76 000 lieues par seconde, des années pour franchir cette distance. Voici la méthode employée pour obtenir ces distances.

Si nous admettons que la Terre tourne autour du Soleil, fait que nous démontrerons dans un des chapitres suivants, il doit en résulter pour nous un déplacement des astres du ciel. Par ces temps de progrès, il n'est certes pas un de ceux qui me liront qui n'aient fait un voyage en chemin de fer. Vous avez donc tous remarqué, en mettant la tête à la portière d'un wagon, que les arbres, les maisons, les collines, les mille accidents de la campagne, semblent se mouvoir dans un sens opposé à la

4

marche du train, et que les objets les plus proches
sont ceux qui paraissent subir le plus grand déplacement, tandis que ceux qui sont situés près de l'horizon ou à l'horizon même, restent à peu près immobiles. La Terre peut être considérée comme le
train en marche, et les étoiles innombrables qui entourent notre humble planète comme les divers
objets qui accidentent la campagne. Les étoiles des-
quelles la Terre, par son rapide mouvement, s'éloigne

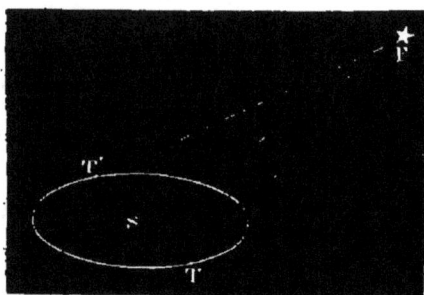

Fig. 21. — Distances célestes (leurs mesures).

à une certaine époque de l'année, paraîtront se
resserrer ; au contraire, les étoiles dont la Terre se
rapproche, paraîtront s'écarter. Il est évident que
plus seront grandes les distances des étoiles, plus
cet effet sera petit.

Si l'on pouvait mesurer la valeur de cet écart subi
par une étoile, par suite du mouvement de notre
globe, on aurait la distance de cette étoile.

Supposons que l'ellipse de la figure 21, soit la
la courbe tracée par la Terre pendant sa marche
annuelle autour du Soleil. Je nommerai S le Soleil,
T S T' un diamètre de l'orbite terrestre, T T' la position de la Terre aux deux extrémités de ce diamètre, c'est-à-dire à six mois d'intervalle, puisque la

Terre fait le tour en un an ; soit enfin F, l'étoile dont on veut mesurer la distance. Quand la Terre est en T, on mesure l'angle STF formé par le Soleil, la Terre et l'Étoile ; quand elle est arrivée au point T', on mesure l'angle ST'F. La géométrie élémentaire enseigne que la somme des trois angles d'un triangle est égale à deux angles droits, c'est-à-dire à 180° ; servons-nous de ce théorème pour la démonstration de notre problème. Dans ce but, faisons la somme des deux angles STF et ST'F que nous avons mesurés, puis retranchons cette somme de 180° ; le reste nous donnera évidemment la valeur de l'angle E. Cette valeur sera aussi exacte que si nous étions transportés sur l'étoile, pour la mesurer directement. Je suis amené à vous définir ce que l'on entend par *parallaxe annuelle* d'une étoile : dans le cas qui nous occupe, la parallaxe de l'étoile F, n'est autre que l'angle SFT. Et d'une façon plus générale, on nomme parallaxe d'une étoile, l'angle sous lequel un observateur placé au centre de cette étoile verrait de face le rayon de l'orbite terrestre. Si, dans le courant de l'année, nous faisons plusieurs observations semblables, et, pour préciser, si à différentes époques de l'année, nous mesurons les angles STF et ST'F, nous obtiendrons plusieurs mesures de la parallaxe annuelle. Dans l'exemple que nous avons pris (fig. 21), l'étoile était située au pôle de l'écliptique ; l'opération ne changerait pas pour les autres positions de l'étoile dans le ciel, elle serait seulement un peu plus compliquée.

Comment mesure-t-on ces angles STF, ST'F? Comme la plupart des étoiles sont relativement fixes, et qu'elles n'ont pas de parallaxe, on compare les positions successives de l'étoile observée à celle de l'une de ces étoiles.

Les recherches des astronomes ont démontré que toutes les parallaxes des étoiles sont inférieures à une seconde. Il faut que vous vous fassiez une idée exacte de cette valeur. Pour cela, il faut savoir que la circonférence des cercles astronomiques qui servent aux observations est divisée en 360 degrés, que chaque degré est divisé en 60 minutes, et que chaque minute représente elle-même 60 secondes : la circonférence de ces cercles est donc partagée en 1 296 000 parties égales ou secondes. Cette valeur d'une seconde est si petite, qu'un fil d'araignée placé au réticule de la lunette cache entièrement la portion de la sphère céleste où s'effectuent les mouvements apparents des étoiles, au plus égaux à 1″.

On s'était d'abord occupé des étoiles de première grandeur. Il semblait naturel que les plus brillantes étoiles de notre ciel, dussent être les plus voisines. Or, la première détermination positive eut au contraire, pour objet, une étoile à peine visible à l'œil nu, une étoile de 6e grandeur du Cygne, aujourd'hui célèbre dans la science. C'est à l'illustre Bessel (1837-1840) que revient l'honneur de cette importante détermination. La parallaxe de cette étoile du Cygne dépasse un peu le tiers d'une seconde (0″,374).

La seconde étoile dont la parallaxe ait été mesurée est Alpha (α), la plus brillante du Centaure. Sa parallaxe est égale à 0″,913 d'après Henderson et Mac-Lear, à 0″,88 d'après Mœsta. C'est la plus grande des parallaxes déterminées jusqu'ici : c'est dire qu'Alpha (α) du Centaure est l'étoile la plus proche de nous. De cette étoile, le rayon de l'orbite terrestre est donc réduit à 0″,913 ou à 0″,88. Or, pour que la longueur d'une ligne droite, vue de face, ne soit plus vue que sous les angles d'une seconde, il faut que cette ligne soit située à une distance égale à 206 000 fois sa longueur ; et pour que cette ligne se réduise à 0″,91, il faut qu'elle soit encore plus loin, à 225 970 fois sa longueur. Donc l'étoile Alpha (α) du Centaure est éloignée de nous de 255 970 fois le rayon de l'orbite terrestre, c'est-à-dire 225 970 fois 148 millions de kilomètres, soit plus de 33 400 milliards de kilomètres !

Pour apprécier approximativement l'énorme distance qui vous sépare de cette étoile, il suffit de vous rappeler que la lumière parcourt 76 000 lieues par seconde, et de prendre pour unité l'espace qu'elle franchit en une année. Regardez maintenant l'étoile Alpha (α) du Centaure, et demandez-vous depuis combien de temps le rayon lumineux qui frappe en ce moment votre rétine est parti de cet astre. Un calcul simple donne pour ce temps 3 ans et 5 mois. Si votre esprit veut suivre ce courrier, il ne faut pas qu'il saute subitement du point de départ à l'arrivée; il faut, au contraire, qu'il aille avec lui d'étape en étape, qu'il passe avec lui 76 000 lieues pendant la première seconde, puis 76 000 autres lieues pendant la deuxième seconde; ce qui fait 152 000 lieues, puis de nouveau 76 000 lieues pendant la troisième seconde, et ainsi de suite, *sans s'arrêter* pendant *trois ans* et *cinq mois*. Après le premier jour de son voyage, le courrier aura déjà parcouru plus de 6 milliards de lieues : il n'était cependant pas au bout de sa route qui exige 1245 jours, car il avait encore à faire, de cette course vertigineuse, 1244 fois 6 milliards de lieues, 1244 étapes semblables.

C'est là l'étoile *la plus voisine !*

On a calculé la distance d'une douzaine d'étoiles. Voici les plus rapprochées d'après le tableau suivant :

NOMS DES ÉTOILES.	PARALLAXES mesurées.	DISTANCES ÉVALUÉES			AUTORITÉS.
		en rayons de l'orbite terrestre.	en milliards de kilom.	en années de la lumière.	
α du Centaure..............	0″,913	225 970	33 400	3 ans 5	Henderson et Mac-Lear.
61ᵉ du Cygne..............	0,374	559 920	82 000	8 7	Bessel, Peters.
Wéga, α de la Lyre........	0,155	1 332 200	197 850	21 0	O. Struve.
Sirius, α du Grand Chien...	0,150	1 375 100	202 000	21 3	Henderson, Peters.
ι de la Grande Ourse.......	0,133	1 550 000	229 500	24 4	Peters.
Arcturus, α du Bouvier.....	0,127	1 628 000	241 000	25 5	Id.
Étoile polaire..............	0,106	1 946 000	288 000	30 6	Id.
	0,226	912 600	135 000	14 4	Id.
1830ᵉ de Groombridge.......	0,090	2 292 000	340 350	35 5	Brünnow.
	0,034	6 080 000	902 900	96 0	O. Struve.
La Chèvre, α du Cocher.....	0,046	4 484 000	663 000	70 5	Peters.
σ du Dragon...............	0,250	823 000	120 500	12 8	Brünnow.
85ᵉ de Pégase.............	0,050	4 125 000	612 500	63 9	Id.
3077ᵉ de Bradley..........	0,070	2 946 000	437 500	45 6	Id.

En consultant ce tableau, on voit qu'il ne faut pas moins de trois années à la lumière pour franchir la distance qui nous sépare de l'étoile la plus proche de nous. De Wéga, de l'étincelant Sirius, la lumière met plus de vingt ans à nous parvenir; de la Polaire, il lui faut près d'un tiers de siècle. Enfin, pour traverser l'espace qui sépare la Chèvre du monde où nous vivons, c'est 70 ans et demi qu'il faut à ce courrier si étonnamment rapide : la vie entière d'un homme!

Il serait maintenant curieux de savoir si, par comparaison, il serait possible de déterminer à quelles distances vraisemblables de notre système brillent les étoiles des dernières grandeurs. S'il nous a fallu faire des efforts d'imagination pour nous faire l'idée de la distance effrayante qui nous séparait de l'étoile la plus rapprochée, que sera-ce donc pour les plus éloignées?

On a cherché à résoudre la question par des mesures directes, mais à ces mesures, encore trop peu nombreuses et insuffisantes, on a suppléé par des considérations spéculatives, qui ont un haut degré de probabilité.

W. Herschel est entré le premier dans cette voie.

Tenter de résoudre un pareil problème ne manquait pas d'audace et faisait présumer des travaux gigantesques : ces considérations n'arrêtèrent point l'illustre astronome. A peine Herschel eut-il conçu son plan, qu'il se mit à l'œuvre.

Il s'appuya, pour mener à bien son entreprise, sur la loi physique de la décroissance de l'intensité lumineuse, loi qui vous est connue et qui peut se formuler ainsi : l'*intensité de la lumière est en raison inverse du carré des distances*; ce qui signifie que si un corps lumineux est 3 fois plus éloigné, il éclaire

9 fois moins. Il ressort manifestement de cette loi
qu'une étoile qui s'éloignerait aux distances successives 2, 3, 4, 5.... deviendrait 4, 9, 16, 25 fois moins
brillante. Puis, il considéra que toutes les étoiles,
qu'elles fusent visibles à l'œil nu ou par l'intermédiaire du télescope, étaient, sous le rapport de leur
éclat intrinsèque, uniformément réparties dans l'espace; il en conclut, qu'en général, les étoiles brillaient d'un éclat inégal, par le seul fait de leurs iné-
gales distances de notre système. Prenant enfin pour
unité la moyenne distance des étoiles de première
grandeur, et s'appuyant sur l'échelle de visibilité
qu'il avait formée pour l'œil nu; il formula ainsi
ses vues sur les distances stellaires :

« Les étoiles de 6e grandeur sont 12 fois plus éloignées que les étoiles de première grandeur : en
d'autres termes, une étoile de première grandeur,
Acturus si l'on veut, reculée dans l'espace à 12 fois
sa distance actuelle, serait encore visible à l'œil nu.
Telle est la portée de la vue simple.

« Le télescope de 20 pieds pénètre dans l'espace
à une distance 61 fois aussi grande que l'œil nu; il
atteint des étoiles 734 fois aussi éloignées que les
étoiles de première grandeur. Avec la vue de face
le même instrument a une pénétration égale à 75,
et montre des étoiles distantes de 900 unités.

« Enfin, le grand télescope de 40 pieds a un pouvoir égal à 195, c'est-à-dire pénètre dans l'espace
jusqu'à une distance de 2 300 unités. »

W. Struve, entreprit des recherches semblables.
Après un travail opiniâtre, facilité cependant par les
savantes recherches d'Herschel, il parvint à obtenir
des nombres moins forts que ceux obtenus par ce
dernier. Il en chercha la cause qu'il ne tarda pas à
découvrir et qui gisait dans le fait suivant : Herschel

n'avait pas tenu compte de l'extinction que subit la lumière des étoiles dans son passage au travers des espaces célestes. En comparant les nombres qu'il avait trouvés à ceux d'Herschel, Struve fut conduit à penser qu'une telle perte de lumière existait réellement, et, pour être plus clair, que l'intensité des lumières stellaires décroissait plus rapidement que ne l'indique la loi de la décroissance de l'intensité lumineuse.

Voici comment Struve formule lui-même les principales conclusions de son travail :

« Les dernières étoiles visibles à l'œil nu sont à une distance qui est presque neuf fois la distance moyenne des étoiles de première grandeur ;

« Les dernières étoiles de 9e grandeur, observées par Bessel dans ses zones, sont à la distance de 37,73 unités, ou 4,25 fois aussi éloignées que les dernières étoiles visibles à l'œil nu ;

« Enfin, les plus petites étoiles qu'Herschel a observées, à l'aide de son télescope de 20 pieds sont à une distance de 227,8 unités, ou 25,67 fois plus éloignées que les dernières étoiles visibles à l'œil nu. »

Mais il fallait exprimer chacune de ces distances en unités connues. Les mesures récemment effectuées des parallaxes ont permis de mettre cette idée à exécution. En 1845, Peters fit une étude comparative des parallaxes de 35 étoiles, étude qui l'amena à conclure que la parallaxe moyenne des étoiles de 2e grandeur est égale à 0,116. W. Struve introduisit ce nombre dans ses rapports qu'il traduisit en grandeurs réelles. Les résultats qu'il obtint sont consignés dans le tableau suivant :

GRANDEURS des ÉTOILES.	PARALLAXES.	DISTANCES		
		relatives.	en rayons de l'orbite terrestre.	en années de la lumière.
Première.	0″,209	1,0000	986 000	15,5
1,5	0 ,166	1,2394	1 216 000	19,6
2	0 ,116	1,8031	1 778 000	28,0
2,5	0 ,098	2,1326	2 111 000	33,3
3	0 ,076	2,7639	2 725 000	43,0
3,5	0 ,065	3,2154	3 151 000	49,7
4	0 ,054	3,9057	3 850 000	60,7
4,5	0 ,047	4,4467	4 375 000	69,0
5	0 ,037	5,4545	5 378 000	84,8
5,5	0 ,034	6,1471	6 121 000	96,6
6	0 ,027	7,7253	7 616 000	120,1
6,5	0 ,024	8,8370	8 746 000	137,9
7,5	0 ,014	14,4450	14 230 000	224,5
8,5	0 ,008	24,8560	24 490 000	386,3
9,5	0 ,006	37,7510	37 200 000	586,7
H + 0,5	0 ,00092	227,3200	224 500 000	3 541,0

Ces nombres dont on s'imagine difficilement l'effrayante grandeur et qui expriment les distances des petites étoiles sont cependant au-dessous de la réalité, car les calculs qui leur ont donné naissance sont basés sur des mesures de parallaxes plutôt trop grandes, c'est-à-dire sur des distances trop petites. Puis, le tableau de Struve ne donne que les distances des étoiles visibles dans le télescope de 20 pieds d'Herschel. Que d'étoiles de l'Univers visible dont nous ne connaissons même pas les distances approximatives! Et cependant, ce tableau renferme des astres qui sont si éloignés, que les rayons lumineux qui émanent de ces corps célestes et qui nous frappent en ce moment, sont en route depuis plus de 3 500 ans! Ce dernier chiffre a son éloquence. Toutes ces distances qui ne cessent de nous étonner ne sont rien encore, car il est des étoiles dont la lumière met 10 000 ans, 50 000 ans..... à nous parvenir. Je dirai plus, afin de frapper fortement vos esprits et de vous donner une idée, bien faible, il est vrai, de l'étendue de l'Univers, puisque cet Univers est infini, il est des nébuleuses dont la lumière emploie plusieurs millions d'années pour arriver jusqu'à notre système.

Ces rayons lumineux, agiles messagers de l'espace, nouveaux pour nous, accablés par le poids des siècles pour les étoiles d'où ils partent nous racontent, non pas l'état contemporain de ces astres, mais leur *histoire ancienne.* De même, si nous pouvions nous transporter, aussi vite que par la pensée, dans les profondeurs les plus reculées de l'espace, nous rencontrerions des rayons lumineux partis depuis des siècles de notre globe, rayons qui ont été témoins des premiers âges de l'humanité, des événements antédiluviens, de l'existence de nos ancêtres!

CHAPITRE VI.

Étoiles variables. — Étoiles temporaires, éteintes ou nouvelles.

Étoiles variables périodiques; étoiles variables à longues périodes; étoiles à variations rapides; tableau des principales étoiles variables périodiques. — Étoiles temporaires : étoiles éteintes; étoiles nouvelles; prédictions tirées d'étoiles nouvellement apparues; comme quoi le monde craindra de mourir tant qu'il vivra. — Hypothèses diverses sur les causes de variabilité des étoiles.

Parmi les merveilles que nous a révélées le télescope, il n'en est certes pas de plus étonnante, non, il n'est pas un autre phénomène qui ait frappé plus vivement mon imagination, que le changement d'éclat des étoiles, changement périodique. Il est, dans le ciel, des étoiles dont l'éclatante lumière s'affaiblit pour se raviver périodiquement. Les voilà qu'elles se montrent aujourd'hui à nos yeux dans toute leur splendeur ; demain elles ne seront déjà plus visibles ; après demain nous les verrons reparaître avec toute leur brillante majesté. Quelle est l'imagination qui eût jamais osé inventer de telles créations qui, de nos jours, où elles ont été scientifiquement constatées, ont peine à être conçues par notre esprit !

Il y a des étoiles dont l'éclat subit une variation périodique : ces étoiles ont un maximum et un minimum d'intensité. Je vais essayer de vous faire comprendre en quoi consiste ce phénomène. Supposons que l'astre qui nous donne la lumière et la chaleur, que notre Soleil, soit soumis à ces variations. Aujourd'hui, nous le verrons briller avec un éclat que notre vue ne pourra pas soutenir, et déverser dans notre atmosphère ses flots de lumière; c'est ainsi que nous le verrons rayonner de ses flammes éclatantes pendant quelques jours. Mais, la scène change bientôt; malgré le ciel le plus pur, cette lumière qui nous éblouissait s'affaiblit peu à peu et ne nous réchauffe plus si fortement; ce Soleil avec ses longs rayons qui empêchaient nos yeux de contempler les merveilles célestes et les obligeaient à s'abaisser vers la Terre, ce Soleil, nous pouvons maintenant reprendre notre revanche, et le regarder en face; de cet éclat incomparable, il ne reste plus qu'une pâle lumière, une clarté blafarde. Notre Soleil va-t-il nous laisser pour toujours? Allons-nous être privés à jamais de lumière et de chaleur? Mais non, car le voilà qu'il renaît; ses pâles rayons deviennent plus éclatants; nous ressentons une chaleur plus ardente. De jour en jour, nous ressentons davantage ses bienfaits. Et quand une période égale à celle de son déclin sera écoulée, notre globe sera de nouveau inondé de ses chauds rayons. Puis, quand notre Soleil sera arrivé au terme de sa course, il ne tardera pas à reprendre sa voie descendante. Et ainsi de suite, toujours, sans jamais s'arrêter. La nature de ce nouveau Soleil est d'être périodique.

Ces périodes sont de toutes les durées.

Parmi les étoiles variables à longues périodes, on en remarque une dans l'Hydre qui met, pour revenir au même éclat, plus d'une année: sa période est de 495 jours. Elle varie entre la quatrième grandeur et la disparition complète. Il en est une autre, dans le Cygne, dont les variations s'effectuent en 406 jours;

elle varie de la cinquième à la onzième grandeur. Il y a, dans la constellation de la Baleine, une étoile variable avec laquelle nous avons fait connaissance : elle est marquée sur les cartes de la lettre grecque o (omicron), et les astronomes la connaissent sous le nom latin de *Mira Ceti*, la Merveilleuse de la Baleine; elle varie entre la deuxième grandeur et la disparition entière ; la moyenne de cette période a été évaluée à 331 jours 8 heures.

La durée des variations n'est pas toujours aussi longue. Algol, dans la Tête de Méduse, ou B de Persée, est au moins aussi intéressante que la Merveilleuse de la Baleine, mais sa période est beaucoup plus courte, et elle n'est jamais invisible même à l'œil nu. Pendant deux jours et treize heures et demie, elle est étoile de seconde ou troisième grandeur; au bout de ce temps, elle décroit subitement et, en trois heures et demie, elle descend jusqu'à la quatrième grandeur. Alors son éclat reprend une marche ascendante ; et, après un nouvel intervalle de trois heures et demie, revient à son maximum. Tous ces changements s'effectuent en 2 jours, 20 heures, 49 minutes. Au nombre de ces étoiles variables à courtes périodes, δ de Céphée se distingue par la régularité de ses changements d'éclat qui durent 5 jours, 8 heures, 40 secondes; cette étoile varie de la troisième à la cinquième grandeur. δ de la Balance est l'étoile dont la période de variabilité a la plus courte durée ; cette période n'est que de 2 jours, 7 heures, 51 minutes, etc.

Le tableau suivant renferme un certain nombre d'étoiles variables périodiques, choisies parmi celles dont la période est le mieux connue.

ÉTOILES.	GRANDEUR		ÉPOQUES	DURÉE			
	MAXIMUM	MINIMUM	DU MAXIMUM	DE LA PÉRIODE			
δ de la Balance........	4,9	6,0	30 juin 1866 (min.).	2 j.	7 h.	51 m.	19 s.
β de Persée (Algol)....	2,3	4,0	1er juillet 1868 ; 2h 43m 9s.	2	20	48	54
S de la Licorne........	4,9	5,6	14 mars 1856, 9h 36m.	3	10	48	»
λ du Taureau	3,4	4,3	7 juillet 1868, 0h 13m.	3	22	52	24
δ de Céphée...........	3,7	4,9	4 juillet 1868, 0h 30m.	5	8	47	40
χ du Sagittaire........	4,0	6,0	6 juillet 1868, 18h 28m.	7	0	25	34
η de l'Aigle...........	3,5	4,7	3 juillet 1868, 7h 11m.	7	4	14	4
W du Sagittaire........	5,0	6,5	3 juillet 1868, 21h 10m.	7	14	8	33
S de l'Ecrevisse........	8,0	10,5	22 juin 1854, 12h 0m.	9	11	36	58
ζ des Gémeaux.	3,7	4,5	9 juillet 1868, 12h 30m.	10	3	47	36
β de la Lyre...........	3,5	4,5	9 janvier 1868, 4h (min.).	12	21	51	»
R de l'Ecu de Sobieski..	4,7	9,0	16 août 1868 (min.).	71	17	»	»
α de Cassiopée.........	2,2	2,8	10 janvier 1844.	79	3	»	»
R de la Vierge........	6,5	10,7	4 juin 1868.	145	»	»	»
α d'Orion.............	1,0	1,4	26 novembre 1852.	196	»	»	»
R du Lion............	5,3	10,0	9 août 1868.	312	13	26	»
ο de la Baleine (Mira)..	2,0	< 12	29 décembre 1865, 3h 7 m.	331	8	4	16
δ du Serpent	7,8	< 10	5 avril 1857.	367	5	»	»
γ² du Cygne...........	4,0	13,0	15 mars 1868.	406	2	52	5
R de l'Hydre...........	4,0	11,0	9 mars 1868.	448	»	»	»

Ce tableau montre que ces variations sont très diverses; qu'il est des étoiles qui passent avec une étonnante rapidité de leur plus grand à leur plus petit éclat.

Non seulement il y a des étoiles dont l'éclat diminue tellement qu'on croirait volontiers qu'elles vont complètement s'éteindre, quoiqu'elles ne tardent pas à se ranimer et à nous montrer de nouveau cette vivacité de lumière qu'elles nous ont cachée pendant quelque temps, mais il est des exemples assez nombreux de soleils qui se sont éteints pour ne plus briller. Ce sont des astres pour lesquels l'heure de la fin du monde a sonné. Cassini cite, parmi ces étoiles éteintes, l'étoile de la Petite Ourse, marquée dans le catalogue de Bayer, et qui avait disparu. Maraldi a également constaté la disparition de plusieurs étoiles, inscrites jusque là aux catalogues, dans les constellations du Lion, du Scorpion, de la Vierge.

Des étoiles variables à périodicité constatée, nous passons aux étoiles nouvelles et temporaires. Voyons les principaux astres qui se sont allumés soudain dans le ciel.

« Un soir », raconte Tycho-Brahé, « que je considérais, comme à l'ordinaire, la voûte céleste dont l'aspect m'est si familier, je vis avec un étonnement indicible, près du zénith, dans Cassiopée, une étoile radieuse d'une grandeur extraordinaire. Frappé de surprise, je ne savais si j'en devais croire mes yeux. Pour me convaincre qu'il n'y avait point d'illusion, et pour recueillir le témoignage d'autres personnes, je fis sortir les ouvriers occupés dans mon laboratoire, et je leur demandai, ainsi qu'à tous les passants, s'ils voyaient, comme moi, l'étoile qui venait d'apparaître tout à coup. J'appris plus tard qu'en Allemagne des voituriers et d'autres gens du peuple avaient prévenu les astronomes d'une grande apparition dans le ciel, ce qui a fourni l'occasion de renouveler les railleries accoutumées contre les hommes de science. »

C'est l'année même du massacre de la Saint-Barthélemy, le 11 novembre 1572, qu'eut lieu cette étrange apparition. Elle demeura complétement immobile, au même point du ciel, pendant les dix-sept mois qu'elle fut visible; elle effaçait par son éclat les plus belles étoiles du ciel, Wéga, Sirius, Jupiter même à sa plus petite distance de la Terre. «On ne pouvait comparer son éclat, dit Tycho, qu'à celui de Vénus en quadrature. Les astrologues avaient prétendu que cette apparition était la même que celle des Mages à la naissance de Jésus-Christ; et ils allaient, par le monde, annonçant que le jugement dernier allait sonner.

Depuis l'observation de Tycho-Brahé, on a vu plusieurs étoiles temporaires dans les constellations du Serpentaire et du Cygne; mais la plus brillante de toutes, celle de 1604, le fut moins que l'étoile de 1572: elle se faisait remarquer par une scintillation très vive qui lui donnait, dit Képler, « toutes les couleurs de l'arc-en-ciel, ou d'un diamant taillé à facettes multiples, exposé aux rayons du Soleil. » Elle surpassait en éclat les étoiles de première grandeur, et aussi Mars, Jupiter et Saturne. Plusieurs la comparaient à Vénus. Elle fut observée jusqu'en mars 1608, époque où elle finit par disparaître, et, comme la première, sans laisser de traces.

On a compté, jusqu'à ce jour, vingt-cinq apparitions d'étoiles nouvelles. Les dernières sont celles de 1866 et de 1876.

Vers le milieu de mai 1866, divers observateurs,

en Europe et en Amérique, furent frappés de l'apparition d'une nouvelle étoile dans la constellation de
la Couronne. Le 29 novembre elle était devenue
complètement invisible. Enfin le 24 novembre 1876,
une étoile nouvelle a fait son apparition dans le
Cygne.

Les phénomènes extraordinaires ont toujours eu
le don d'engendrer des fables plus ou moins fantastiques, plus ou moins vraisemblables ; on peut
mettre au premier rang les étoiles nouvellement
apparues ; ces dernières ont répandu la terreur ; à
l'apparition de ces phénomènes, les uns ont cru à
l'embrasement du monde, les autres à la chute des
étoiles, certains enfin à l'approche du jugement dernier. L'une des plus mémorables prédictions est celle
de 1588, annoncée en vers latins ; en voici la traduction : « Après mille cinq cents ans révolus, à dater
de la conception de la Vierge, la quatre-vingt-hui-
tième année sera étrange et pleine d'épouvante ; elle
amènera avec elle de tristes destinées. Si dans cette
terrible année le monde pervers ne tombe pas en
poussière, si la Terre et les mers ne sont pas anéanties, tous les empires du monde seront bouleversés,
et l'affliction pésera sur le genre humain. »

Un des plus fameux mathématiciens de l'Europe,
Stoffler, qui florissait aux quinzième et seizième
siècles prédit un déluge universel pour l'année 1524.
Ce déluge devait arriver au mois de février, car
Saturne, Jupiter et Mars se trouvèrent alors en
conjonction dans les Poissons. Tous les peuples de
l'Europe, de l'Asie et de l'Afrique qui entendirent
parler de la prédiction, furent consternés. Tout le
monde s'attendit au déluge. Plusieurs auteurs contemporains rapportent que les habitants des provinces
maritimes de l'Allemagne s'empressaient de vendre

à vil prix leurs terres à ceux qui avaient le plus d'argent, et qui n'étaient pas si crédules qu'eux. Chacun se munissait d'un bateau comme d'une arche. Un docteur de Toulouse, nommé Auriol, fit faire surtout une grande arche pour lui, sa famille et ses amis ; on prit les mêmes précautions dans une grande partie de l'Italie. Enfin le mois de février arriva, et il ne tomba pas une goutte d'eau : jamais mois ne fut plus sec, et jamais les astrologues ne furent plus embarrassés. « Cependant », dit Voltaire, dans son *Dictionnaire philosophique*, en parlant des astrologues, « ils ne furent ni découragés, ni négligés parmi nous ; presque tous les princes continuèrent de les consulter. Je n'ai pas l'honneur d'être prince ; cependant le célèbre comte de Boulainvilliers, et un italien, nommé Colonne, qui avait beaucoup de réputation à Paris, me prédirent l'un et l'autre que je mourrais infailliblement à l'âge de trente-deux ans. J'ai eu la malice de les tromper déjà de près de trente années, de quoi je leur demande humblement pardon. »

En 1667, Bouillaud supposait, pour expliquer les variations d'éclat de l'étoile périodique *o* de la Baleine, que « cette étoile est un globe, dont la plus grande partie de la surface est obscure, et l'autre partie est lumineuse ; que ce globe a un mouvement propre autour de son axe, et présente à la Terre, tantôt sa partie claire, et tantôt sa partie obscure, ce qui cause la vicissitude de ses apparences ». Quelques astronomes considèrent les étoiles variables, comme des soleils dont le refroidissement a successivement consolidé certaines parties de leurs surfaces. Maupertuis admettait que certaines étoiles, tournant avec rapidité sur leur axe, ont la forme de lentilles, que des planètes circulant autour de ces astres pouvaient, en passant près d'eux, agir par leur masse, en inclinant plus ou moins leur axe de rotation et faire ainsi qu'elles tournent vers nous des faces différentes. A l'époque où elles ne présentent que la tranche, c'est le minimum de leur éclat ; à l'époque où elles présentent leur face entière, c'est leur maximum. Mais y a-t-il des soleils qui ont la forme de lentilles? Et dans le cas de l'affirmative, tourneraient-ils ainsi? On a encore expliqué la variabilité périodique des étoiles, par l'occultation que des planètes, pour d'autres, des nébulosités, produisent en passant au-devant de l'étoile, sur la ligne qui joint son centre à la Terre.

Les mêmes causes que nous venons de signaler sont-elles suffisantes pour expliquer les phénomènes présentés par les étoiles variables non périodiques, par les étoiles qui ont disparu du ciel, par les étoiles subitement apparues? La régularité du mouvement de rotation ne permet pas de s'arrêter à cette seule hypothèse ; mais l'occultation produite par des planètes ou des nébulosités, pourrait rendre compte jusqu'à un certain point d'un affaiblissement temporaire. Certains admettent la destruction, la combustion réelle des étoiles devenues invisibles. Humboldt rejette cette hypothèse et explique ces phénomènes de la façon suivante : « Ce que nous ne voyons plus, n'a pas nécessairement disparu.... L'éternel jeu des créations et des destructions apparentes ne conclut point à un anéantissement de la matière ; c'est une pure transition vers de nouvelles formes, déterminée par l'action de forces nouvelles. Des astres devenus obscurs peuvent redevenir subitement lumineux par le jeu renouvelé des mêmes actions qui y avaient primitivement développé la lumière. »

Il est bien difficile, pour ne pas dire impossible,

dans l'état actuel de la science, de décider laquelle
de ces hypothèses est la plus vraisemblable. Quoi
qu'il en soit, elles ont excité notre étonnement, notre
admiration, ces étoiles qui ont subitement éclairé
un point obscur du ciel pour s'éteindre bientôt après,
ces flammes qui ont tous les éclats, depuis la lumière
la plus vive jusqu'à la lumière la plus pâle, ces soleils
que nous voyons naître soudain, et, à peine nés,
quitter cette vie nouvelle, peut-être pour toujours ?
peut-être pour un temps ? C'est en vain que notre
esprit étonné cherche les causes d'un problème si
vaste, si grandiose ; il plane dans l'inconnu.

CHAPITRE VII.

Étoiles doubles et multiples.—Couleurs des étoiles.

Mondes étranges. — Étoiles doubles. — Tableau des principales
étoiles doubles physiques. — Distances mutuelles des composantes des systèmes binaires. — Étoiles multiples; tableau des
plus remarquables d'entre elles. — Couleurs des étoiles. —
— Soleils multicolores.— Couleurs des étoiles d'après W. Struve.
— Couleurs des étoiles d'après J. Herschel. — Liste des étoiles
doubles les plus connues, avec indication de leurs couleurs. —
Contrastes produits par les soleils polychromes sur les planètes
voisines. — Éclipses de soleil sur ces mondes.

Toutes les merveilles que vous venez de contempler ne sont rien encore en face de celles dont vous
allez entendre le récit. Et ces merveilles ne sont
pas des fictions caressées par notre esprit, elles sont
la réalité, la sublime réalité ! Il faut, pour concevoir
de tels systèmes, que vous vous isoliez complètement
de l'humble atome que nous habitons ensemble, car
vous allez assister à un bouleversement complet de
la nature. La lumière, la vie, les jours, les nuits,
les saisons, tout est transformé. Nous sommes au
milieu de mondes éclairés pendant le jour, par plusieurs soleils de toutes grandeurs, de toutes couleurs,
et pendant la nuit, par des lunes aux disques multicolores. Notre imagination si vive, si puissante,
n'aurait jamais inventé de pareils systèmes. Et cependant, l'Univers renferme dans son sein infini de

pareilles créations ! En face d'une semblable révolution dans nos idées, ne nous est-il pas permis de nous demander si ces soleils, si ces mondes qui planent dans les immenses profondeurs de l'espace ressemblent à notre Soleil, à notre monde ?

Aidés des faibles moyens actuels de la science, soulevons un coin de ce voile, et observons les types essentiels de l'étonnante diversité qui sépare ces mondes du nôtre.

Quand nous contemplons le ciel à l'œil nu, nous apercevons une multitude de simples points lumineux ; mais si nous employons le télescope pour admirer le magnifique spectacle de l'Univers, quelques-uns de ces points se dédoublent, et nous voyons deux étoiles au lieu d'une seule.

Il y a un siècle, on ne connaissait que vingt groupes de ce genre ; aujourd'hui les observateurs en ont recensé plus de dix mille. Ces groupements de deux étoiles ne sont pas seulement apparents, c'est-à-dire formés par deux étoiles se trouvant dans la même direction du rayon visuel d'un habitant de notre planète ; mais ils sont presque tous réels et dus à deux soleils associés dans leur destinée, tournant autour de leur centre de gravité commun, c'est-à-dire formant un système. De là cette distinction des étoiles doubles en couples *optiques* et en couples *physiques*, selon que la réunion des deux composantes de chaque couple est simplement apparente ou réelle.

On a déjà reconnu, sur dix mille étoiles voisines, peut-être doubles réellement, huit cent cinquante systèmes physiques, c'est-à-dire huit cent cinquante groupes d'étoiles tournant l'une autour de l'autre.

Voici le tableau des principales étoiles doubles physiques :

NOMS DES ÉTOILES.	TEMPS de la révolution de la petite autour de la grande.	COULEURS DES ÉTOILES.	ASTRONOMES auxquels on doit le calcul.
42e de la Chevelure........	25 ans 6 m.	Blanches.	O. Struve.
ζ d'Hercule..............	34 — 7 —	Jaune et rouge.	Flammarion.
η de la Couronne..........	40 — 2 —	Jaunes.	Flammarion.
γ de la Couronne australe..	55 — 6 —	Blanches.	Schiaparelli.
ζ du Cancer..............	58 — 9 —	Blanches.	Flammarion.
ξ de la Grande-Ourse......	60 — 7 —	Jaune d'or et cendrée.	Flammarion.
α du Centaure...........	76 — 4 —	Blanches.	Powel.
70e d'Ophiucus...........	92 — 8 —	Pourpres.	Flammarion.
ξ du Scorpion............	98 —	Blanches.	Flammarion.
ω du Lion...............	133 —	Blanches.	Klinkerfues.
γ de la Vierge...........	175 —	Jaunes d'or.	Flammarion.
η de Cassiopée...........	176 —	Jaune et lilas.	Duner.
ξ du Bouvier............	180 —	Jaune et orange.	Hind.
τ d'Ophiucus............	185 —	Blanches.	Doberck.
44e du Bouvier..........	261 —	Blanche et cendrée.	Doberck.
γ du Lion...............	420 —	Jaunes.	Doberck.
Castor.................	996 —	Jaunes.	Thiele, 1875.
ζ du Verseau..........	1000 —	Blanches.	Doberck.

Ce tableau montre que la durée des révolutions de ces étonnants systèmes varie d'une façon considérable, puisque la plus petite de ceux qui ont pu être calculés est de vingt-cinq ans et demi et la plus longue de 1 000 ans.

Quoique ces étoiles lointaines qui composent ces systèmes paraissent se toucher, des distances considérables les séparent. Jugez-en par le tableau suivant dans lequel vous trouverez quelques-unes de ces distances probables. J'ai dit avec intention probables, car les parallaxes de ces systèmes étant inconnues, ces nombres sont hypothétiques. Les chiffres que vous avez sous les yeux, — tout porte à le croire du moins, — sont donc au-dessous de la réalité. Et cependant les distances mutuelles qui séparent ces étoiles se comptent par centaines de millions de lieues !

Systèmes binaires.	DISTANCES DES COMPOSANTES	
	en rayons de l'orbite terrestre.	en millions de lieues.
ζ d'Hercule	16	592
η de la Couronne	26	962
Castor	54 ou 70	1 998 ou 2 590
σ de la Couronne	105 ou 80	3 885 ou 2 960
γ de la Vierge	47	1 369
ξ de la Grande-Ourse	45	1 293
ζ de l'Écrevisse	25	925
ω du Lion	36	1 332

Parmi les étoiles doubles, il faut encore citer Sirius, dont Bessel avait soupçonné le compagnon. Ce fut un astronome américain, M. Clarck qui, se servant d'une puissante lunette, aperçut le compagnon de Sirius. La théorie avait assigné à la révolution de cette planète une durée de cinquante années et l'observation la confirma. L'astre deviné par Bessel n'était donc point un corps obscur, ainsi que l'impossibilité de rien voir jusqu'alors l'avait fait soupçonner au célèbre astronome.

Non seulement il existe des étoiles doubles, mais des étoiles *triples, quadruples, quintuples...*, et en général *multiples*. Parmi les étoiles du catalogue de Struve, « il y a », dit cet astronome, « 11 groupes ternaires brillants où chacune des trois étoiles n'est pas au-dessous de la 8ᵉ grandeur, et deux groupes quadruples. J'ai indiqué 57 étoiles triples et multiples où l'un des satellites au moins est au-dessous de la 8ᵉ grandeur. J'ai, en outre, donné un catalogue de 59 étoiles triples et multiples dans un sens plus étendu, parmi lesquelles, auprès de deux étoiles distantes de 32″ tout au plus, on en découvre une troisième, une quatrième à une distance moindre de 80″. » Presque tous ces groupes forment des systèmes physiques, c'est-à-dire sont de réelles associations de soleils.

Voici quelques-unes des plus remarquables étoiles multiples :

Étoiles triples.	*Étoiles quadruples.*	*Étoiles sextuples.*
ψ de Cassiopée.	β de la Lyre.	1 étoile du Dauphin.
γ d'Andromède.	β des Gémeaux.	1 étoile des Chiens de
ζ de l'Écrevisse.	β du Petit Cheval.	Chasse.
α d'Andromède.	μ du Sagittaire.	1 étoile de la Couronne
ξ du Scorpion.	8ᵉ du Lézard.	boréale.
γ de la Vierge.	*Étoiles quintuples.*	
η de la Couronne.	ω³ du Cygne.	*Étoiles sextuples.*
11ᵉ de la Licorne.	1 étoile du Cocher.	θ d'Orion.
12ᵉ du Lynx.	1 étoile du Taureau.	1 étoile du Grand Nuage.
ξ de la Balance.		

Ces groupes d'étoiles multiples sont remplis d'intérêt. La variété d'éclat et de couleur des composantes, leurs configurations, leurs positions au centre de nébuleuses en font, selon les propres expressions d'Herschel, des objets d'une délicatesse et d'une élégance qui ne le cèdent en intérêt qu'aux questions relatives à la dépendance physique de ces systèmes et aux lois qui les régissent.

« La blanche lumière de notre Soleil », dit M. Camille Flammarion, « déverse ses rayons éclatants du haut de l'azur, et, grâce à l'atmosphère transparente dont les mille réflexions forment un véritable réservoir de lumière, tous les objets qui ornent ou peuplent la surface du globe sont enveloppés dans cette clarté. Cependant cette lumière blanche n'est pas simple. Elle renferme dans son rayon la puissance de toutes les couleurs possibles, et les corps, au lieu de nous paraître tous revêtus d'une blancheur uniforme, absorbent certaines couleurs de ce rayon complexe et réfléchissent les autres. C'est cette réflexion qui constitue à nos yeux la coloration de ces corps. Elle dépend donc de l'agencement moléculaire de la surface réfléchissante, de sa disposition à recevoir certains rayons du spectre et à renvoyer les autres. Mais la somme de toutes ces couleurs constitue le blanc originaire, source unique de ces apparences diverses.

« Il est bon de se rappeler maintenant que cette théorie, applicable au monde organique, reçoit encore une importance plus considérable lorsqu'on envisage le mode de coloration des substances organiques. La beauté des plantes, la diversité des prairies, l'or des sillons, la blancheur du lis, l'écarlate, l'orangé, l'azur, toutes les nuances ravissantes qui font la richesse des fleurs ; l'éclat du plumage chez les petits oiseaux des tropiques, la neige des colombes, la fourrure fauve du lion du désert comme le rayonnement des blondes chevelures : c'est à la lumière blanche de notre Soleil qu'il faut remonter pour l'explication de la beauté visible, c'est en elle que réside la source des nuances infinies qui décorent les formes de la nature.

« Or, supposant un instant qu'au lieu de la blanche source de toute lumière qui nous inonde, nous ayons un *soleil bleu foncé* : quel changement à vue s'opère aussitôt dans la nature ! Les nuages perdent leur blancheur argentée et l'or de leurs flocons pour étendre sous le ciel une voûte plus sombre ; la nature entière se couvre d'une pénombre colorée : les plus belles étoiles restent dans le ciel du jour ; les fleurs assombrissent l'éclat de leur brillante parure ; les campagnes se succèdent dans la brume jusqu'à l'horizon invisible ; un jour nouveau luit sous les cieux ; l'incarnat des joues fraîches efface son duvet naissant, les visages semblent vieillir, et l'humanité se demande, étonnée, l'explication d'une transformation si étrange. Nous connaissons si peu le fond des choses, nous tenons tant aux apparences, que l'Univers entier nous semble renouvelé par cette légère modification de la lumière solaire.

« Que serait-ce si, au lieu d'un seul soleil indigo, suivant avec régularité son cours apparent, s'assurant les années et les jours par son unique domination, un second soleil venait soudain s'unir à lui, un soleil d'un rouge écarlate, disputant sans cesse à son partenaire l'empire du monde des couleurs ? Imaginez-vous qu'à midi, au moment où notre soleil bleu étend sur la nature cette lumière pénombrale que nous venons de décrire, l'incendie d'un foyer resplendissant allume à l'orient ses flammes. Des silhouettes verdâtres se dressent soudain à travers la lumière diffuse, et à l'opposite de chaque objet

une trainée sombre vient couper la clarté bleue
étendue sur le monde. Plus tard le soleil rouge
monte tandis que l'autre descend, et les objets
sont colorés, à l'orient des rayons du rouge, à
l'occident des rayons du bleu. Plus tard encore,
un nouveau midi luit sur la Terre, tandis qu'au
couchant s'évanouit le premier soleil, et dès lors la
nature s'embrase d'un feu rouge écarlate. Si nous
passons à la nuit, à peine l'occident voit-il pâlir
comme de lointains feux de Bengale les derniers
rayonnements de la pourpre solaire, qu'une aurore
nouvelle fait apparaître à l'opposite les lueurs
azurées du cyclope à l'œil bleu. L'imagination des
poètes, le caprice des peintres, créeront-ils sur la
palette de la fantaisie un monde de lumière plus
hardi que celui-ci? La main folle de la chimère
jetant sur sa toile docile les éclats bizarres de sa
volonté, édifiera-t-elle au hasard un édifice plus
étonnant que celui-ci? »

Les étoiles rouges les plus remarquables sont
Arcturus, Aldébaran, Antarès, α d'Orion, Pollux, α et
γ de la Croix, et les étoiles variables η du Navire,
Mira. La lumière d'Algol est blanche. Procyon, la
Chèvre, la Polaire, Altaïr sont jaunes. La lumière
de Castor est d'un vert pâle, et celle de l'étoile η de
la Lyre offre une couleur bleue prononcée. Cependant la couleur blanche légèrement azurée est celle
de la plupart des étoiles.

Mais c'est surtout dans les groupes de soleils que
la lumière présente ses colorations les plus diverses
et les plus riches.

« L'attentive observation des étoiles doubles nous
apprend », dit W. Struve « qu'outre celles qui sont
blanches, on en rencontre de toutes les couleurs du
prisme; mais que, lorsque l'étoile principale n'est

pas blanche, elle s'approche du côté rouge du spectre, tandis que le satellite offre la teinte bleuâtre du côté opposé. Cependant, cette loi n'est pas sans exception; au contraire, le cas le plus général est que les deux étoiles ont la même couleur. Je trouve, en effet, parmi les 596 étoiles doubles brillantes :

375 couples dont les composantes ont la même couleur et la même intensité;

101 couples où la même couleur est à une intensité différente;

120 couples de couleur totalement différente.

« Parmi les étoiles de même couleur, les plus nombreuses sont les blanches, et, des 476 étoiles de cette espèce, j'ai trouvé :

295 couples où les deux composantes sont blanches;

118 couples où elles sont jaunes ou rougeâtres;

63 couples où elles sont bleuâtres. »

Le nombre des couples dont J. Herschel a mentionné les couleurs est de 290; les couleurs, tant de l'étoile principale, tant de l'étoile satellite, sont résumées dans le tableau suivant :

COULEURS DES SATELLITES

COULEURS DES ÉTOILES PRINCIPALES	Rouge.	Orangé.	Jaune.	Bleu.	Blanc.	TOTAL.
Rouge.......	24	0	0	27	50	101
Orangé......	1	0	2	20	6	29
Jaune.......	2	0	17	80	9	108
Bleu........	0	0	0	0	1	1
Blanc.......	30	0	3	17	1	51
TOTAL.........	57	0	22	144	67	290

Ce tableau est, comme la table de Pythagore, à double entrée. Ainsi le nombre 17 qui est à la rencontre de la troisième ligne horizontale et de la troisième ligne verticale, indique que le nombre des couples, où l'étoile principale est jaune, et le satellite jaune, est de 17; le nombre 80 indique qu'il y a 80 couples dont l'étoile principale est jaune, et le satellite bleu. Les teintes ont été ici réduite à cinq. Ainsi la couleur bleue comprend à la fois les étoiles bleues, bleu verdâtre, vert bleuâtre.

C'est sur un nombre de 5,500 étoiles doubles environ que ce relevé a été fait; ces résultats sont, comme on peut s'en rendre compte, en contradiction avec les résultats de Struve, en ce qui touche la proportion des couples où les composantes sont de même couleur, et particulièrement toutes deux blanches; mais cette contradiction n'est qu'apparente, car J. Herschel, n'a mentionné que les étoiles colorées.

Toutes les nuances possibles se rencontrent dans les étoiles doubles colorées. Le blanc s'y trouve associé à l'azur et au rouge foncé. Ici, c'est une étoile dorée dont le satellite a la couleur pourpre; plus loin, ce sont les blonds rayons d'un astre qui unissent leur destinée aux couleurs bleues les plus tendres d'un autre astre voisin. Enfin, tous ces soleils lointains brillent des couleurs les plus diverses, et répandent dans les vastes plaines qui les entourent les rayons les plus variés.

Voici, d'après Dembowski, J. Herschel et Struve, la liste de quelques-unes des étoiles doubles les plus connues, avec indication de leurs couleurs:

NOMS DES ÉTOILES.	PRINCIPALES.		SATELLITES.	
	Grandeur.	Couleur.	Grandeur.	Couleur.
η de Cassiopée.............	3,3	Jaune clair.	7,2	Pourpre.
α des Poissons............	4,2	Bleu verdâtre clair.	5,6	Olive cendré.
β d'Orion.................	1,0	Blanche.	7,6	Bleu de ciel.
α des Gémeaux............	3,0	Jaune verdâtre.	4,1	Jaune-vert foncé.
ε de l'Hydre..............	3,7	Jaune clair.	7,3	Olive cendré.
γ du Lion................	2,2	Jaune d'or.	3,7	Jaune d'or foncé.
70° d'Ophiucus...........	4,2	Jaune clair.	6,0	Pourpre clair.
δ du Cygne..............	3,0	Blanche.	7,4	Bleu clair.
61° du Cygne...........	5,1	Jaune d'or.	6,0	Jaune d'or foncé.
β de Céphée............	4,0	Bleue.	6,0	Bleue.
α du Centaure..........	1,0	Jaune.	2,0	Jaune.
26° de la Baleine.........	6,7	Jaune-blanc.	10,5	Pourpre.
ζ d'Hercule..............	3,0	Jaune.	6,5	Rougeâtre.
π des Gémeaux...........	5,0	Jaune.	10,0	Bleue.
η de la Couronne.........	5,0	Jaune.	6,0	Jaune.

Voici encore, par exemple, le beau système γ d'Andromède. Le grand soleil central est orangé ; il est accompagné de deux autres soleils dont la lumière est couleur vert d'émeraude, selon certains observateurs, dont l'un est jaune pâle et l'autre bleu, selon d'autres.

Il est plus d'un système de ce genre ; il existe quelques-unes de ces associations stellaires où les trois étoiles composantes ont des colorations différentes. On rencontre, en effet, de ces associations où la principale est rouge et les deux satellites sont bleus ; ailleurs, la première est blanche avec deux satellites rouges.

Je ne m'arrêterais pas dans cette énumération, si je voulais passer en revue tous les astres du ciel.

Il existe, d'après J. Herschel, un groupe fort remarquable, situé dans la Croix du Sud, près de l'étoile ϰ. Il se compose de cent dix étoiles : deux d'entre elles sont rouges, une est d'un bleu verdâtre, deux sont vertes, et trois autres sont d'un vert pâle. « Les étoiles qui le composent », dit Herschel, « vues dans un télescope d'une ouverture assez grande pour distinguer les couleurs, font l'effet d'un écrin de pierres précieuses polychromes. »

Je vais, pour terminer ce chapitre, citer une belle page inspirée à M. C. Flammarion par ces associations de couleurs si étonnantes, si diverses :

« Quelle variété de clarté deux soleils, l'un rouge et l'autre vert, l'un jaune et l'autre bleu, doivent répandre sur une planète qui circule autour de l'un ou de l'autre ! A quels charmants contrastes, à quelles magnifiques alternatives doivent donner lieu un jour rouge et un jour vert, succédant tour à tour à un jour blanc et aux ténèbres !.... Quelle inimaginable beauté revêt d'une splendeur incon-

5

nue ces terres lointaines disséminées au fond des
espaces sans fin ?

« Si comme notre Lune, qui gravite autour du
globe, comme celles de Jupiter, de Saturne, qui
réunissent leurs miroirs sur l'hémisphère obscur de
ces mondes, les planètes invisibles qui se balancent
là-bas sont entourées de satellites qui sans cesse
les accompagnent, quel doit être l'aspect de ces
lunes éclairées par plusieurs soleils ! Cette lune qui
se lève des montagnes lointaines est divisée en
quartiers diversement colorés, l'un rouge, l'autre
bleu ; cette autre n'offre qu'un croissant violet ;
celle-là est dans son plein, elle est verte et paraît
suspendue dans les cieux comme un immense fruit.
Lune rubis, lune émeraude, lune opale ; quels dia-
mants célestes ! O nuits de la Terre, qu'argente
modestement notre Lune solitaire, vous êtes bien
belles, quand l'esprit calme et pensif vous contemple !
mais qu'êtes-vous à côté des nuits illuminées par
ces lunes merveilleuses ?

« Et que sont les éclipses du soleil sur ces mondes ?
Soleils multiples, lunes multiples, à quels jeux
infinis vos lumières mutuellement éclipsées ne
donnent-elles pas naissance ! Le soleil bleu et le
soleil jaune se rapprochent ; leur clarté combinée
produit le vert sur les surfaces éclairées par tous
deux, le jaune ou le bleu sur celles qui ne reçoivent
qu'une seule lumière. Bientôt le jaune s'approche
sous le bleu ; déjà il entame son disque et le vert
répandu sur le monde pâlit, pâlit jusqu'au moment
où il meurt, fondu dans l'or qui verse dans l'espace ses
rayonnements cristallins. Une éclipse totale colore
le monde en jaune. Une éclipse annulaire montre une
bague bleue autour d'une pièce d'or. Peu à peu, insen-
siblement, le vert renait et reprend son empire.

« Ajoutons à ce phénomène celui qui se produirait si quelque lune venait au beau milieu de cette éclipse dorée couvrir le soleil jaune lui-même et plonger le monde dans l'obscurité, puis, suivant la relation existant entre son mouvement et celui du soleil, continuer de le cacher après sa sortie du disque bleu et laisser alors la nature retomber sous le rideau d'une nouvelle couche azurée. Ajoutons encore... mais non, c'est le trésor inépuisable de la nature : y plonger à pleines mains, c'est n'y rien prendre. »

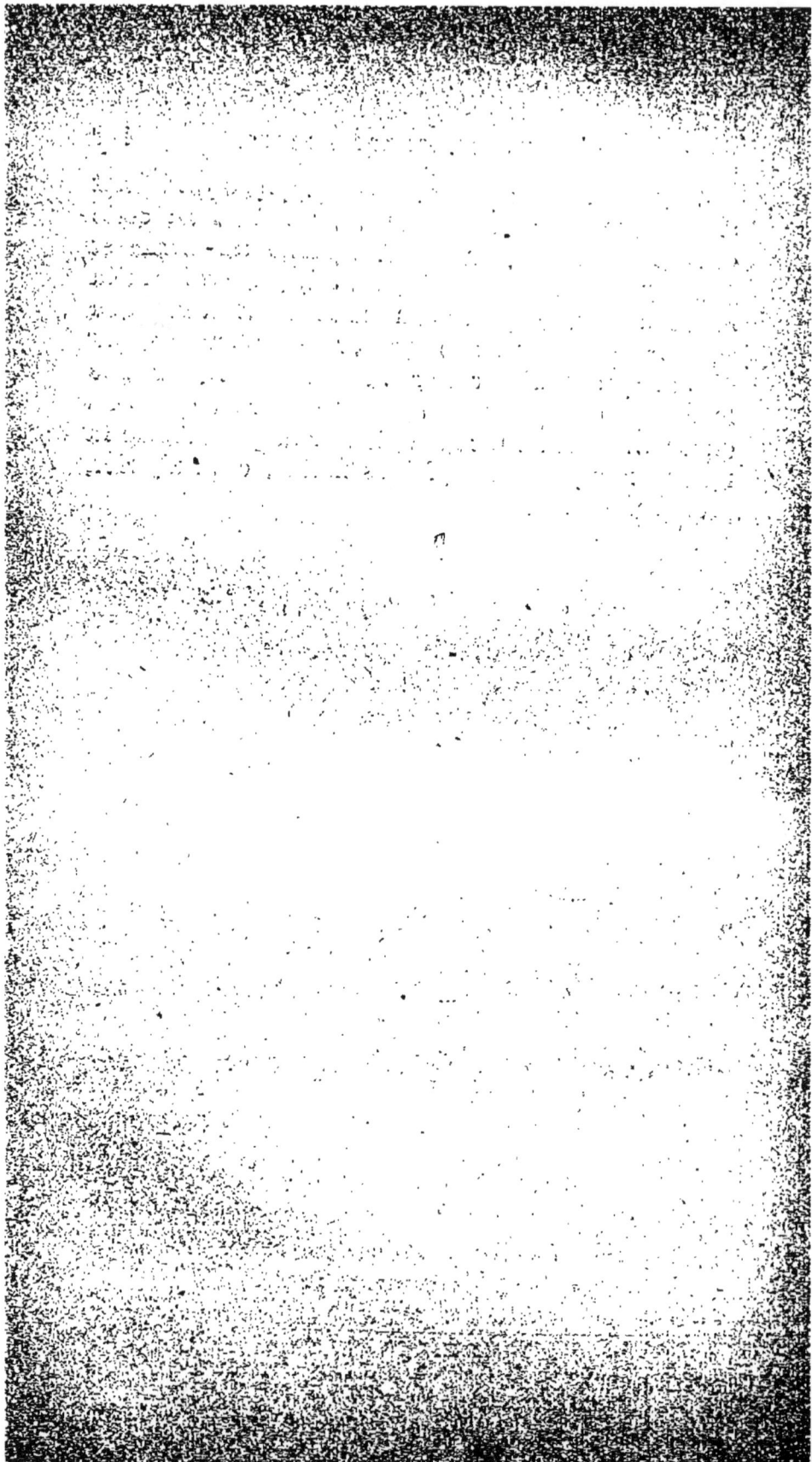

TROISIÈME PARTIE

LE MONDE SOLAIRE.

CHAPITRE PREMIER.

Le Système planétaire.

Les domaines du Soleil. — Ce qu'on entend par système solaire. — Les planètes moyennes. — Les grosses planètes. — Les petites planètes. — Les satellites. — Distances des planètes. — La gravitation universelle. — Mouvement de rotation des corps planétaires. — Les comètes. — Les étoiles filantes, les bolides, les aérolithes. — La lumière zodiacale. — Notre Soleil a-t-il un mouvement de translation dans l'espace? Opinion de Lalande; opinion moins précise de Lambert. — Quelle est la nature de ce mouvement? — Vitesse avec laquelle les mondes de notre système sont emportés. — Intérêt que présente l'étude de notre système.

Maintenant que nous avons accompli notre lointain voyage à travers les profondeurs immenses de l'espace, revenons sur nos pas. Laissons derrière nous ces nébuleuses de toutes formes, ces constellations aux étoiles nombreuses et multicolores, et venons reposer notre esprit au milieu de nos domaines. Étudions ensemble les modestes régions que nous habitons, étudions-les en détails ; leur étendue n'est pas comparable à celle des régions si vastes que nous venons d'abandonner, mais elle n'en est pas moins respectable, et assez grande pour étonner les plus ardentes imaginations ; les mondes qui peuplent nos domaines n'ont peut-être pas des formes aussi considérables que les formes des astres qui ont fait l'objet de notre admiration, mais elles sauront suffisamment captiver notre intérêt. Puis nous devons être plus curieux de faire connaissance avec les membres de notre même famille, qu'avec ceux des familles lointaines que notre œil, même avec le secours des instruments les plus puissants, peut à peine distinguer, tant leurs contours sont fuyants et leur masse semble vaporeuse.

Le Soleil qui nous éclaire est une des étoiles de cette immense nébuleuse à laquelle nous avons donné le nom de voie lactée, étoiles qui se comptent par millions. Mais ce n'est plus comme étoile que nous devons le considérer maintenant, mais comme un centre autour duquel sont groupés des mondes.

C'est ici qu'il convient de dire ce que l'on entend par *système* ou *monde solaire*. On a donné ce nom à un groupe d'astres dont fait partie la Terre, et qui ont tous le Soleil pour centre commun, pour foyer de leurs mouvements. Je vais m'expliquer, ou, pour parler plus net, vous donner les connaissances actuelles de la science, à ce sujet.

Imaginez-vous un nombre plus ou moins considérable de mondes comme le nôtre, répandus dans l'espace, et à toutes les distances. Au centre de tous ces mondes, un corps plus volumineux que tous ceux-ci, source de lumière et de chaleur, le *Soleil*. Les premiers sont, jusqu'à présent, au nombre de 239 ; ils sont obscurs d'eux-mêmes, car ils reçoivent du Soleil la lumière qui les rend visibles dans le ciel. Ces astres obscurs sont nommés *pla-nètes*, (fig. 22).

Telle est, esquissée à grandes lignes, la descrip-tion de la tribu à laquelle nous appartenons. Mais, pour fixer davantage vos idées et leur donner des points de repère qui faciliteront l'étude de ces as-tres, je rangerai les planètes en trois groupes prin-cipaux :

Le premier, voisin du Soleil, comprend quatre planètes, dont les dimensions sont inférieures à celles des planètes du second groupe. Ces quatre *planètes moyennes* sont, dans l'ordre de leurs dis-tances croissantes au Soleil : *Mercure*, *Vénus*, la *Terre* et *Mars*.

Le second, le plus éloigné du Soleil, est aussi formé de quatre planètes, de grandes dimensions relativement à celles du groupe précédent. Ces quatre *grosses planètes* sont : *Jupiter*, *Saturne*, *Uranus*, *Neptune*.

Entre ces deux groupes ou, pour parler avec plus de précision, entre les planètes moyennes et les grosses planètes, il existe un troisième groupe formé d'une multitude de petits corps qui, jusqu'alors, sont au nombre de 231. Ces *petites planètes*, qui doivent être plus nombreuses, car chaque année, pour ainsi dire, assiste à la découverte de nouvelles petites pla-nètes, forment, entre Mars et Jupiter, un anneau qui sépare les deux premiers groupes. Ces mondes mi-croscopiques sont tellement petits, que leur diamètre atteint à peine, pour certains d'entre eux, quelques lieues. Ce sont des grains de sable perdus au milieu de cette vaste république du Monde solaire qui, elle-même est une unité bien petite parmi les soleils in-nombrables de l'espace.

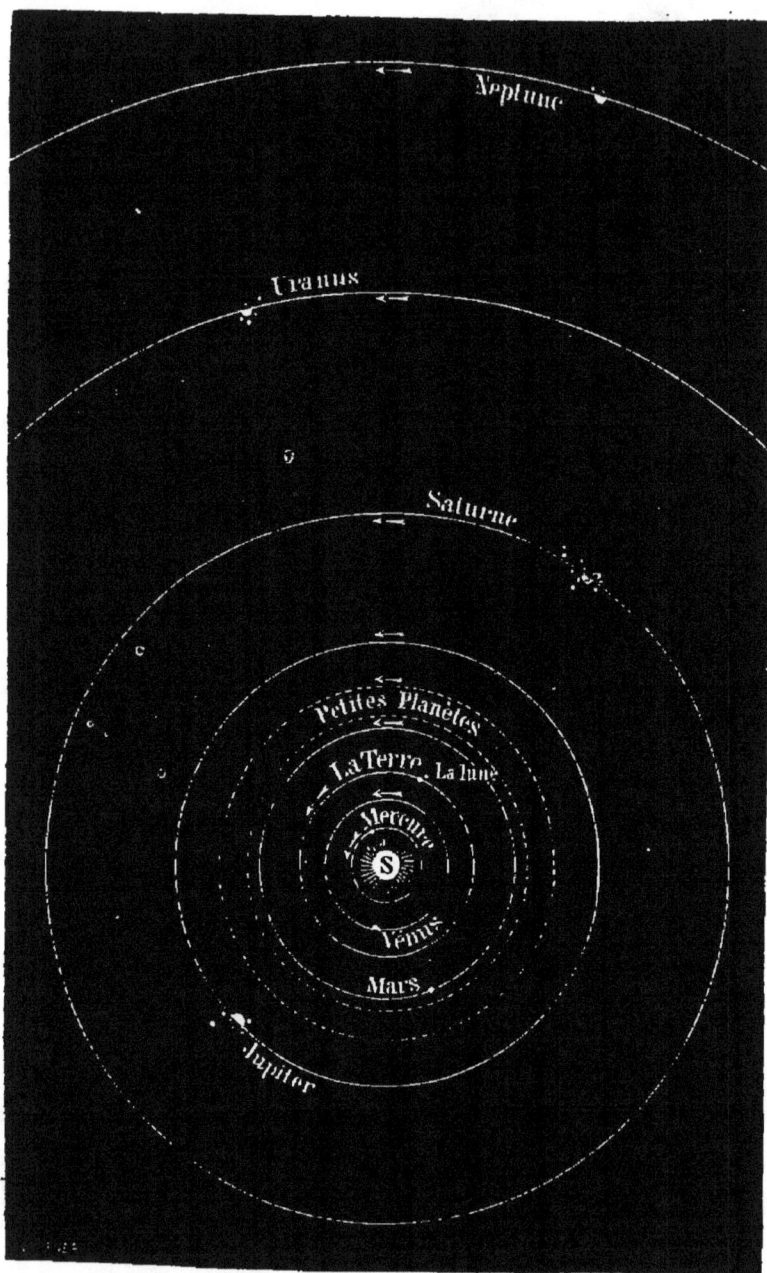

Fig. 22. — Le monde solaire.

Toutes ces planètes, grosses ou petites, sont les membres principaux d'une même famille ; mais il existe aussi des membres secondaires auxquels on a donné le nom de *satellites* ; toutes les planètes n'ont pas de satellites ; quelques-unes d'entre elles seulement ont ce privilège : la Terre en a un, la *Lune* ; Jupiter en a quatre, Saturne huit, Uranus quatre, Neptune un seul. Ces satellites circulent autour des planètes comme celles-ci autour du Soleil ; planètes et satellites forment cinq mondes en miniature, dont chacun offre avec le système planétaire général une frappante analogie.

Sur ces 258 astres, les anciens n'en connaissaient que huit : le Soleil, la Terre et la Lune, Mercure, Vénus, Mars, Jupiter et Saturne, c'est-à-dire tous ceux qui sont visibles à l'œil nu. Depuis l'invention des lunettes, on a découvert de nouvelles planètes ainsi que des satellites. Il n'y a guère qu'un siècle qu'Uranus a été trouvé, et la planète Neptune n'est découverte que depuis trente-cinq ans. Peut-être un jour, des planètes plus éloignées que Neptune, ou plus voisines du Soleil que Mercure, viendront-elles révéler leur existence aux astronomes, et agrandir les domaines de notre tribu ?

A quelles distances ces corps planétaires sont-ils situés autour de l'astre central ? Mercure, le plus proche, réside à plus de 14 millions de lieues du Soleil ; Vénus, à 26 millions de lieues ; la Terre à 37 millions et Mars à 56 millions. Le groupe des petites planètes occupe une zone éloignée en moyenne de 100 millions de lieues ; Jupiter est presque à 200 millions de lieues du flambeau central ; Saturne à 355 millions ; Uranus à 733 millions, et Neptune, la dernière planète, à plus d'un milliard de lieues.

Tous les corps célestes qui composent le système

planétaire sont affectés de deux mouvements principaux.

Ils tournent autour du Soleil avec une vitesse plus ou moins grande, selon qu'ils en sont plus ou moins éloignés. Les plus proches ayant moins de chemin à parcourir, et étant plus fortement attirés, circulent avec une plus grande rapidité ; les plus éloignés marchent avec lenteur, comparativement aux précédents : Mercure, qui règne dans les parages du Soleil n'emploie que quatre-vingt-huit jours à accomplir sa révolution, tandis que Neptune qui marque les limites les plus reculées de notre système met plus de cent-soixante-quatre ans. Ce mouvement de translation qui entraîne les planètes autour de leur source de lumière, et en même temps chaque satellite autour de la planète principale, est soumis à une loi immuable et d'une admirable simplicité : nous devons sa découverte à l'illustre Képler qui passa près de trente années de son existence à la chercher. Cette loi s'énonce ainsi : « Les carrés du temps des révolutions sont entre eux comme les cubes des distances. » En d'autres termes, en multipliant trois fois par lui-même, le nombre qui représente la distance d'une planète quelconque au Soleil, on a le temps de sa révolution, multiplié par lui-même. Prenons pour exemple Jupiter qui est cinq fois (5,2) plus loin du Soleil que la Lune. Or, en multipliant le nombre 5,2 trois fois par lui-même, on obtient, $5,2 \times 5,2 \times 5,2 = 140,608$. Et puisque ce nombre 140,608 représente le temps de la révolution de Jupiter, multiplié par lui-même, on n'a plus, pour avoir le temps exact de cette révolution, qu'à extraire la racine carrée de 140,608, opération qui donne 11,85 : c'est bien en effet près de douze ans que Jupiter met à se mouvoir autour du Soleil. Il en est de même pour toutes les planètes, tous les satellites, tous les corps célestes.

Ces mouvements ont pour cause l'attraction ou la *gravitation universelle*, dont la loi fut donnée par Newton. Tous les corps s'attirent : c'est ainsi que le Soleil attire les planètes, et celles-ci leurs satellites. Les molécules élémentaires s'attirent les unes et les autres et forment la matière visible. C'est en vertu de cette force universelle que les mondes lancés dans l'espace suivent une courbe autour du Soleil.

Le second de ces mouvements consiste en une rotation autour de l'un des diamètres du globe qui forme l'astre. Le Soleil, les planètes et leurs satellites sont tous animés de ce mouvement. Nous reviendrons plusieurs fois sur ce sujet.

Achevons notre énumération des astres ou autres agrégations matérielles, composant le monde solaire.

Outre les planètes, une multitude innombrable d'autres astres décrivent autour du Soleil des orbites le plus souvent très allongées : ce sont les comètes, astres errants par excellence. Les comètes sont toujours en voyage, sans toutefois sortir des domaines immenses du Soleil, car elles sont soumises à cette force invincible de la gravitation universelle, force dont nous venons de parler. De temps en temps elles viennent saluer l'astre solaire, puis, sans jamais s'arrêter dans leur course vertigineuse, elles s'enfuient à toutes les distances imaginables.

Pour compléter cette esquisse rapide de l'empire du Soleil, il faut encore ajouter des myriades de corpuscules beaucoup plus petits qui voyagent en diverses régions du ciel, tantôt isolés, tantôt réunis en essaims. Ceux des corpuscules qui traversent notre atmosphère s'y enflamment et tombent quelquefois sur le sol : ce sont les étoiles filantes, les bolides et les aérolithes.

Enfin un immense anneau lumineux entoure le Soleil ; il est probablement composé de milliards de météores semblables à ceux dont nous venons de parler. A l'approche du printemps, si l'on examine l'horizon vers l'ouest, un peu après le coucher du Soleil, on aperçoit cet anneau s'élever en forme de cône à travers les constellations étoilées ; la même apparence est visible le matin, à l'orient, avant le lever du Soleil, à l'approche de l'automne : c'est la *lumière zodiacale.*

Notre Soleil a-t-il un mouvement de translation dans l'espace ? L'idée d'un tel déplacement a été formulée pour la première fois d'une façon un peu précise par Lalande, qui le regardait comme ayant une liaison nécessaire avec le mouvement de rotation du Soleil.

Voici comment il s'exprime, à ce sujet, dans l'Encyclopédie méthodique :

« La rotation du Soleil indique un mouvement de translation ou un déplacement du Soleil qui sera peut-être un jour un phénomène bien remarquable dans la cosmologie. Le mouvement de rotation considéré comme l'effet physique d'une cause quelconque est produit par une impulsion communiquée hors du centre ; mais une force quelconque imprimée à un corps et capable de le faire tourner autour de son centre, ne peut manquer aussi de déplacer le centre, et l'on ne saurait concevoir l'un sans l'autre. *Il est donc évident que le Soleil a un mouvement réel dans l'espace absolu* ; mais comme nécessairement il entraîne la Terre, de même que toutes les planètes et les comètes qui tournent autour de lui, nous ne pouvons nous apercevoir de ce mouvement, à moins

que, par la suite des siècles, le Soleil ne soit arrivé
sensiblement plus près des étoiles qui sont d'un côté
que de celles qui sont opposées ; alors les distances
apparentes des étoiles entre elles auront augmenté
d'un côté et diminué de l'autre, ce qui nous apprendra
de quel côté se fait le mouvement de translation du
système solaire. Mais il y a si peu de temps que l'on
observe, et la distance des étoiles est si grande,
qu'on ne pourra de longtemps constater la quantité
de ce déplacement. »

Lambert avait aussi entrevu le mouvement de translation du Soleil : « Chaque étoile fixe », dit-il, dans
ses *Lettres cosmologiques*, « a dans les plaines de l'espace son orbite tracée, qu'elle parcourt en traînant
à sa suite tout son cortège de planètes et de comètes.
Si l'on pouvait démontrer que tout corps qui tourne
sur son axe doit aussi se mouvoir dans une orbite,
on ne pourrait plus disputer à notre Soleil ce dernier mouvement, puisqu'il a le premier. Il y a apparence que le mécanisme du monde exige la liaison
de ces deux mouvements, quoique nous n'en voyions
pas distinctement la cause. Ce qu'il y a de certain,
c'est que le Soleil se déplace.... » Parlant plus loin
des mouvements propres des étoiles, il ajoute :
« Comme ce déplacement apparent des étoiles fixes
dépend du mouvement du Soleil aussi bien que de
leur propre mouvement, il y aurait peut-être moyen
de conclure de là vers quelle région du ciel notre
Soleil prend sa course. Mais que de temps ne s'écou-
lera-t-il point avant que nous connaissions celui de
la révolution du Soleil ! Une année platonique
(26 000 ans) y suffirait-elle ? Peut-être que, dans
une pareille année, il ne parcourt qu'un signe de
son zodiaque. »

Eh bien oui, le Soleil vogue dans l'espace, entraî-

nant avec lui Terre, lune, planètes, comètes et tout
son système. Où va-t-il? Disons, à ce propos, avec
Lamartine :

> Allons-nous sur des bords de silence et de deuil
> Échouant dans la nuit sur quelque vaste écueil,
> Semer l'immensité des débris du naufrage?
> Ou, conduits par la main sur un brillant rivage,
> Et sur l'ancre éternelle à jamais affermis,
> Dans un golfe du ciel aborder endormis?

Tout porte à croire que nous allons plutôt continuer indéfiniment notre marche, en suivant dans le
Ciel une orbite gigantesque. Nous nous dirigeons
actuellement vers l'imposante constellation d'Hercule ; le point précis de ce mouvement du système
solaire est situé sur la ligne droite qui joint les
étoiles π et μ d'Hercule, à un quart environ de la
distance apparente de ces étoiles à partir de π. La
réalité du mouvement qui entraîne le monde solaire
dans les profondeurs de l'éther est prouvée. Mais
quelle est la nature de ce mouvement? Le Soleil se
meut-il périodiquement autour de quelque centre?
Fait-il partie d'un système stellaire particulier? Ou
bien est-il le satellite d'un autre soleil? Dans la première hypothèse, celle d'un mouvement périodique,
l'élément rectiligne de la route suivie par le système solaire vers les parages de la constellation
d'Hercule, n'est qu'une portion restreinte de l'orbite
solaire. Un jour, les univers lointains verront soudain briller une petite étoile : cette étoile sera notre
Soleil, nous emportant avec lui. Dans la direction
de la plage stellaire vers laquelle nous nous avan-
çons, les étoiles sembleront s'éloigner les unes des
autres, tandis qu'à l'opposé elles se resserreront.
C'est ainsi qu'un voyageur qui s'avance sur une route

voit au-devant de lui tous les objets s'écarter peu à peu, tandis que, derrière lui, ceux qu'il quitte se rapprochent progressivement. Sur les côtés, les arbres semblent reculer.

Maedler regardait Alcyone, la plus belle des Pléiades, comme le Soleil central autour duquel nous gravitons, et les Pléiades elles-mêmes, comme le groupe dont la masse détermine notre mouvement.

Toutes ces hypothèses sont remplies d'intérêt, car elles ont non-seulement l'avantage de fixer nos idées, mais aussi de donner un but aux investigations futures.

La vitesse avec laquelle les mondes de notre système sont emportés, est telle que le Soleil, avec tous les corps qui en dépendent avance annuellement dans la direction indiquée de 240 000 000 de kilomètres. C'est une vitesse d'environ 660 000 kilomètres par jour, ou 7 kilomètres 600 mètres par seconde. Mais il y a une telle distance entre chaque étoile, comme je vous l'ai dit précédemment, que cette vitesse est à peu près insignifiante.

L'étude de ce système a pour nous un intérêt immense. C'est notre grande patrie dans cet infini qu'on nomme l'Univers. Notre Terre est un des membres de la famille planétaire; et bien qu'il soit un atome dans un ensemble qui n'est lui-même qu'un grain de sable perdu dans l'immensité, vous devez comprendre aisément que c'est le seul que nous puissions véritablement connaître, et que ce n'est qu'en comparant les autres planètes à la nôtre, que nous pourrons nous former quelque idée de leur constitution. Nous laissons donc l'astronomie sidérale pour donner tous nos soins à l'astronomie planétaire.

CHAPITRE II.

Le Soleil.

Magnificence et bienfaits du Soleil. — Les taches du Soleil. — Leurs dimensions. — Formation, développement et disparition des taches. — Découverte de la rotation du Soleil. — Sens de la rotation. — Durée de la rotation apparente et de la rotation réelle. — Hypothèse de Wilson, Bode et W. Herschel, sur la constitution physique du Soleil. — Les protubérances : leurs formes, leurs éléments chimiques, leurs dimensions, leurs transformations. — Volume du Soleil. — Distance du Soleil à la Terre. — Intensité de la lumière solaire. — Intensité de la chaleur solaire. — Masse du Soleil. — Le Soleil est-il près de s'éteindre? — Hommage à la puissance du Soleil.

« L'astre resplendissant qui brille sur nos têtes », dit M. Camille Flammarion, « occupe le centre du groupe des mondes auquel la Terre appartient. Notre système planétaire lui doit son existence et sa vie. Il est véritablement le cœur de cet organisme gigantesque, comme l'exprimait jadis une heureuse métaphore de Théon de Smyrne, et ses battements vivificateurs en entretiennent la longue existence. Placé au milieu d'une famille dont il est le père, et sur laquelle il veille sans cesse depuis les âges inconnus où les mondes sortirent de leur berceau, il la gouverne et la dirige, soit dans le maintien de son économie intérieure, soit dans le rôle individuel qu'elle remplit parmi l'universalité de la création sidérale. Sous l'impulsion des forces qui émanent de son essence ou dont il est le pivot, la Terre et les planètes, nos compagnes, gravitent autour de lui, puisant dans l'éternel cours qui les emporte, les éléments de lumière, de chaleur, de magnétisme, qui renouvellent incessamment l'activité de leur vie. Cet astre magnifique est à la fois la main qui les soutient dans l'espace, le foyer qui les échauffe, le flambeau qui les éclaire, la source féconde qui déverse sur elles les trésors de l'existence. C'est lui qui permet à la Terre de planer dans les cieux, soutenue sur l'invisible réseau de l'attraction solaire; c'est lui qui la dirige dans sa voie, et qui lui distribue les années, les saisons et les jours. C'est lui qui prépare un vêtement nouveau pour la sphère encore glacée dans la nudité de l'hiver, et qui la revêt d'une luxuriante parure, lorsqu'elle incline vers lui son pôle chargé de neiges; c'est lui qui dore les moissons dans les plaines et mûrit la grappe pesante sur les côteaux échauffés. C'est cet astre glorieux, qui, le matin, vient répandre les splendeurs du jour dans l'atmosphère transparente, ou soulève de l'Océan endormi, comme un duvet de ses eaux, qu'il transformera en rosée bienfaisante pour les plaines altérées; c'est lui qui forme les vents dans les airs, la brise du crépuscule sur le rivage, les courants pélagiques qui traversent les mers. C'est encore lui qui entretient les principes vitaux des fluides que nous respirons, la circulation de la vie parmi les êtres organiques, en un mot, la stabilité régulière du monde. Enfin, c'est à lui que nous devons notre vie intellectuelle et la vie collective de l'humanité entière, l'aliment perpétuel de notre industrie; plus que cela encore : l'activité du cerveau, qui nous permet de revêtir d'une forme nos pensées et de nous les transmettre mutuellement dans le brillant commerce de l'intelligence.

« Quelle imagination serait assez puissante pour embrasser l'étendue de l'action du Soleil sur tous les corps soumis à son influence? Plus d'un million de fois plus gros que la Terre, et sept cents fois plus volumineux à lui seul que toutes les planètes ensemble, il représente le système planétaire tout entier, et devant les étoiles ce système n'existe pas. Il l'entraîne dans les déserts du vide, et ces mondes le suivent à son gré comme d'obscurs passagers emportés par un splendide navire sur la mer sans bornes. Il les fait rouler autour de lui, afin qu'ils viennent d'eux-mêmes puiser dans leur cours l'entretien de leur existence; il les domine de sa royale puissance et gouverne leurs mouvements formidables.

« De ces manifestations éclatantes de son pouvoir, descendons maintenant à ses actions cachées. Voyons sa lumière et sa chaleur agir sur l'organisme sensible des plantes qui le regardent avec amour et boivent à longs traits ses féconds rayonnements, sur l'électricité des minéraux et sur les variations diurnes de l'aiguille aimantée, sur la formation des nuées et la coloration des météores. Voyons-les, ces influences occultes de la lumière et de la chaleur, descendre à travers la pureté du jour sur notre âme elle-même, si éminemment accessible aux impressions extérieures et lui communiquer la joie et la tristesse; et peut-être commencerons-nous à nous former une idée de ce que c'est qu'un rayon de Soleil, dans l'infiniment petit de la nature terrestre comme dans l'infiniment grand des phénomènes sidéraux.

« Mais quelle est la nature de cet astre puissant dont l'action est si universelle? Quel feu brûle dans cette immense fournaise? Quels sont les éléments

qui constituent ce globe splendide ? Porte-t-il en soi
les conditions d'une durée indéfinie, ou bien la
Terre est-elle destinée à voir un jour s'éteindre
ce flambeau de la vie et à rouler désormais dans
les ténèbres d'un éternel hiver ? Ces questions se
posent devant notre curiosité légitime, et nous
voulons qu'une solution satisfaisante vienne y répondre. »

L'observation télescopique a révélé des taches
sur le Soleil, et, phénomène curieux, ce sont ces
taches qui ont suscité de nombreuses conjectures
sur sa nature et sa constitution physique. Elles se
ressemblent toutes par un point commun : on y
voit deux teintes nettement tranchées, l'une noire,
l'autre grisâtre. La première teinte forme le *noyau*
de la tache ; la seconde teinte, qui enveloppe généralement la première, constitue la *pénombre*.

Les dimensions des taches sont très variables.
Wilson avait remarqué que le diamètre de la pénombre était, en moyenne, égal à environ trois fois
celui du noyau. Secchi confirme cette observation,
car, pour lui, la pénombre a une largeur à peu près
égale au tiers de la tache considérée dans toute son
étendue. Quant aux dimensions absolues des taches,
elles sont aussi variées que leurs formes. Il en est
de très petites, qui paraissent comme des points à
peine visibles, même à l'aide de grossissements considérables. Il en est d'autres, au contraire, qui ont
présenté de formidables dimensions. En 1763, Lalande aperçut la plus grosse et la plus noire qu'il
avait jamais vue ; elle avait au moins 43 250 kilomètres de longueur. Le 15 mars 1758, Mayer signala
une tache énorme dont le diamètre égalait environ
70 000 kilomètres. Arago en cite une d'une longueur
de 120 000 kilomètres. Schroeter en a mesuré une

de 12 000 lieues de diamètre. En 1779, W. Herschel vit une tache qui avait 17 000 lieues de diamètre. La plus étendue de ces taches n'a pas moins de 300 000 kilomètres dans sa plus grande largeur : sa surface est environ, la pénombre comprise, de 200 millions de myriamètres carrés. Si notre globe venait à tomber dans l'une de ces taches, il s'y perdrait comme une pierre dans un puits!

On vient de voir sous quels aspects se présentent les taches, alors qu'elles sont toutes formées. Mais comment naissent-elles, se transforment-elles, et arrivent-elles à disparaître? L'histoire de ces phases diverses est-elle la même pour toutes les taches?

Nombre de taches apparaissent toutes formées. Certaines taches, au contraire, se forment lentement. On voit d'abord un petit point noir; peu à peu les dimensions de ce point augmentent jusqu'à la limite qu'elles doivent atteindre et diminuent ensuite.

Voici d'après Secchi, un exemple de formation rapide d'une tache solaire :

Le 28 juillet 1865, on n'apercevait rien d'extraordinaire au point où la tache devait faire son apparition. Le 29, il y avait simplement trois points noirs. Le 30, il fut surpris de trouver une tache énorme correspondant à peu près au centre du disque. Le diamètre moyen de la partie troublée était environ de 28 700 kilomètres. Cette tache, à formation rapide, est d'ailleurs restée fort irrégulière pendant toute la durée de son apparition. Après trois rotations du Soleil, il ne restait plus de traces de cette immense perturbation qui avait agité l'atmosphère. Quelques jours, parfois quelques heures, suffisent pour reconnaître les variations dont nous parlons.

Les exemples de transformation des taches, de

changements rapides survenus dans leur structure sont très fréquents.

Ces mouvements se font souvent en des temps très courts. Scheiner, Galilée, Cassini constatèrent les premiers cette rapidité. J. Chacornac put suivre d'un regard continu des taches qui se joignirent à d'autres plus grandes, en franchissant un espace de 17″ d'arc en trois heures de temps : c'est une vitesse de plus de 1 100 mètres par seconde.

La segmentation des taches est souvent un symptôme précurseur de leur disparition. D'après Scheiner, quand le noyau d'une tache diminue et disparaît, c'est ordinairement par un empiétement irrégulier de la pénombre. Ce mouvement de la pénombre vers le noyau, amène souvent la séparation de celui-ci en plusieurs noyaux distincts. Le noyau s'évanouit avant la pénombre. De même, d'après Herschel, un noyau qui va disparaître, se divise souvent en plusieurs noyaux distincts. Ainsi, Wollaston fut témoin de la division d'une tache en plusieurs morceaux. « Les apparences », dit-il, « furent semblables à ce qui arrive lorsque, après avoir lancé une plaque de glace sur la surface d'un étang gelé, les divers fragments en lesquels la plaque se partage glissent dans toutes sortes de directions. »

La durée de la persistance d'une même tache à la surface du Soleil est variable. Quelques-unes apparaissent et disparaissent au bout de quelques jours; d'autres ont une persistance bien plus prolongée. C'est ainsi que Schwabe, en 1840, observa une tache qui revint jusqu'à huit fois et persista plus de deux cents jours.

L'un des premiers résultats de l'observation des taches solaires, ce fut de reconnaître que cet astre tournait sur lui-même, d'un mouvement uniforme;

en un temps qui est à peu de chose près de vingt-cinq jours et demi.

La découverte de ce fait, d'une si haute importance pour l'astronomie remonte au commencement du XVIIᵉ siècle. Voici quelles furent les circonstances de cette grande découverte qui est incontestablement due à l'astronome hollandais Jean Fabricius.

Un jour que Fabricius examinait avec une lunette le disque du Soleil, il vit avec surprise à la surface une tache noirâtre qu'il prit d'abord pour un nuage. Il ne tarda pas à voir qu'il se trompait, mais l'éclat éblouissant du Soleil l'obligea à remettre au lendemain matin l'étude de ce phénomène inattendu. « Mon père et moi », dit-il, « nous passâmes le reste de la journée et de la nuit suivante avec une extrême impatience, et en rêvant ce que pouvait être cette tache ; si elle est dans le Soleil, disais-je, je la reverrai sans doute ; si elle n'est pas dans le Soleil, son mouvement nous la rendra invisible ; enfin, je la revis dès le matin avec un plaisir incroyable ; mais elle avait un peu changé de place, ce qui augmenta notre incertitude ; cependant nous imaginâmes de recevoir les rayons du Soleil par un petit trou dans une chambre obscure et sur un papier blanc, et nous y vîmes très bien cette *tache* en forme de nuage allongé : le mauvais temps nous empêcha de continuer ces observations pendant trois jours. Au bout de ce temps-là nous vîmes la *tache* qui était avancée obliquement vers l'occident. Nous en aperçûmes une autre plus petite vers le bord du Soleil ; celle-ci, dans l'espace de peu de jours, parvint jusqu'au milieu. Enfin, il en survint une troisième ; la première disparut d'abord, et les autres quelques jours après. Je flottais entre l'espérance et la crainte de ne pas les revoir ; mais, dix jours après, la première reparut à l'orient. Je compris alors qu'elle faisait une révolution, et depuis le commencement de l'année, je me suis confirmé dans cette idée, et j'ai fait voir ces *taches* à d'autres, qui en sont persuadés comme moi. Cependant j'avais un doute qui m'empêcha d'abord d'écrire à ce sujet, et qui me faisait même repentir du temps que j'avais employé à ces observations. Je voyais que ces *taches* ne conservaient pas entre elles les mêmes distances, qu'elles changeaient de forme et de vitesse; mais j'eus d'autant plus de plaisir, lorsque j'en eus senti la raison. Comme il est vraisemblable, par ces observations, que les *taches* sont sur le corps même du Soleil, qui est sphérique et solide, elles doivent devenir plus petites et ralentir leurs mouvements lorsqu'elles arrivent sur les bords du Soleil. Nous invitons les amateurs de vérités physiques à profiter de l'ébauche que nous leur présentons: ils soupçonneront sans doute que le Soleil a un mouvement de conversion, comme l'a dit Jordano Bruno, dans son *Traité sur l'Univers*, publié en 1591, et en dernier lieu Képler, dans son livre sur *les Mouvements de Mars*; car sans cela, je ne sais ce que nous ferions de ces *taches*. »

Galilée ne tarda pas à arriver à la même conclusion que le savant hollandais, mais ses conclusions furent plus explicites.

Ainsi fut découverte la rotation du Soleil, et du même coup se trouva complètement ébranlée une idée qu'Aristote nous avait léguée, celle de l'incorruptibilité de tous les astres en général, et du Soleil en particulier.

Considérons une tache, à l'aide d'une lunette astronomique, au début de son mouvement au bord oriental du disque.

Pendant les premiers jours, elle semble marcher lentement tout en se rapprochant du centre; sa vitesse croît de jour en jour, jusqu'à ce qu'elle arrive au centre même. En ce moment, sa vitesse est maximum; elle décroît en repassant en sens inverse, c'est-à-dire en continuant sa marche vers l'occident, par les mêmes valeurs que dans la première partie de sa course. Telles sont les circonstances qui témoignent victorieusement en faveur du mouvement de rotation du Soleil. Le sens de sa rotation est donc de droite à gauche pour un observateur qui serait situé dans le plan de son équateur, la tête du côté de l'hémisphère nord du Soleil, c'est-à-dire qu'il s'exécute, comme celui de la Terre et de toutes les planètes du système, de l'ouest à l'est.

La durée apparente des taches est le temps qui s'écoule, par exemple, entre le moment du passage d'une tache au centre et son retour au même point, pour un observateur placé sur la Terre : la tache décrit une circonférence entière au bout d'un peu plus de 27 jours. Mais, me direz-vous, avec juste raison, cette apparence n'infirme pas le chiffre de 25 jours que vous nous avez donné plus haut. C'est que la durée de la rotation réelle est moindre que celle de la rotation apparente, et la cause de cette différence est due à la translation de la Terre autour du Soleil. En effet, il faudrait que la Terre restât immobile, pour que le temps qu'une même tache mettrait à revenir au centre du disque, fût celui que l'astre mettrait à tourner sur lui-même. Mais si nous marchons autour de l'astre dans le sens de son mouvement, nous verrons encore des taches après le moment où elles auront disparu pour le point où nous nous trouvions d'abord. En effet, pendant que le Soleil effectue une rotation complète, la Terre s'a-

vance dans le même sens sur son orbite. La tache
qui était, au début de l'observation, au centre du
disque, est bien revenue à la même position sur la
surface du Soleil, mais nous ne voyons plus cette
position au centre du disque; pour qu'elle revienne
au centre apparent, il faut que la tache marche encore
pendant un certain temps tandis que la Terre elle-
même s'avance encore sur son orbite. Il est clair
qu'une fois la tache revenue au centre, elle aura décrit plus d'une circonférence entière. Un calcul très
simple permet de déduire aisément la rotation réelle
qui est de 25 jours 34, ou 25 jours 8 heures de la durée de la rotation apparente qui est de 27 jours et
4 heures. Ainsi, le Soleil tourne sur lui-même, en
25 jours terrestres environ.

Dans l'antiquité régnait l'idée de l'incorruptibilité
des astres. Des philosophes tels que Zénon, Anaxi-
mandre, Diogène, Laërce, faisaient du Soleil, comme
de tous les autres astres, un feu pur, immatériel,
n'ayant pas besoin d'aliment, et dès lors incorrup-
tible et inextinguible. Nous ne discuterons pas les
anciennes hypothèses sur la constitution physique
du Soleil, car elles sont sinon fausses, du moins
incomplètes.

Une théorie mieux conçue et plus étudiée est celle
que divers astronomes ont successivement adoptée
et consacrée, depuis Wilson, Bode et W. Herschel, jusqu'à Humboldt et Arago. Elle est encore aujourd'hui, en partie admise, par plusieurs astronomes.

Cette théorie considère les taches comme des
cavités existant momentanément dans l'enveloppe
lumineuse et laissant voir les parties intérieures,
moins brillantes, du globe solaire. Ce globe tout
entier serait lui-même ainsi formé: à l'intérieur se

trouverait un noyau sphérique, relativement obscur, entouré à une certaine distance d'une première atmosphère, qui pourrait être comparée à l'atmosphère terrestre, quand celle-ci est le siège d'une couche continue de nuages opaques et réfléchissants ; au-dessus de cette première couche serait une atmosphère lumineuse nommée *photosphère*. On explique les taches en supposant que ce sont des ouvertures formées dans cette enveloppe extérieure, soit par des éruptions de gaz issues de bouches volcaniques, soit par de puissants courants d'air s'élevant de l'atmosphère inférieure à l'atmosphère supérieure, semblables à des ouragans verticaux, soit par toute autre cause dépendante de la nature de l'astre. Ces ouvertures doivent avoir plus généralement la forme d'un cône irrégulier, évasé à sa partie supérieure, laissant voir à sa base la plus étroite, la partie solide et obscure du Soleil, et tout autour, l'atmosphère nuageuse, de couleur grisâtre. De là, les taches noires, environnées de leurs pénombres. Cette théorie de la constitution physique du Soleil rend compte, d'une façon assez satisfaisante, de la plupart des détails des phénomènes observés, des pores dont la surface solaire paraît criblée, des facules ou taches blanches, des rides, etc., phénomènes causés par une agitation continuelle dans les couches gazeuses et à la surface de la photosphère. La théorie de Wilson est cependant aujourd'hui à peu près abandonnée.

Aussitôt qu'ont eût jeté, il y a environ vingt ans, les bases de l'analyse chimique solaire, les remarquables découvertes sur lesquelles cette analyse était fondée, conduisirent à une nouvelle théorie de la constitution physique du Soleil, et à une explication particulière des phénomènes des taches.

Cette théorie est celle de Kirchhoff; voici en quoi elle consiste :

La partie visible du Soleil, celle qui est limitée par les contours du disque et dont la surface forme la photosphère, serait une sphère solide ou liquide, incandescente; une telle source lumineuse donne un spectre continu. Ce noyau dont la température est très élevée, serait entouré d'une atmosphère très dense, formée des éléments constitutifs du globe incandescent, que l'intensité de la température maintient à l'état de vapeurs. C'est l'atmosphère gazeuse absorbante dont l'interposition au-devant du noyau produit les raies obscures du spectre solaire.

Occupons-nous un instant de l'analyse spectrale de la lumière.

La lumière du Soleil réfractée à travers un prisme donne une bande colorée de diverses nuances : rouge, orangé, jaune, vert, bleu, indigo et violet. C'est ce qu'on nomme le *spectre solaire*.

D'autres sources lumineuses donnent des résultats différents. Quand on met en suspension dans une flamme artificielle, par exemple dans celle d'une lampe à alcool, certaines substances métalliques, amenées à l'état de gaz incandescent par la haute température de là source, le microscope distingue quelques raies brillantes séparées par de larges intervalles obscurs. On a reconnu que les raies brillantes des vapeurs métalliques varient en nombre et en position suivant la nature du métal.

Pour étudier les spectres de cette nature, les physiciens emploient des appareils qu'ils nomment *spectroscopes*. Cet appareil est composé d'un prisme dispersant les rayons de la lumière fournie par la flamme d'une lampe à gaz placée sur l'axe d'une

lunette sur laquelle elle pénètre par une fente
étroite. Le spectre résultant du passage de la lumière à travers le prisme va former au foyer d'une
autre lunette une image qu'on examine en mettant
l'œil à l'oculaire de celle-ci.

Pour obtenir le spectre d'un métal, par exemple,
du fer, on en introduit un morceau dans la flamme
de la lampe. Aussitôt qu'il émet une vapeur incandescente, on reçoit le rayon émis par cette incandescence sur le prisme du spectroscope. En examinant
le spectre de ce rayon, on voit apparaître, avec le
microscope, 460 raies brillantes très distinctes, res-
serrées et disposées dans un ordre présenté par
nulle autre substance.

Un grand nombre de corps simples ont été étudiés
de cette manière ; on a reconnu les raies brillantes
de leurs spectres, on a fixé leurs positions. En examinant le spectre d'une flamme et en le comparant
aux résultats acquis, il est donc facile d'en déduire
la nature des vapeurs métalliques qui s'y trouvent
en dissolution.

Il est un phénomène singulier et assez difficile à
concevoir exactement : ce phénomène a été désigné
par Kirchhoff sous le nom de *renversement du spectre
des flammes*. Il a été constaté sur un assez grand
nombre de spectres métalliques. Si l'on fait arrri-
ver », dit Kirchhoff, « un rayon solaire au travers
d'une flamme de lithium, on voit apparaître dans le
spectre, à la place de la raie rouge, une raie obscure qui rivalise par sa netteté avec les raies de
Fraünhofer les plus caractéristiques, et qui disparaît lorsqu'on enlève la flamme de lithium. Le renversement des raies billantes des autres métaux
s'obtient moins facilement; cependant nous avons
été assez heureux, M. Bunsen et moi, pour renver-

ser les raies les plus brillantes du potassium, du calcium et du baryum... »

L'examen de ces raies obscures, dans le spectre d'une lumière qui a traversé une matière gazeuse, fait connaître quelles raies brillantes le même gaz introduirait dans le spectre s'il était incandescent. En étudiant à ce point de vue les raies noires du spectre, Bunsen et Kirchhoff ont pu constater la coïncidence d'un grand nombre d'entre elles avec les raies brillantes de certains métaux. Par exemple, les lignes brillantes du fer variées de couleur, de largeur et d'intensité, coïncidaient d'une façon si parfaite avec un nombre égal de raies sombres du Soleil, qu'on put conclure avec la plus grande certitude, qu'il y avait dans l'atmosphère solaire, du fer à l'état de vapeur métallique.

De là, on le comprend, une nouvelle méthode d'analyse pour la chimie, méthode si délicate et si sensible, qu'un millionième de milligramme de sodium révèle sa présence dans une flamme en dessinant immédiatement dans le spectre sa double raie jaune.

De ces principes de l'analyse spectrale, Kirchhoff concluait que le globe solaire, limité par l'enveloppe photosphérique, est une masse solide ou plutôt liquide à l'état d'incandescence. Les vapeurs qui s'élèvent de la surface forment autour d'elle une épaisse atmosphère absorbante, dont la composition chimique est précisément celle du globe du Soleil. La plupart des astronomes ne considèrent pas la photosphère comme à l'état fluide; ils la regardent ainsi que le globe solaire tout entier comme une masse gazeuse incandescente. Si faible que soit l'épaisseur de la couche atmosphérique absorbante, elle suffirait à expliquer le phénomène de raies noires du spectre solaire.

Voici, dans l'état actuel des connaissances, la liste des corps simples dont l'existence dans le Soleil a été démontrée par l'identification des raies de leur spectre avec les raies du spectre solaire :

Hydrogène.....	4	Aluminium...	2	Nickel.........	23	Strontium	
Sodium........	9	Fer............	450	Zinc..........	2	Sérium	
Baryum........	11	Manganèse....	57	Cuivre........	7	Uranium	
Calcium........	75	Chrome.......	18	Titane	118	Plomb	
Magnésium.....	4	Cobalt........		Cadmium......		Potassium.....	

Ni l'azote, ni l'oxygène, ni le carbone, ni le soufre, ni le brome, ni le chlore, ni l'or, ni l'argent, ni le mercure, ne paraissent exister dans le Soleil ; mais ces conclusions ne peuvent être considérées comme absolues et définitives ; en effet, certains corps simples peuvent véritablement exister dans le Soleil, sans que leur présence soit accusée dans le spectre par le renversement de leurs raies, car le renversement de leurs raies, car l'analyse spectrale, méthode qui est encore dans la période d'enfantement, est loin d'avoir dit son dernier mot.

Tous ces matériaux révélés exister dans cette sphère par l'analyse spectrale, furent aussi révélés s'y trouver à l'état de fusion. L'astre du jour était donc revenu à ce qu'il était pour nos pères, un astre de feu. Je vous ai mentionné plus haut les principales théories anciennes et modernes auxquelles ces phénomènes ont donné lieu. Les contemporains cherchèrent, de leur côté, l'explication des taches ; ils ne s'accordent pas au sujet de la cause productive. Les uns la cherchent à l'extérieur du globe solaire, par exemple, dans l'action des masses planétaires produisant des sortes de marées dans les couches fluides de l'astre. Les autres y voient des scories solides, liquides ou même gazeuses d'une croûte interne. Pour d'autres enfin, les taches sont le produit de tourbillons ou d'éruptions volcaniques qui déchirent la photosphère.

Un autre phénomène non moins curieux est celui qu'on désigne sous le nom de *protubérances*. Ce sont des taches d'une teinte rougeâtre ou rose, de formes ou de dimensions très variées, très voisines du bord du disque du Soleil.

Les unes sont adhérentes au Soleil, sur lequel elles reposent comme une montagne ; des arbres, des rochers reposent sur le sol qui leur sert de support. D'autres sont suspendues comme des nuages dans l'atmosphère où elles flottent. Certaines semblent n'être que des soulèvements de la masse générale, comme si la mer incandescente, agitée par les vents, était devenue houleuse. On en voit encore qui s'élèvent sous forme de langues coniques, tantôt droites, tantôt sinueuses comme les flammes de nos foyers. Quelquefois, ces flammes forment par leur réunion des gerbes, retombant en tous sens comme les jaillissements d'un jet d'eau. Ces flammes forment, par leur enchevêtrement, un ensemble bizarre, où l'on croit voir les arceaux entrelacés d'une nef, les voûtes inextricables d'une forêt.

L'analyse spectracle a fait faire, comme on vient de le voir, un pas gigantesque à l'astronomie, en dévoilant la constitution physique du Soleil. Il restait à appliquer la même méthode à son atmosphère et aux protubérances. Or, on ne pouvait se livrer à ces recherches nouvelles qu'aux époques ou ces phénomènes sont visibles, — époques assez rares, — c'est-à-dire pendant les éclipses totales. On va voir que ces espérances ont été grandement réalisées. Pendant l'éclipse totale du 18 août 1868, M. Rayet à Wha-Tonne (presqu'île de Malacca), fit l'observation suivante : « Dès l'instant de l'obscurité totale, la fente du spectroscope ayant été portée sur l'image de la longue protubérance qui se montrait alors sur le bord oriental du Soleil, je vis immédiatement une série de neuf lignes brillantes, très brillantes même, se détachant sur un fond uniforme presque noir, ou plutôt d'un violet très obscur; aucune trace du spectre coloré donné par la couronne et pouvant servir de point de repère pour la mesure et la déviation des lignes brillantes. Néanmoins, par leur disposition dans le champ, par leur espacement relatif, par leur couleur, et enfin par la physionomie même de leur ensemble, ces lignes m'ont semblé pouvoir être assimilées aux principales raies du spectre solaire B, D, E, B, une ligne inconnue F, et deux lignes du groupe G. » On peut déduire de ces observations que les protubérances sont des objets réels, des masses gazeuses à l'état d'incandescence, que dans leur composition entre l'hydrogène, puisque les raies C et F de leur spectre sont des raies caractéristiques du spectre de ce gaz. L'éclipse du 18 août 1868 donna beaucoup plus encore. M. Janssen, frappé du vif éclat des raies des protubérances, conçut aussitôt la pensée qu'il serait possible de les voir en dehors des éclipses. Dès le lendemain 19, il mit son projet à exécution, et il obtint le plus grand succès. M. Janssen étudia ainsi le premier, en dehors des éclipses, ce phénomène qu'on ne croyait pas pouvoir observer dans les circonstances ordinaires. MM. Lockyer et Janssen reconnurent en outre que la plupart des protubérances adhéraient par leur base, à une couche continue d'une matière constituée chimiquement de la même matière que les protubérances, c'est-à-dire consistant en gaz hydrogène à l'état d'incandescence. On a donné à cette atmosphère hydrogénée le nom de *chromosphère*.

Les dimensions de ces masses incandescentes sont considérables. Plongée dans la chromosphère, la Terre serait presque complètement immergée dans un océan de feu dont les vagues étincelantes et gigantesques peuvent s'élever à des hauteurs de 80 000 lieues ! Ce n'est rien encore, car la rapidité avec laquelle se forment, se développent, se modifient ces protubérances formidables est elle-même plus grande. Les transformations les plus grandioses se font en quelques heures.

Arrivons maintenant aux éléments cosmographiques du Soleil.

Le volume du Soleil évalué en kilomètres cubes se mesure par le nombre

$$1\ 390\ 050\ 000\ 000\ 000\ 000.$$

Ce nombre effrayant surpasse le degré de nos mesures habituelles. Pour s'en faire une idée, il faut le rapporter au volume même de la Terre, qui vaut déjà plus de mille milliards de kilomètres cubes. On trouve ainsi que le globe du Soleil vaut, en volume 1 million 280 mille globes terrestres.

Arago cite la comparaison familière suivante, bien propre à fournir une image de l'immensité du volume solaire : « Un professeur d'Angers voulant donner à ses élèves une idée sensible de la grandeur de la Terre comparée à celle du Soleil, imagina de compter le nombre de grains de blé de grandeur moyenne qui sont contenus dans la mesure de capacité nommée litre : il en trouva 10 000. Conséquemment, un décalitre doit en renfermer 100 000, un hectolitre 1 000 000, et 14 décalitres 1 400 000. Ayant alors rassemblé en un tas les 14 décalitres de blé, il mit en regard un seul de ces grains, et dit à ses auditeurs : Voilà en volume la Terre et voici le Soleil. » Cette assimilation frappa les élèves de surprise infiniment plus que ne l'avait fait l'énonciation du rapport des nombres abstraits de 1 à 1 400 000.

On compte d'ici au Soleil 37 000 000 de lieues de quatre kilomètres. La Lune est à 96 000 lieues de nous. Eh bien ! si l'on supposait que le centre du Soleil vînt à coïncider avec celui de notre globe, non seulement toute l'orbite lunaire resterait à l'intérieur de l'immense sphère solaire, mais il faudrait, en outre, s'élever au delà de cette orbite de plus de 76 000 lieues, pour atteindre seulement la surface extérieure de l'astre lumineux.

Enfin, pour terminer par une comparaison qui mettra en parallèle les grosseurs et les distances, il faudrait ranger à la file 11 600 globes terrestres pour aboutir au Soleil ; 107 globes solaires suffiraient à combler l'intervalle.

Comment a-t on pu trouver cette distance du Soleil à la Terre ? La méthode est compliquée ; néanmoins il est facile d'en donner une idée.

Il y a, entre le Soleil et la Terre, deux planètes, Mercure et Vénus ; cette dernière planète a rendu les plus grands services à la recherche de la distance qui nous sépare de l'astre radieux. Comme le plan de son orbite coïncide parfois avec celui de l'orbite de la Terre, il arrive, qu'à certaines époques, elle passe entre le Soleil et notre globe. Ce passage arrive aux intervalles singuliers de : 8 ans, 113 ans 1/2 moins 8 ans, 8 ans, 113 ans 1/2, plus 8 ans. Ainsi, il y a eu un passage en août 1761 ; le suivant, 8 ans après, c'est-à-dire en avril 1769 (1761+8). Ajoutons à cette année 105 ans 1/2 (113 1/2 — 8), nous avons décembre 1874. Le suivant a eu lieu 8 ans après, en décembre 1882 (1874+8), etc. A ces époques fort rares, les astronomes des différents pays de la Terre, vont observer, dans divers lieux, le passage de Vénus. Deux observateurs situés en leurs stations, les plus éloignées qu'il soit possible l'une de l'autre, marquent les deux points où la planète, vue de chacune de leurs stations, semble se projeter au même moment sur le disque solaire. Cette mesure leur donne ce que les astronomes appellent la *parallaxe* du Soleil. Voyons ce qu'on entend par ce mot. Supposons un observateur placé au centre même du Soleil, et, de là, observant le globe terrestre. Sous quel angle verra-t-il le rayon de la Terre? Si l'on connaissait la mesure de cet angle, la distance même de la Terre au Soleil en serait une conséquence. Or, c'est cet angle qu'on nomme la parallaxe du Soleil. C'est donc la mesure de l'angle fait par des observateurs placés sur tous les points du globe, et formé par deux lignes partant de leurs stations et venant se croiser sur Vénus pour aboutir dans un angle opposé sur le Soleil, c'est donc cette mesure, dis-je, qui donne la parallaxe de l'astre, source de notre vie, de cet astre qui a fait dire à Pline l'Ancien : « Cœli tristitiam discutit Sol, et humani nubila animi serenat. » « Le Soleil chasse la tristesse du Ciel, et dissipe les nuages qui obscurcissent le cœur humain. »

Les deux passages du XIXᵉ siècle, 1874 et 1882, ont été l'objet d'expéditions scientifiques nombreuses. J'espérais au moins pouvoir indiquer le résultat obtenu pour celui de 1874, mais les travaux des diverses missions ne sont publiés que partiellement, et n'ont pas encore été discutés. L'*Annuaire du Bureau des longitudes* pour 1883 donne 8″ 86 pour cet élément.

Le rayon de l'équateur de la Terre, vu de face à

la distance du Soleil, aurait donc 8″ 86 de dimension apparente. Dès lors, le globe terrestre vu du Soleil aurait un diamètre apparent double, ou de 17″ 72, et un calcul simple permet d'en déduire pour la distance moyenne du Soleil à la Terre : 23 245 rayons de l'équateur, c'est-à-dire 148 250 000 kilomètres.

Imaginons un chemin de fer allant directement de notre planète au Soleil; un train express qui aurait une vitesse constante de 50 kilomètres par heure, et qui ne s'arrêterait jamais, mettrait un peu plus de 337 ans. Si ce train était parti le 1er janvier 1883, par exemple, il n'arriverait aux limites les plus proches du Soleil qu'après l'an 2220.

Au passage de Vénus du siècle dernier, un astronome français, Legentil, fut singulièrement récompensé de son amour pour la science et de son désintéressement. L'Académie ayant décidé que le passage de Vénus sur le Soleil devait être observé dans diverses parties du globe, Legentil fut désigné, avec cette mission, pour Pondichéry. Il s'embarqua le 26 mars 1760, et atterrit le 10 juillet. Mais à raison de la guerre entre la France et l'Angleterre, Legentil dut attendre cinq mois qu'une frégate osât se risquer dans les mers indiennes, et en arrivant devant Pondichéry (24 mai), il trouva cette ville au pouvoir des Anglais. Il lui fallut retourner aussitôt vers l'île de France, et il dut se borner à observer, le 6 juin 1761, en pleine mer et sur le pont vacillant de sa frégate, le phénomène céleste, but de son voyage. Un nouveau passage de Vénus sur le Soleil devait avoir lieu le 3 juin 1769; Legentil se résigna à passer huit années dans les parages où il se trouvait. Par une nouvelle fatalité, le Ciel, qui avait été d'azur jusqu'au jour même du passage, changea tout à coup; des nuages l'assombrirent, et toute observation devint impossible. Cependant Legentil avait prié deux de ses amis, restés à Manille, de contrôler les travaux qu'il espérait accomplir à Pondichéry, et, plus heureux que lui, leurs remarques eurent un plein succès dont Legentil a donné le résultat. Il revint en 1771 en France. Par comble de malheur, il se trouva dépouillé de ses biens par ses héritiers, qui refusaient de le reconnaître. Enfin il triompha de cette mauvaise foi, et un riche mariage lui permit de se consacrer tout à la science.

Considéré comme foyer de lumière et de chaleur, le Soleil est doué d'une prodigieuse énergie, qu'on est parvenu à évaluer approximativement; mais cette énergie est difficile à concevoir.

Quelque éclatants que soient nos foyers électriques, quelque éblouissante que soit leur flamme, elle n'est pas comparable à la lumière du Soleil; projetée sur le disque solaire, la lumière électrique a l'apparence d'une tache noire. Comparée au pouvoir éclairant de la lumière d'un arc voltaïque produit par trois séries de 46 couples Bunsen, l'intensité de la lumière solaire est environ deux fois et demie aussi forte. Quant à l'éclat intrinsèque, il est environ 180 000 fois aussi intense que celui d'une bougie.

L'intensité de la chaleur solaire dépasse tout ce que l'imagination la plus hardie peut oser concevoir. Voici cependant quelques comparaisons qui en indiqueront la valeur. D'après Pouillet, si la quantité totale de chaleur émise par le Soleil était exclusivement employée à fondre une couche de glace qui serait appliquée sur le globe solaire et l'envelopperait de toutes parts, cette quantité de chaleur serait capable de fondre en une minute une couche de 11 mètres 80 d'épaisseur, en un jour une couche de 17 kilomètres. D'après Tyndall, cette même quantité de chaleur ferait bouillir par heure 2 900 milliards de kilomètres cubes d'eau à la température de la glace. Exprimée sous une autre forme, la chaleur émise par le Soleil en une heure est égale à celle qui serait engendrée par la combustion d'une couche de houille de 27 kilomètres d'épaisseur. John Herschell a fait la comparaison suivante : « Imaginons qu'une colonne cylindrique de glace de 18 lieues de diamètre soit incessamment lancée dans le Soleil, et que l'eau fondue soit aussitôt enlevée. Pour que toute la chaleur solaire fût employée à la fusion de la glace, sans qu'aucun rayonnement extérieur se produisit, il faudrait lancer le cylindre congelé dans le Soleil avec la vitesse de la lumière. Ou si l'on veut, la chaleur du Soleil pourrait, sans diminuer d'intensité, fondre en une seconde de temps une colonne de glace de 4 120 kilomètres de base et de 310 000 kilomètres de hauteur ! »

Enfin, il est curieux de savoir combien pèse ce corps gigantesque. Évalué en tonnes de 1 000 kilogrammes, le poids du Soleil serait représenté par le nombre suivant :

1 879 000 000 000 000 000 000 000 000.

Il rentre, on le voit, dans la catégorie de ces nombres dont l'effrayante grandeur laisse l'imagination elle-même impuissante.

Comparée à la masse de la Terre, la masse du Soleil est environ 325 000 fois aussi grande. Il faudrait donc mettre 325 000 Terres dans l'un des plateaux d'une balance pour tenir en équilibre le Soleil, posé dans l'autre plateau.

Il est possible et même probable que le Soleil se refroidit, de sorte qu'on doit prévoir un temps où la vie, qui ne pourra plus subsister à la surface des planètes sans les radiations solaires, aura disparu. Le Soleil paraît rayonner ainsi depuis plus de 500 millions d'années. Et quoique, d'après Helmholtz, il ait déjà dépensé les $\frac{153}{154}$ de sa puissance en chaleur, nous n'avons rien à craindre, car le Soleil possède encore en son colossal foyer un nombre suffisant de degrés de chaleur pour que nous ayons devant nous des milliers de siècles : vous voyez que la perspective est rassurante pour bien des générations humaines.

Resplendissant Soleil, tu restes, pour nous, le plus beau, le meilleur, le plus bienfaisant de tous les astres ; tes formes gigantesques, ton poids immense, ta chaleur si considérable qui nous réchauffe, qui nous donne la vie physique et intellectuelle, ta lumière éclatante ont fait courber nos fronts orgueilleux et nous ont fait admirer ta puissance. Nous pouvons encore lui dire avec Byron :

« . . . . Roi des astres et centre d'une multitude de mondes, c'est à toi que la Terre doit sa durée ; père des saisons, roi des éléments et des hommes, les inspirations de nos cœurs comme les traits de nos visages sont sous l'influence de tes rayons, car de près ou de loin nos facultés intimes s'illuminent devant ton rayonnement aussi bien que nos aspects extérieurs. Nulle gloire n'égale la pompe de ton lever, de ton cours et de ton coucher. »

CHAPITRE III.

Mercure.

Apollon et Mercure ; deux planètes pour une. — Mercure vu à l'œil nu. — Phases de Mercure. — Montagnes, atmosphère de Mercure. — Bonheur des habitants de Mercure. — Opinion de Fontenelle sur les habitants de cette planète. — Distance de Mercure au Soleil ; son diamètre ; sa surface ; son volume ; son jour ; son année ses saisons ; sa masse ; sa densité ; intensité de la pesanteur à sa surface ; son excentricité.

Quand le ciel est pur, le soir, après le coucher du Soleil, on aperçoit quelquefois à l'occident une petite étoile blanche, un peu nuancée de rouge. En continuant de l'observer, quand l'atmosphère à l'horizon n'est pas trop chargée de vapeurs, on la verra se rapprocher peu à peu du Soleil, puis disparaître sous l'éblouissante clarté de l'astre radieux : elle se couche en même temps que lui. Quelques jours après, si nous regardons l'orient, avant le lever du Soleil, nous la verrons, dégagée des rayons de cet astre, apparaître de plus en plus tôt. Puis elle reviendra peu à peu sur ses pas, se rapprochant du Soleil jusqu'au moment où elle disparaitra de nouveau dans ses rayons. Cette étoile est la planète Mercure.

Les anciens qui ne connaissaient pas le vrai système du monde la nommaient Apollon, le dieu du jour et de la lumière, et Mercure, le dieu des voleurs qui profitent du soir pour commettre leurs méfaits, car, trompés par la double apparition de cette étoile, ils croyaient qu'il s'agissait de deux astres, l'un du matin, l'autre du soir. Les Indiens, les Égyptiens lui donnèrent de même deux noms différents : Set ou Horus chez les premiers, Bouddha et Rauhinêya chez les autres, noms qui rappellent comme les précédents les divinités du jour et du soir. Ce n'est que dans les temps postérieurs qu'on reconnut définitivement leur identité, c'est-à-dire qu'une seule des deux étoiles était visible à la fois, que l'apparition de l'une coïncidait à peu de chose près avec la disparition de l'autre. On lui conserva son nom du soir : Mercure.

> Dans l'océan de flamme incessamment plongé,
> Roulant sa masse obscure en un orbe allongé,
> Divers dans ses aspects, Mercure solitaire
> Erra longtemps peut-être inconnu de la Terre.
> Cependant quand, le soir, le Soleil moins ardent
> Laissait le crépuscule éclairer l'occident,
> Au bord de l'horizon une faible lumière
> Semblait suivre du dieu l'éclatante carrière.
>
> DARU.

Première planète du système, Mercure est toujours au milieu d'une éclatante lumière que l'astre radieux déverse sur elle à longs flots. Absorbée dans le rayonnement du Soleil, elle se voit assez rarement à l'œil nu. Puis, la planète s'élève à une trop faible hauteur au-dessus de l'horizon, pour n'être pas cachée par les brumes du matin ou du soir. Dans les latitudes plus méridionales, l'observation en est naturellement plus fréquente. Voilà pourquoi les Grecs, les Chaldéens purent fournir à Ptolémée un assez grand nombre d'observations de Mercure. Copernic désespéra de jamais la voir : « Je crains », disait-il, « de descendre dans la tombe

avant d'avoir jamais découvert la planète.» Et en
effet, il ne fut pas donné à celui qui avait découvert
le système du monde, de voir, une seule fois dans
sa longue vie d'astronome, la première d'entre les
planètes. Delambre dit ne l'avoir observée à l'œil
nu qu'une fois. En février et mars 1868, tout le
monde a pu voir, dans nos climats, la lumière rougeâtre de Mercure étinceler à l'horizon après le coucher du Soleil. Galilée put l'observer, grâce aux lunettes qui venaient d'être inventées; mais il ne la
connut que d'une façon assez superficielle, puisqu'il
lui fut impossible de distinguer ses phases.

Les adversaires du nouveau système opposaient
à Copernic, Galilée, Képler, l'absence de phases
chez les planètes Mercure et Vénus. Si ces planètes
tournaient autour du Soleil, elles devaient, disaient-
ils, comme la Lune, changer d'aspect. Copernic et
ses collègues avaient répondu qu'il était vrai qu'ils
ne voyaient pas de phases, mais que s'il ne manquait que cela pour qu'ils adoptâssent leur système,
Dieu ferait la grâce qu'elles en aient. Et en effet,
elles en ont. Ces phases sont entièrement analogues
aux phases lunaires. C'est d'abord un disque lumineux, à peu près circulaire, qui peu à peu se rétré-
cit du côté de l'orient ; ce disque n'est plus, à l'é-
poque du grand éloignement apparent de Mercure
du Soleil qu'un demi-cercle ; le disque de la planète
apparaît ensuite de plus en plus sous la forme d'un
croissant; puis il n'est bientôt plus visible que sous
la forme d'un mince filet lumineux. Voici quelques-
unes de ces phases, (fig. 23). Les mêmes apparences
se succèdent, mais dans un ordre inverse, si l'on observe Mercure pendant sa période d'étoile du matin.

Par l'observation des irrégularités visibles dans
l'intérieur du croissant ou du quartier, on a reconnu

que Mercure avait des montagnes, et même des montagnes fort élevées. D'après Schroeter l'une de ces montagnes atteindrait la hauteur de 19 kilomètres. C'est une élévation considérable, si l'on songe que la plus haute montagne de notre globe, le mont Everest, n'atteint pas 9 kilomètres. Certaines protubérances remarquées à la surface de cette planète beaucoup plus petite que celle que nous habitons, indiqueraient des altitudes de 47 et même de 95 kilomètres. Schroeter et, il y a quelques années, M. W. Huggins ont observé sur le disque un point lumi-

Fig. 23.—Phases de Mercure, visibles avant le lever du Soleil.

neux; ils en ont conclu l'existence de volcans en ignition sur Mercure. Il faut supposer un cratère de formidable étendue pour que la lumière de ses feux soit visible sur un disque aussi petit.

On a de même remarqué l'existence d'une atmosphère plus dense et plus élevée que la nôtre. « S'il en est ainsi », dit M. Guillemin », nous pouvons nous faire une idée des modifications qu'une atmosphère un peu dense peut apporter à l'intensité de la lumière et de la chaleur, en comparant les jours où, sur notre Terre, le ciel est pur et sans nuages, où le Soleil darde sans obstacle ses rayons sur le sol, avec les jours sombres et gris où les nuages nous en dérobent complètement la vue. La densité de l'enveloppe atmosphérique, le plus ou moins de vapeur d'eau qu'elle renferme, la plus ou moins forte condensation de cette vapeur, peuvent singulièrement changer les effets de rayonnement de la chaleur solaire. Comparons la température d'une de nos vallées avec celle des sommités montagneuses qui l'environnent : ce sera passer de l'été aux froids de l'hiver, de la chaleur brûlante de juillet aux frimas de novembre. Et cependant le Soleil brille sur les monts comme au fond des vallées..... Si Mercure a une atmosphère ; si, de plus, le sol est composé de matières susceptibles de se vaporiser, si la planète par exemple renferme des mers, il est vraisemblable que son atmosphère doit être profondément et fréquemment troublée. Les transitions si rapides entre des températures extrêmes, doivent dans cette hypothèse donner lieu, dans les saisons chaudes, à une abondante vaporisation, et dans les saisons froides, à une condensation non moins forte. L'atmosphère y est sans doute chargée de vapeur, puis de brouillards et de nuages épais. Peut-être ne voyons-nous jamais ou presque jamais la surface même du sol de la planète, masquée par d'épaisses couches nuageuses dont on connaît le pouvoir réfléchissant considérable ».

Fontenelle pensait que les habitants de Mercure étaient tous fous. Ecoutez ce qu'il dit dans ses *Entretiens sur la pluralité des mondes* :

« Je vois présentement », interrompit la marquise, « comment sont faits les habitants de Vénus : ils ressemblent aux Mores grenadins, un petit peuple noir, brûlé du Soleil, plein d'esprit et de feu, toujours amoureux, faisant des vers, inventant tous les jours des fêtes et des tournois. »

« — Permettez-moi de vous dire, madame », répliqua Fontenelle, « que vous ne connaissez guère bien les habitants de Vénus. Nos Mores grenadins n'auraient été auprès d'eux que des Lapons et des Groenlandais pour la froideur et la stupidité. Mais que sera-ce des habitants de Mercure? Ils sont plus de deux fois plus proches du Soleil que nous. Il faut qu'ils soient fous à force de vivacité. Je crois qu'ils n'ont point de mémoire, non plus que la plupart des nègres; qu'ils ne font jamais de réflexion sur rien; qu'ils n'agissent qu'à l'aventure et par des mouvements subits. »

Arrivons maintenant aux éléments cosmographiques de Mercure. Cette planète roule à 14 300 000 lieues du Soleil; son diamètre est de 4 820 kilomètres, sa surface est de 779 250 000 myriamètres carrés. Mercure est la moins volumineuse des huit planètes principales; il faudrait près de 24 millions de globes égaux au sien pour avoir le volume du Soleil; il en faudrait plus de 18 pour former celui de la Terre; enfin Mercure est plus de trois fois aussi gros que la Lune; son volume est de 64 851 000 myriamètres cubes. Schroeter et Harding ont conclu que son jour était de 24 heures 5 minutes et 28 secondes. Son année est de 87 jours 23 heures 15 minutes. De quelle manière ces 87 jours mercuriens se partagent-ils entre les saisons astronomiques de la planète? On pense que l'automne et l'hiver de l'hémisphère boréal, ou le printemps et l'été de l'hémisphère austral sont les deux saisons les plus courtes et ne durent que 16 jours; les deux saisons opposées sont plus longues de plus de 11 jours et durent par suite chacune 27 jours un tiers. Cette inégalité provient de la forte excentricité de l'orbite. Cette planète reçoit sept fois plus de lumière et de chaleur que la Terre. Les zones glaciales et les zones torrides se confondent sur Mercure, et les climats tempérés n'y existent pas. Des zones très étendues à partir des deux pôles, tantôt pendant leur été jouissent constamment de la lumière du jour, tantôt pendant l'hiver sont plongées dans des ténèbres profondes. Les régions équatoriales ont seules le privilège de posséder toute l'année le jour et la nuit, la lumière et l'ombre, et de voir se succéder, à chaque période du jour solaire, la chaleur pendant la journée, la fraîcheur et le calme pendant les nuits. Rapportée à la masse de la Terre, la masse de Mercure en est les 0,075, ou si l'on veut les $\frac{3}{40}$, un peu moins de la 13e partie. De la masse et du volume, on déduit la densité moyenne de la matière dont est formé le globe de Mercure, densité qui est trois fois plus forte que la nôtre. Enfin, il est un dernier élément physique qui a une influence certaine aussi bien sur les phénomènes météorologiques que sur l'organisation des êtres vivants, à supposer qu'il en existe sur Mercure. J'ai nommé l'intensité de la pesanteur à sa surface. Un corps pesant y acquiert, au bout d'une seconde de chute, une vitesse égale à 5 m. 28, après avoir parcouru 2 m. 64 pendant cette première seconde. Enfin, je l'ai déjà dit, elle est fort *excentrique*. Ce mot veut dire que, dans son mouvement autour du Soleil, elle ne demeure pas toujours à la même distance, qu'elle suit une ellipse plutôt qu'une circonférence. L'orbite que Mercure décrit autour du Soleil, est, relativement, la plus allongée des orbites planétaires (l'excentricité est plus de 12 fois celle de l'orbite terrestre). Il est facile de remarquer cette excentricité dans la figure 24, qui représente les orbites des trois planètes les plus proches du Soleil : Mercure, Vénus et la Terre, avec les positions de ces planètes à une même date (1er janvier 1870). On remarquera que si

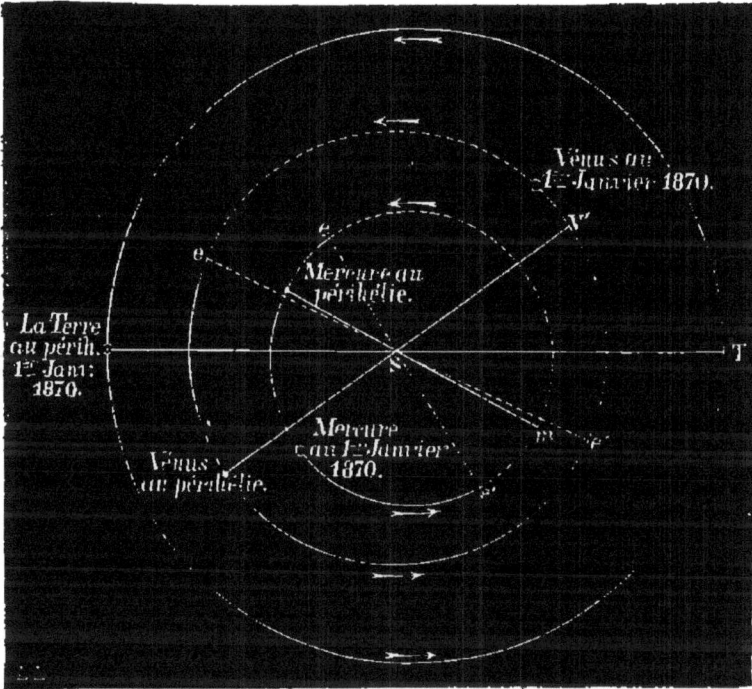

Fig. 24. — Orbites des planètes moyennes.

le Soleil est presque au centre des orbites de la Terre et de Vénus, il est loin du centre de celle de Mercure.

Telles sont les données physiques, encore bien imparfaites, que l'on est parvenu à recueillir sur la planète la plus voisine du Soleil.

CHAPITRE IV.

Vénus.

Lucifer et Vesper ou l'Étoile du Berger; deux planètes pour une. —
Vénus vue à l'œil nu. — Les jours, les saisons de Vénus. — Les
montagnes de Vénus. — Phases de Vénus. — Distance de Vénus à
la Terre. — Vénus a-t-elle un satellite? — Diamètre de Vénus;
sa surface; son volume; sa masse; sa densité; intensité de la
pesanteur à sa surface.

Vénus est, comme Mercure, tantôt une étoile du
matin, tantôt une étoile du soir, visible avant le
le lever ou après le coucher du Soleil. Cette planète
est plus souvent et plus aisément visible à l'œil nu
que Mercure, justement parce que l'orbite qu'elle
décrit entre le Soleil et la Terre est plus grande que
celle de Mercure et a une excentricité plus faible; elle
s'éloigne ainsi davantage des rayons solaires et se
dégage plus des lueurs du crépuscule et de l'aurore.
Les anciens la nommaient, le matin Lucifer (φωσφόρος,
porte-lumière); le soir, ils l'appelaient Vesper ou
Hespérus (ἕσπερος) : c'est l'étoile du Berger. C'était
pour eux sans doute deux astres différents.

Qui ne connaît l'étoile du Berger! Qui n'a remarqué sa blanche lumière, à la fois douce et vive,
rarement scintillante. C'est de beaucoup la plus
brillante des étoiles du Ciel tout entier. Vénus est
quelquefois si brillante qu'elle devient visible en
plein jour à l'œil nu: « J'en ai été témoin en 1750»,

dit Lalande, « et tout Paris était alors dans l'étonnement : je trouve que la même chose arriva vers
le 10 juillet 1716, le peuple de Londres regardait
cela comme un prodige, au rapport de M. Halley.
Bauvard cite une observation du même genre, faite
à Paris en plein midi, à l'époque du Directoire. »

Des observations dues à Schroeter et à l'astronome romain Vico ont permis de déterminer la durée
du mouvement de rotation de la planète, durée
qui est de 23 heures 21 minutes et 22 secondes ; c'est
par conséquent 34 minutes et 42 secondes de moins
qu'ici.

Ce globe est plus incliné que le nôtre sur le plan
de son orbite. C'est cette inclinaison qui constitue
sur cette planète, comme sur la Terre, l'ordre et la
durée des saisons, et aussi la distribution des climats.

Il y aurait des variations météorologiques presque insensibles sur Vénus, sans cette circonstance
de la forte obliquité de son équateur sur le plan de
l'orbite. Mais on peut facilement se rendre compte
de l'influence considérable de cette inclinaison.
Il y a une période de jours semblable à celle des
jours de notre zone polaire : le Soleil ne se couche
plus. Viennent ensuite des nuits d'abord fort courtes,
puis peu à peu croissant en durée. Voilà pour les
saisons estivales. En automne et en hiver, même
évolution du Soleil, mais en sens inverse. Les nuits
deviennent de plus en plus grandes que les jours,
et il arrive une époque où le Soleil, de plus en
plus bas sur l'horizon à midi, se cache au-dessous,
pour ne plus reparaître pendant toute une période.
Aux deux pôles, règne alternativement, pendant
115 jours de Vénus, une nuit et un jour perpétuel.
Les variations que nous venons de décrire offrent

ce caractère particulier, que les zones tropicales et les climats polaires empiètent les uns sur les autres : comme Mercure, Vénus n'a pas de zones tempérées.

Des aspérités existent à la surface de Vénus, si l'on s'en rapporte aux échancrures de son disque, observées par Lahire, Derham et Schroeter. En d'autres circonstances, les cornes du croissant ont paru tronquées, et même un point lumineux a été aperçu en dehors de la portion continue du disque éclairé. Les aspérités du sol de la planète atteignent, d'après Schrœter jusqu'à 44 kilomètres de hauteur.

Si à l'époque où Vénus se dégage, le soir, des rayons solaires, après le coucher du Soleil, on se sert, pour observer la planète, d'une lunette, on la voit sous la forme d'un disque lumineux, presque rond, qui de jour en jour s'aplatit vers l'orient, en prenant des dimensions apparentes de plus en plus grandes. Bientôt, ce n'est plus qu'un demi-cercle lumineux ; puis elle prend la forme d'un croissant concave qui s'amincit à mesure qu'elle se rapproche du Soleil, et jusqu'à ce qu'elle disparaisse sous la clarté éblouissante de l'astre radieux. Les phases passent par un ordre inverse quand on revoit Vénus, le matin dans l'aurore. Ce sont, comme on le voit, des phases absolument semblables à celles de Mercure. Elles furent reconnues dès 1610 par Galilée, qui eut la joie d'y trouver une confirmation éclatante des vues de Copernic sur le système du monde, et la condamnation du système de Ptolémée. L'illustre astronome cacha sa découverte sous un anagramme, afin de justifier de l'authenticité de cette découverte en cas de rivalité. Il termina une lettre par cette phrase : « *Hæc immatura a me jam frustra leguntur. o. y.* », c'est-à-dire : « Ces choses, non mûries et

cachées encore pour les autres sont lues par moi. »
Il y a dans cette phrase 34 lettres. En les plaçant
dans un autre ordre, on en tire ces mots, dans
lesquels toute la découverte est écrite en un style
imagé : « *Cynthiæ figuras emulatur mater amorum* »,
c'est-à-dire : « La mère des amours suit les phases
de Diane. » Quelque temps après, le père Castelli lui
demanda si Vénus avait des phases. Galilée lui ré-
pondit avec beaucoup de finesse et d'à-propos : « Je
suis en fort mauvais état de santé, et je me trouve
beaucoup mieux dans mon lit qu'à la rosée. » Ce
n'est que l'avant-dernier jour de l'année 1610, une
fois qu'il eut rendu ses observations plus parfaites,
qu'il annonça sa découverte.

Les distances de Vénus à la Terre varient considérablement, selon les positions des planètes sur
leurs orbites respectives. La distance maximum
de Vénus à la Terre s'élève jusqu'à 257 000 000 de
kilomètres ; sa plus courte distance s'abaisse à peu
près à 40 000 000 de kilomètres (lorsque Vénus se
trouve entre le Soleil et nous). La différence est
énorme, n'étant pas moindre, entre les distances
extrêmes, de 217 millions de kilomètres. La figure
25 montre quelles sont ces variations. Dans le dessin de gauche, on voit Vénus entre le Soleil et la
Terre ; dans la seconde figure, la planète est en
quadrature ; dans le dessin de droite, elle se trouve
à l'opposite du Soleil.

Vénus a-t-elle un satellite ? Si l'on s'en rappor-
tait à un assez grand nombre d'observations de savants du XVIIe et du XVIIIe siècle, comme la Lune
accompagne la Terre, Vénus serait aussi pourvue
d'un satellite. Au milieu du dernier siècle, on y
croyait si fermement que le roi bel esprit, Frédéric
de Prusse, proposa de lui donner le nom de son ami

d'Alembert. Mais l'illustre géomètre s'en défendit bien, et voici ce qu'il écrivit à Frédéric : « Votre Majesté me fait trop d'honneur de vouloir baptiser de mon nom cette nouvelle planète. Je ne suis ni assez grand pour devenir au Ciel le satellite de Vénus, ni assez bien portant pour l'être sur la Terre, et je me trouve trop bien du peu de place que je tiens en ce bas monde sans en ambitionner une au firmament. » Ce qu'il y a de certain, c'est qu'on n'a pu revoir ce corps singulier, et de hautes autorités scientifiques ont assuré que les observateurs avaient

Fig. 25. — Dimensions apparentes comparées du disque de Vénus, à ses distances de la Terre.

été le jouet d'une illusion d'optique. Aucun astronome ne croit plus aujourd'hui à cette existence.

Le diamètre de Vénus mesure donc 12,000 kilomètres, et la circonférence de son globe offre un développement de 38,000 kilomètres. Voici, d'ailleurs, les nombres que fournit le calcul, quand on prend pour unités les dimensions correspondantes de la Terre :

Diamètre de Vénus............ 0,954
Surface...................... 0,910
Volume....................... 0,868

La masse de Vénus a été calculée par diverses méthodes, et la moyenne des déterminations fait voir qu'elle est environ la 400 000ᵉ partie de la masse du Soleil, ou les 8/10 de la masse terrestre. La densité moyenne, comparée à celle de la Terre, est 0,905 ; cette densité indiquerait, pour le globe de Vénus, une composition minérale presque identique à celle de notre globe. L'intensité de la pesanteur à la surface y parcourt 4ᵐ414 pendant la première seconde ; les corps, sur Vénus, pèsent donc un peu moins que sur la Terre.

En résumé, la planète que nous venons d'explorer, est de toutes les planètes connues, celle dont les dimensions et plusieurs éléments de sa constitution astronomique et physique, approchent le plus des dimensions et des mêmes éléments du globe que nous habitons.

CHAPITRE V.

La Terre.

Forme sphéroïdale de la Terre; son isolement dans l'espace. — Forme réelle et dimensions du sphéroïde terrestre. — Mouvement apparent du ciel étoilé; mouvement réel de la Terre. — Jour sidéral; jour solaire; jour solaire moyen. — Vitesse des corps situés à la surface de la Terre. — La Terre peut-elle s'arrêter de tourner? — Preuves positives du mouvement de rotation de la Terre. — Mouvement de translation de la Terre autour du Soleil. — Année sidérale; année tropique. — Les équinoxes; les solstices. — Les Saisons; les saisons et Ovide. — Précession des équinoxes. — Mutation de l'axe de la Terre. — L'Écliptique.

> Terre, change de forme, et que la pesanteur,
> En abaissant le pôle, élève l'équateur.
>
> VOLTAIRE.

Tout le monde sait, aujourd'hui, que la Terre est une planète, qu'elle a la forme d'un globe, isolé de tous côtés dans l'espace, qu'elle est douée de deux mouvements, mouvement de rotation diurne autour d'un de ses diamètres, mouvement annuel de translation autour du Soleil. L'isolement et le mouvement de la Terre, dans l'espace, ont particulièrement le privilège de soulever les doutes. Il importe donc de rappeler les diverses preuves de raisonnement, d'observation et d'expérience, qui ont fait triompher les théories de Copernic et de Galilée.

Mais disons quelques mots auparavant de la forme de la Terre et de son isolement dans l'espace.

Je suppose que nous sommes dans un pays de plaine; examinons l'horizon, nous ne tarderons pas à reconnaître qu'il a la forme d'un cercle. Déplaçons-nous, le cercle se déplacera aussi, mais sa forme persistera et ne paraîtra se modifier que lorsque des montagnes, des obstacles d'une certaine hauteur viendront à borner notre vue. D'ailleurs, on ne peut pas dire que l'horizon soit formé par la limite de la vue distincte, et que c'est là ce qui lui donne l'apparence d'une ligne circulaire, puique le cercle s'agrandit à mesure qu'on s'élève verticalement au-dessus du sol de la plaine. En pleine mer, la forme circulaire de l'horizon est plus nette encore. Ce double fait démontre d'une manière évidente la rondeur de la Terre, puisque la sphère est le seul corps qui se présente toujours à nos yeux sous la forme d'un cercle, quel que soit le point de vue extérieur d'où nous l'examinions.

La convexité de l'immense étendue d'eau qui recouvré la plus grande partie du globe se manifeste d'une façon plus sensible encore. Quand un vaisseau s'éloigne du rivage, un observateur placé sur le rivage voit, en effet, successivement disparaître la base du vaisseau, puis la partie inférieure des mâts, et enfin les sommets des mâts s'évanouissent les derniers. Un phénomène semblable se produit pour l'observateur placé sur le navire; les côtes disparaissent les premières, les édifices les plus élevés sont les objets qui restent le plus longtemps sur la ligne de visibilité.

Les voyages de circumnavigation, c'est-à-dire les voyages autour du monde, démontrent aussi la rondeur de la Terre et son isolement dans l'espace. Le premier des navigateurs qui ait fait cette entreprise hardie du tour du monde, le Portugais Ferdinand

Magellan, partit d'un des ports du Portugal, le 20 septembre 1519, se dirigeant vers l'occident. L'absence d'un passage qui lui permît de continuer sa route vers l'occident, le détermina à côtoyer l'Amérique dans la direction du sud, à doubler son extrémité méridionale par le détroit qui porte son nom, et à poursuivre sa navigation vers l'ouest. Magellan traversa la mer du Sud et mourut dans les Philippines; mais le navire qui le portait, continuant sa route, finit par entrer en Europe comme s'il venait de l'orient, après avoir achevé le tour entier du globe terrestre. Les nombreux voyages de circumnavigation accomplis depuis cette époque ont surabondamment confirmé cette vérité; la Terre est arrondie dans tous les sens, et elle est complètement isolée dans l'espace.

Une nouvelle preuve de la convexité de la Terre réside dans le changement d'aspect que présente le ciel pendant les voyages. Dirigez-vous vers le pôle ou vers l'équateur, vous perdrez de vue certains astres que vous aperceviez quelque temps auparavant, mais aussi, en revanche, de nouveaux astres se montreront sans cesse à vos yeux. Ce phénomène ne peut s'accorder qu'avec la rondeur de la Terre; en effet, si notre globe était une surface plane, tous les astres resteraient visibles à la fois.

Enfin les éclipses de Lune mettent encore en évidence la forme de la Terre, car la lumière du Soleil interceptée par la Terre produit alors sur le disque de la Lune une ligne de séparation d'ombre et de lumière de forme circulaire. Cette ombre ronde, universellement observée, est une nouvelle preuve en faveur de la sphéricité de la Terre.

La Terre a donc la forme d'un globe à peu près sphérique, dont une moitié reçoit la lumière du Soleil, tandis que l'autre moitié est plongée dans l'ombre. Si nous nous éloignions graduellement de la Terre, elle apparaîtrait sous la forme d'un disque de plus en plus petit. Il est inutile de redire ici que l'éclat dont elle resplendit dans l'espace n'est autre que la lumière que nous recevons du Soleil. Dès la distance de la Lune, moins de cent mille lieues, nous verrions la Terre sous la forme d'un disque lumineux parsemé de taches, les unes brillantes, les autres plus sombres ; les premières indiqueraient les continents et les secondes les mers ; d'autres taches d'un blanc plus éblouissant figureraient les neiges et les glaces des pôles. Ce n'est pas tout, nous apercevrions encore d'autres taches, mais celles-ci, produites par les masses nuageuses de l'atmosphère, seraient mobiles et viendraient fréquemment voiler à nos yeux les contours des autres. Le diamètre apparent du globe terrestre serait près de quatre fois celui de la Lune. Mais à mesure que nous nous éloignerions, son diamètre diminuerait peu à peu et finirait par devenir insensible. On verrait alors la Terre sous la forme d'une belle étoile de première grandeur, comme un point brillant, à peu près dans l'éclat dont brillent à nos yeux Mercure ou Vénus, Mars, Jupiter ou Saturne. Elle descendrait ensuite de grandeur en grandeur jusqu'au dernier ordre de la visibilité, et se perdrait enfin à jamais dans les profondeurs infinies de l'espace. Le disque présenterait en outre des phases comme Mercure et Vénus, selon la position relative de la Terre, du spectateur et du Soleil.

Si les preuves que nous venons de passer en revue nous montrent que la Terre a la forme d'une boule, elles ne sont pas suffisantes pour déterminer rigoureusement cette forme. La Terre, abstraction faite, bien entendu, des rugosités de la surface, est-elle une sphère parfaite ? Telle est la question que nous devons nous poser. En outre, quelles sont ses véritables dimensions ?

Il est nécessaire que nous donnions quelques définitions utiles à la compréhension de ce qui va suivre. On nomme pôles les extrémités de l'axe de la Terre, et équateur une circonférence de cercle qu'on imagine tracée sur la surface du globe terrestre à égale distance des deux pôles. Enfin on nomme méridien d'un lieu une circonférence de cercle qu'on imagine passer par ce lieu et par les deux pôles. Les méridiens, comme tout ce qui est circulaire, se partagent en 360 parties égales, nommées degrés ; d'un pôle à l'autre, on compte évidemment, sur un méridien 180° ; et d'un pôle à l'équateur on en compte 90. (Fig. 26.)

Si on coupe la Terre par une série de plans perpendiculaires avec l'axe de la Terre, on a une série de plans qu'on appelle *parallèles*. Si on mesure la distance d'un parallèle à l'équateur, en la comptant sur un méridien, on a la *latitude* de tous les lieux situés sur ce parallèle, ou la hauteur du pôle vu de ce lieu au-dessus de l'horizon.

Quant à la *longitude*, c'est la distance du lieu au méridien convenu ; ou, en d'autres termes, c'est la différence de l'heure marquée en ce lieu avec celle qui est indiquée au même moment sur le méridien.

Les latitudes et longitudes s'évaluent en degrés, minutes et secondes.

Pour résoudre ce double et intéressant problème de la forme réelle de la Terre et de ses dimensions, on a commencé par supposer la Terre parfaitement sphérique. Chaque méridien se trouvait alors être un cercle. Il suffisait donc, pour en avoir les dimensions totales, d'en mesurer un arc qui fût une fraction connue du cercle, un arc d'un degré, par exemple.

Dès la plus haute antiquité on s'est occupé de la mesure du globe terrestre : les Grecs ont fait plusieurs tentatives à ce sujet; les Arabes s'en sont

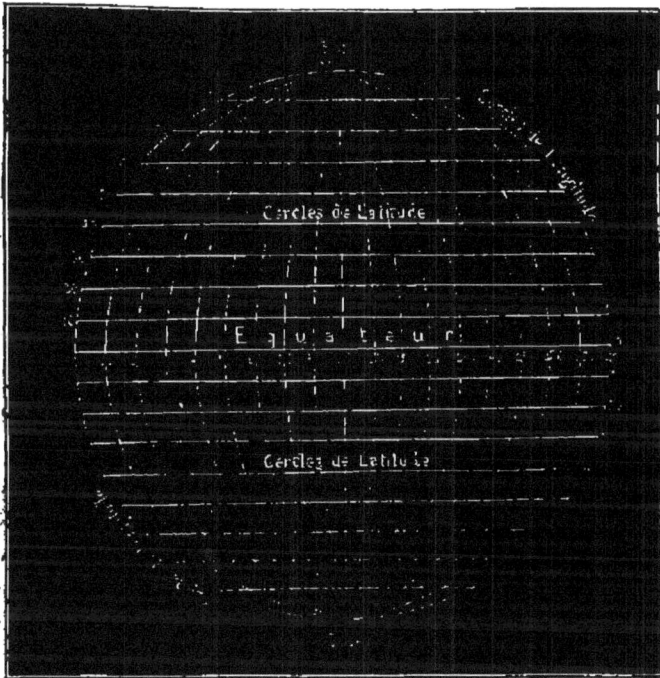

Fig. 26. — Divisions du globe.

aussi occupés au ixe siècle. Mais comme leurs unités de mesure ne nous sont pas connues, nous ne pouvons pas juger du degré de précision qu'ils ont obtenu.

En 1550, Fernel, médecin et astronome, mesura un arc du méridien compris entre Paris et Amiens,

en comptant tout simplement les tours de roues de
sa voiture, jusqu'au point où, par des observations
astronomiques, il jugea qu'il s'était avancé d'un
degré vers le nord. Son procédé était connu des anciens : au moyen de roues dentées on faisait en
sorte qu'une roue fit un tour pendant que celles de
la voiture en faisaient, par exemple 400. Cette roue
auxiliaire portait à sa circonférence une ouverture
qui, à chaque tour, venait coïncider avec l'ouverture d'un vase contenant de petites boules ; à chaque
tour de la roue une petite boule passait par cette
ouverture et tombait dans un autre vase. Le nombre
de petites boules reçues ainsi dans le vase inférieur
pendant le mouvement de la voiture, faisait connaître le nombre de tours de la roue auxiliaire ; on
en concluait le nombre de tours des roues de la voiture, qui était 400 fois plus grand, et aussi le chemin
parcouru, connaissant la circonférence des roues
de la voiture. Fernel a trouvé pour un degré terrestre 57 070 toises.

En 1669, l'astronome Picard détermina, avec une
précision jusqu'alors inconnue, la distance d'Amiens
à Malvoisine, en employant une suite de triangles,
et il en conclut 57 060 toises pour le degré terrestre.

De 1683 à 1718, Cassini et son fils continuèrent le
travail de Picard, afin de mesurer tout l'arc du
méridien qui traverse la France, arc de plus de
8 degrés.

Cependant, jusque-là, on avait regardé la Terre
comme sphérique. Huyghens et Newton, vers la fin
du XVIIᵉ siècle, émirent les premiers l'opinion que
la Terre est un ellipsoïde aplati vers les pôles. Dès
lors, cette question de la mesure de la Terre prenait
un nouveau degré d'intérêt scientifique, d'autant
plus que des expériences sur la durée des oscilla-

tions du pendule faites dans le même temps à Cayenne semblaient indiquer un renflement de la Terre à l'équateur, et confirmer l'opinion de ces deux grands géomètres. On proposa alors de mesurer deux degrés du méridien : l'un sous l'équateur et l'autre le plus voisin possible du pôle. Plusieurs académiciens entreprirent ces opérations délicates et pénibles. Les uns partirent pour le Pérou et les autres allèrent en Laponie. Au Pérou, le degré fut trouvé moindre qu'en Laponie; ce qui résolut la question en faveur d'Huyghens et de Newton, c'est-à-dire en faveur de l'aplatissement de la Terre vers les pôles. Enfin de nombreux travaux du même genre ont été exécutés depuis et s'exécutent encore dans différentes contrées.

Disons maintenant quelles sont les dimensions du sphéroïde terrestre. Le rayon de l'équateur est de 6 377 kilomètres 4, selon Bessel et Airy ; de 6 378 kilomètres 2, selon l'*Annuaire du bureau des longitudes*. Le rayon polaire mesure 6 536 kilomètres 1 selon les premiers, 6 536 kilomètres 6 d'après la dernière autorité. La dépression à chaque pôle est donc un peu plus de 21 kilomètres (21,3 ou 21,6), nombre qui mesure aussi l'épaisseur du renflement équatorial.

On a souvent comparé les inégalités de la surface de la Terre aux rugosités de la peau d'une orange. Cette assimilation est fort grossière. En effet, notre globe, réduit aux dimensions d'une orange, ne laisserait plus voir à l'œil nu aucune trace de saillies ni de dépressions; il n'offrirait plus aucun indice sensible de déformation ni d'aplatissement.

Voyons maintenant quelles sont les dimensions de la Terre.

En raison de l'aplatissement des pôles, la circonférence d'un méridien est plus courte que celle de l'équateur d'environ 67 kilomètres. La première mesure 40 003 414 mètres; la seconde, 40 070 376 mètres.

La surface de la Terre entière est d'environ 510 millions de kilomètres carrés. Celle de notre France n'est même pas la millième partie de la surface totale. Les mers réunies dominent sur 383 260 000 ki-kilomètres carrés de cette immense étendue; 126 400 000 kilomètres carrés seulement restent à la terre ferme. Il n'y a donc que le quart de la Terre qui soit habitable pour nous. « Il est curieux », dit M. A. Guillemin, « de voir que tout un hémisphère est presque tout entier occupé par les eaux. Prenez un globe, placez-le de manière qu'il se présente à vous, avec Paris pour point central, et éloignez-vous à distance. Vous apercevrez sur l'hémisphère tourné vers vous, l'Europe, l'Asie et l'Afrique entières, l'Amérique du nord et une partie de l'Amérique du sud. Placez-vous au contraire à l'opposé, en face des antipodes de Paris, et sauf la Nouvelle-Hollande et la pointe inférieure de l'Amérique méridionale, vous verrez un hémisphère presque entièrement couvert par l'Océan, çà et là parsemé de petites îles. »

Quelle est la grosseur réelle, le volume de ce globe? Concevons un volume cubique de 1 000 mètres en longueur, largeur et hauteur, nous aurons là un volume de 1 000 mètres cubes ou d'un kilomètre cube. La Terre contient plus de 1 000 milliards de volumes pareils!

La densité moyenne de la matière qui forme la Terre est telle, qu'à égalité de volume, la matière terrestre pèse près de cinq fois et demie autant que l'eau (5,44).

Quel est son poids? Pour l'exprimer en kilogrammes, il faut une rangée de vingt-cinq chiffres.

5 875 000 000 000 000 000 000 000 kilogrammes.

Autour de ce globe repose une enveloppe aérienne dont la hauteur n'est pas encore exactement connue, mais qui dépasse probablement 100 kilomètres. Cette enveloppe pèse :

5 263 000 000 000 000 000 kilogrammes.

Quelque énorme que soit ce poids, il n'est pas même cependant la millième partie du poids de la Terre entière. Chacun de nous porte sur ses épaules une pression de 1 600 kilogrammes ; mais cette pression est contre-balancée par une pression égale exercée dans tous les sens par le fluide aérien au milieu duquel nous vivons. La pression qu'exerce cette masse fluide, sur chaque partie du sol, sur les êtres organisés qui s'y développent, sur les liquides et les vapeurs, est d'une grande importance pour la constitution de ces êtres et pour les conditions physiques du milieu qui les renferme.

Tout le monde connaît le phénomène du mouvement diurne, mouvement apparent du Ciel étoilé par lequel se manifeste le mouvement réel de notre globe sur son axe. En effet, la Terre tournant, je suppose, de gauche à droite de la ligne des pôles, tous les objets situés en dehors d'elle, c'est-à-dire les astres, paraîtront tourner de droite à gauche, en sens opposé du mouvement qui nous emporte. Le mouvement apparent dont nous parlons, ayant lieu de l'orient vers l'occident, le sens de la rotation terrestre est donc précisément contraire, et s'effectue dès lors d'occident en orient.

Qu'est-ce que le *jour sidéral?* Qu'est-ce que le *jour solaire?* La durée du jour sidéral est-elle la même que celle du jour solaire?

Supposons une pendule bien réglée ; puis à l'aide

d'une lunette dont l'axe est fixé dans le plan méridien, notons l'instant précis où une étoile vient passer par le plan. La lunette restant dans la même position, notons pendant plusieurs nuits de suite les instants du passage de l'astre au méridien. La comparaison des temps écoulés entre deux passages successifs nous montrera que ces temps sont toujours égaux d'une rotation à l'autre. Nous sommes donc en droit de conclure de ces faits que la durée de la rotation terrestre, ou si vous voulez, du *jour sidéral* est constante; cette durée est de 86 164 secondes, ou 23 heures 56 minutes 4 secondes.

En nous servant de la même méthode, comparons les intervalles qui s'écoulent entre les passages successifs du centre du Soleil au méridien, nous constaterons que ces intervalles ne sont pas rigoureusement égaux entre eux; c'est à leurs durées qu'on a donné le nom de *jours solaires*. Nous constaterons en outre que le Soleil est plus long à revenir au méridien que l'étoile; le retard de chaque jour est en moyenne de 3 minutes 56 secondes.

En résumé, la durée du jour sidéral est constante; au contraire, celle du jour solaire est variable. Les astronomes ont fait servir la première de régulateur à l'autre; c'est pour cette raison qu'ils règlent leurs horloges sur le temps sidéral; ils sont les seuls à agir ainsi.

Le jour sidéral se divise, comme le jour solaire, en 24 heures. Chaque heure sidérale contient 60 minutes, chaque minute sidérale 60 secondes. Cette inégalité des jours solaires, inégalité que nous avons signalée, a fait choisir pour unité du temps civil, un jour fictif qu'on nomme jour solaire *moyen*, parce qu'il est la moyenne de tous les jours solaires de l'année. C'est ce jour moyen qu'on partage en

24 heures. L'heure moyenne est donc plus longue que l'heure sidérale.

Si la Terre a la forme d'une sphère et si la Terre tourne, il doit résulter de ce mouvement des vitesses différentes pour les divers points de sa surface. En effet, en vertu de ce mouvement, les corps placés à l'équateur céleste parcourent 1 500 kilomètres par heure, 25 kilomètres par minute; cette vitesse diminue de l'équateur où elle est maximum, aux pôles, où elle est nulle, car les corps ont d'autant moins de chemin à parcourir que leur cercle de latitude est plus petit.

Comment se fait-il que nous ne nous apercevions point de cette vitesse énorme avec laquelle nous sommes emportés? C'est que la masse entière du sol, l'atmosphère qui nous entoure de toutes parts, les nuages mêmes, participent à ce mouvement d'ensemble, et que nous n'avons de point de repère dans aucun objet immobile un peu voisin de nous.

Mais une question se présente ici : qu'arriverait-il, si, par une cause quelconque la rotation de la Terre venait à cesser brusquement? Un tel événement serait le signal de la destruction complète de tous les êtres organisés, broyés par un choc formidable ou entièrement consumés. La force centripète qui attire les planètes vers le Soleil ne serait plus contre-balancée par la force centrifuge, et nous irions tomber sur l'astre radieux. La Terre arriverait sur le Soleil 64 jours après le choc, et disparaîtrait dans sa surface comme un aréolithe sur la Terre. D'après des calculs faits par Helmholtz, la force de la rotation de la Terre, convertie en chaleur par un arrêt subit, suffirait à la combustion complète de quinze sphères de houille ayant chacune le volume de notre globe. Mais que mes lec-

7

teurs se rassurent, nous n'avons pas à craindre
de notre monde une semblable fantaisie, car les
principes immuables de la mécanique céleste, sont
là pour nous garantir contre une pareille catastrophe.

Les anciens avaient soupçonné le mouvement de
rotation de la Terre; mais il ne fut véritablement,
scientifiquement démontré qu'en 1543, par Copernic.
C'est dans son immortel ouvrage des *Révolutions célestes*, que Copernic dévoila le véritable système du
monde. Cette nouvelle doctrine ne triompha qu'avec
la plus grande peine, et après des luttes longues et
nombreuses; ses puissants adversaires ne se con-
tentèrent pas de lui opposer leurs arguments, ils
allèrent jusqu'à persécuter les partisans les plus au-
torisés de la rotation : c'est ainsi qu'ils firent subir
à Galilée toutes sortes de souffrances. Les preuves
de la rotation sont nombreuses et concluantes.

Un premier témoignage est celui de l'analogie :
le télescope nous a montré dans les planètes Mercure et Vénus des terres analogues à la nôtre, mues
elles-mêmes par un mouvement de rotation autour
de leur axe; nous verrons bientôt la Lune, Mars,
Jupiter, Saturne, tourner aussi autour d'un de
leurs diamètres.

Il faut joindre à cette première preuve l'invrai-
semblance du mouvement simultané que tous les
astres, étoiles, planètes, Soleil devraient effectuer
en 24 heures autour de notre globe s'il était immobile. En effet, il faudrait animer les sphères célestes
d'une vitesse sans égale pour leur faire parcourir
à chacune la circonférence du ciel dans le même
laps de 24 heures; tandis que la Lune parcourrait
23 kilomètres par seconde, le Soleil 9 200 kilomètres,
Jupiter 4 600, Saturne 8 800, l'étoile la plus voisine

de la Terre devrait franchir dans le même temps
2 milliards de kilomètres. Et de proche en
proche, jusqu'aux étoiles les plus lointaines, nous
creuserions l'infini sans trouver un nombre qui pût
exprimer la vitesse des astres, pour tourner autour
de ce grain de sable perdu dans l'espace, de cet
atome invisible qui s'appelle la Terre.

Viennent ensuite les preuves expérimentales.

Je citerai d'abord la déviation orientale, très
petite, il est vrai, mais constatée par l'observation,
qui a lieu dans la chute d'un corps tombant d'une

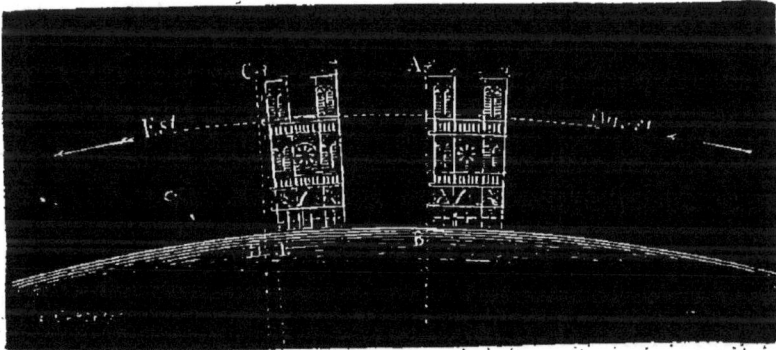

Fig. 27. — Déviation dans la chute des corps.

certaine hauteur sous l'influence de la gravité ; cette
déviation a sa cause dans l'excès de vitesse absolue
que la rotation terrestre imprime à un corps, à mesure qu'il est plus éloigné de l'axe. Laissez tomber
une pierre de A en B (fig. 27) ; si la Terre est immobile, cette pierre devra tomber réellement en B ; mais
au sommet de la tour, la pierre est animée d'une
vitesse de l'ouest à l'est plus grande qu'au pied de
la tour, cette vitesse se combine avec celle de la
chute, et au lieu de suivre les murailles de la tour,
partie de C, elle tombera en D.

Je rappelerai ici les brillantes expériences réalisées, en 1849, par le savant et regretté Léon Foucault, sous la coupole du Panthéon.

Un *pendule* consiste en un corps pesant, ayant généralement la forme d'une boule, suspendu à l'extrémité d'un fil dont l'autre extrémité est fixe. Quand le pendule est au repos, il est vertical. Si on l'écarte de cette position, il y revient, la dépasse, y revient de nouveau et exécute de part et d'autre de cette position une série de mouvements de va-et-vient qu'on nomme oscillations. Si le pendule est attaché à un bouton fixé à une petite potence, et si pendant qu'il exécute ses oscillations, on fait tourner le support sur lui-même, de gauche à droite, par exemple, on observe que le plan dans lequel il oscille ne change pas ; de sorte que si un observateur était placé sur le support en face du pendule, il serait entraîné avec le support de gauche à droite, et il verrait, par conséquent, le plan dans lequel se meut le pendule se porter en apparence à sa gauche. On reconnaît encore que le plan des oscillations du pendule ne change pas quand on tourne le bouton dans un sens ou dans l'autre, au lieu de tourner le support.

De même, si on fait osciller un long pendule formé d'une boule pesante de cuivre ou de plomb, suspendue à une extrémité d'un fil de fer ou d'un autre métal, dont l'autre extrémité est fixée à une voûte élevée, et si, placé en face du pendule, on en observe attentivement le mouvement, on voit le plan dans lequel il se meut se déplacer peu à peu de droite à gauche, quoique l'axe de la Terre ne passe pas par le point de suspension du fil. On reconnaît aisément ce déplacement en terminant le pendule par une assez longue pointe, et en dispo-

sant sur deux barres parallèles, vers les limites de
ses excursions, des petites buttes de sable fin. A
chaque oscillation, la pointe renverse un peu de
sable, et rend aussi très sensible le mouvement apparent du plan du pendule de droite à gauche de
l'observateur ou d'orient en occident, c'est-à-dire
le mouvement réel de la Terre d'occident en orient.

Citons enfin la forme même du sphéroïde terrestre,
aplati au pôle et enflé à l'équateur, qu'on démontre

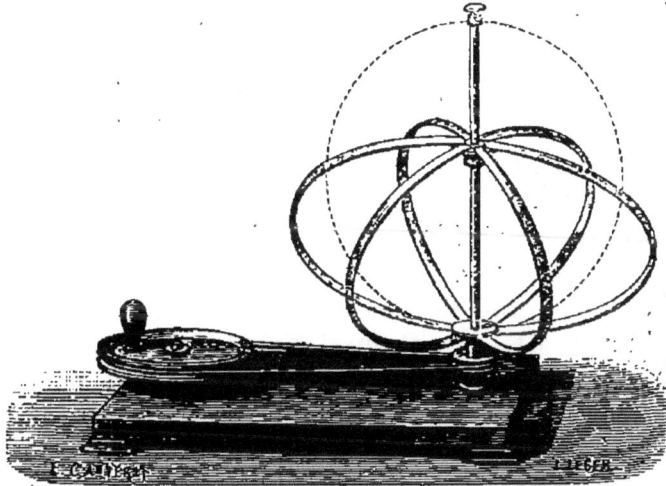

Fig. 28. — Effet de la force centrifuge.

être la conséquence forcée du mouvement de rotation déterminant la force centrifuge, et de l'état primitif fluide ou pâteux de la Terre.

On rend la force centrifuge manifeste à l'aide de
l'appareil que représente la figure 28. On fait tourner rapidement des cercles d'acier autour d'un axe;
ces cercles prennent la forme d'ellipses aplaties
aux extrémités de l'axe, et plus la vitesse de rotation est grande, plus l'aplatissement est considérable.

La longueur totale de l'immense courbe décrite annuellement par la Terre autour du Soleil est, en nombres ronds, de 930 millions de kilomètres. La durée du voyage de circumnavigation que nous faisons ainsi tous les ans, portés par notre navire céleste, est de 365 jours moyens et un peu plus d'un quart de jour (exactement 365 jours 5 heures 9 minutes, 10, 748 secondes); c'est donc 2602 kilomètres par heure qu'elle franchit. Mais cette vitesse est variable : elle est moindre quand la Terre s'éloigne du Soleil, à l'aphélie elle n'est plus que de 28 960 mètres par seconde ; elle est plus grande, au contraire, quand la Terre se rapproche de l'astre central, elle atteint au périhélie, le maximum de 30 kilomètres par seconde.

Helmholtz et Mayer, afin de donner une idée du prodigieux mouvement qui emporte notre globe dans les régions circumsolaires, ont calculé quelle serait la chaleur développée par le seul fait d'un arrêt brusque de la Terre dans son orbite, arrêt équivalant à un choc colossal. La Terre s'échaufferait tout à coup, et veut-on savoir à quel degré? Cette chaleur suffirait non seulement pour fondre la Terre entière mais encore pour en réduire la plus grande partie en vapeur.

S'il est vrai que la Terre se meuve ainsi autour du Soleil relativement immobile, à mesure qu'elle marchera dans un sens en décrivant un arc de sa trajectoire, l'astre radieux semblera décrire un arc semblable en sens contraire. En sens contraire, si l'on considère isolément les arcs décrits; mais si l'on compare l'orbite réelle de la Terre avec l'orbite apparente du Soleil, on voit que les sens sont les mêmes. Et puisque le mouvement propre du Soleil a lieu d'occident en orient, le mouvement réel de la

Terre a aussi lieu dans le même sens. Le Soleil doit donc paraître se déplacer à chaque instant sur le fond étoilé du ciel. En effet, grâce au mouvement de translation de la Terre, le Ciel défile progressivement sur l'horizon d'un lieu donné.

Nous avons vu que la durée de l'année était de 365 jours 1/4 solaires moyens ; le nombre des jours sidéraux de l'année doit donc être de 366 1/4. C'est là une conséquence directe de la translation de la Terre, combinée avec son mouvement de rotation. Il faut vous rappeler qu'après une rotation entière, le Soleil qui, au point de départ, passait au méridien en même temps qu'une étoile donnée, se trouvait en retard de quatre minutes environ. Après une seconde rotation, second retard, et ainsi de suite ; tous ces retards successifs s'ajoutent entre eux, jusqu'à ce que la révolution annuelle soit terminée, et que, par suite, les choses se trouvent au même état qu'au commencement. Or, si la Terre a effectué 366 rotations, l'étoile qui sert de terme de comparaison aura passé 366 fois au méridien, tandis que le Soleil, justement en retard d'un passage, sera revenu au méridien une fois de moins que l'étoile, c'est-à-dire seulement 365 fois.

Nous avons donné plus haut la durée de la révolution sidérale de la Terre : c'est à cette durée que l'on a donné le nom d'*année sidérale*, qu'il ne faut pas confondre avec l'*année tropique*, qui est celle adoptée pour la mesure du temps civil. Certains points de l'orbite que décrit la Terre sont importants pour nous, car ils sont les points de départ des saisons ; j'ai nommé les équinoxes et les solstices. Or, l'année tropique est l'intervalle de temps qui s'écoule entre deux passages consécutifs de la Terre à l'un de ces points, par exemple, à l'équinoxe du

printemps. Et, comme on sait, depuis un grand
nombre de siècles, que le retour à l'équinoxe est
toujours en avance sur le retour du Soleil à la même
étoile, et, par suite, que l'année tropique est un
peu plus courte que l'année sidérale, on a conclu,
d'un grand nombre d'observations, pour la durée
de l'année tropique : 365 jours moyens 5 heures
48 minutes 47,514 secondes. La différence entre
l'année tropique et l'année sidérale est donc de
20 minutes 23,234 secondes.

D'un jour de l'année à l'autre, les habitants d'un
même lieu voient le Soleil s'élever au-dessus de
leur horizon, à des hauteurs variables. De là, pour
le même lieu, des températures, des conditions cli-
matériques très diverses. Ce phénomène a donné
lieu aux *saisons* qui ont un grand intérêt pour nous,
et qui ont leur cause dans le double mouvement de
la Terre. D'un autre côté, ces conditions changent
non seulement d'un hémisphère à l'autre, mais pour
le même hémisphère. De là, les climats, les zones
glaciales aux longs jours et aux longues nuits, les
zones tempérées, les zones torrides et les régions
voisines de l'équateur où la durée du jour est sans
cesse égale à celle de la nuit.

Deux fois par an, en mars et en septembre, le
Soleil est dans l'équateur de la Terre (fig. 29); ces
deux positions opposées sont celles des deux *Équinoxes*. Deux fois par an, en juin et en décembre, la
Terre atteint une position telle, que la distance angulaire du Soleil à l'équateur devient maximum;
ce sont les époques des *Solstices*.

Le Soleil n'est pas exactement au milieu de la
courbe que la Terre décrit dans son mouvement de
révolution autour de cet astre; il en occupe un des
foyers. Quand la Terre en est le plus près, elle est

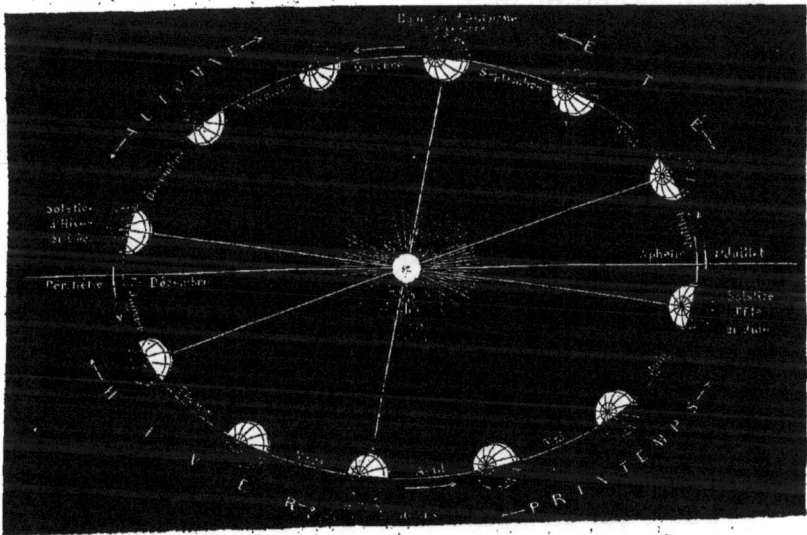

Fig. 29. — Les saisons terrestres.

à son *périhélie;* quand elle en est le plus loin, elle
est à son *aphélie :* c'est ce qu'on appelle les points
ou extrémités de la *ligne des apsides.* La Terre n'a
pas non plus la même vitesse dans sa marche annuelle; à l'aphélie le mouvement est plus lent, et
au périhélie il est le plus rapide. Nous avons l'*été*
quand la Terre va plus lentement, et l'*hiver* quand
elle va plus vite. En outre, l'inclinaison de l'axe de
la Terre dans son mouvement de révolution permet
au Soleil de nous lancer en été ses feux en ligne
presque directe, au lieu qu'en hiver ils nous arrivent plus obliquement.

À l'équinoxe du printemps, les deux pôles de l'é-
quateur terrestre sont également éloignés du Soleil.
Alors ses rayons tombent perpendiculairement sur
la surface du globe, à égale distance des deux pôles.
Toute une moitié du globe, d'un pôle à l'autre, voit
le Soleil; l'autre moitié est dans la nuit. La durée
de la rotation étant de vingt-quatre heures, les
peuples qui d'un pôle à l'autre ont commencé à voir
ensemble le Soleil le matin, en jouiront douze heures,
et le jour sera égal à la nuit ; c'est l'équinoxe, lequel
sera celui du printemps, ou bien celui de l'hiver,
lorsque la nuit égale le jour, au printemps ou en
hiver.

Tandis que la Terre fait sa révolution autour du
Soleil, son axe ne cesse pas de conserver son paral-
lélisme, c'est-à-dire qu'il est toujours incliné vers
les mêmes points du ciel ; alors, l'un des pôles est
dans l'ombre, tandis que l'autre est éclairé; et il
résulte de ce mouvement des variations alternatives
de lumière très importantes à considérer, puisqu'elles sont la cause des saisons.

Puisque la Terre est ronde, et que le Soleil ne
peut en échauffer toutes les parties à la fois, il est

aisé de comprendre que tous les pays situés d'un même côté de l'équateur ont tous la même saison dans le même temps : ainsi, la Chine et la France ont en même temps l'hiver et l'été. Les contrées de l'hémisphère austral ont le printemps quand celles de l'hémisphère boréal ont l'automne.

Ecoutez ce passage d'Ovide, traduit par Saint-Ange, et qui présente le tableau des vicissitudes des saisons de l'année.

> Voyez comme l'année, en son cours qui varie,
> Se partage en saisons, images de la vie.
> Le Printemps, jeune enfant, bercé par les Zéphirs,
> Se couronne de fleurs et sourit aux plaisirs.
>
> Le blé, du laboureur espérance fragile,
> Nourrit de sucs laiteux son enfance débile ;
> Et le fruit en boutons se cache sous les fleurs,
> De dons plus précieux frêles avant-coureurs.
>
> L'Été, fils du Soleil, coloré par le hâle,
> Succède au doux Printemps, plus robuste et plus mâle.
> C'est dans cette saison que l'an, plus vigoureux,
> Enfante plus de fruits, brûle de plus de feux.
>
> L'Automne déjà mûr, sans être vieux encore,
> S'enrichit des trésors que l'Été fit éclore ;
> De la jeunesse en lui les feux sont amortis :
> Même on peut sur son front compter des cheveux gris.
>
> L'Hiver, glacé du froid que souffle son haleine,
> Le suit à pas tremblant, et chemine avec peine.
> Son front chauve et neigeux, et battu par les vents,
> Ou n'a plus de cheveux, ou n'en a que de blancs.

La Terre, après avoir achevé le tour du Soleil, n'est pas encore revenue au point de la sphère des étoiles que son axe regardait au commencement de l'hiver : il emploie un peu plus de temps pour revenir aux mêmes étoiles que pour revenir à l'équateur ; il y a un retard de quelques minutes en temps ;

l'année solaire a donc anticipé de vingt minutes sur
l'année sidérale ; cette anticipation qui occasionne
un avancement dans l'époque des équinoxes est appelée *précession des équinoxes*. Les lois de l'attraction
expliquent ce phénomène : la Terre est attirée par
le Soleil et la Lune dans le mouvement de révolution ; chaque année ce mouvement dérange un peu
son axe, qui, au lieu de regarder la même étoile,
est dirigé vers une autre ; le déplacement est d'un
degré par 72 années, et d'environ douze degrés par
1 000 années ; enfin, au bout de 26 000 ans, la période
entière de déplacement est accomplie, et l'axe de la
Terre se retrouve dans la même direction du ciel
où il était auparavant, et regardant la même étoile
qu'il pointait au commencement de cette longue période. Ce que nous appelons maintenant notre
étoile polaire ne le sera plus un jour ; le Soleil
n'est déjà plus dans le signe du Bélier, mais dans le
signe des Poissons et très près du Verseau, à l'équinoxe du printemps. Les solstices changent tout
comme les équinoxes ; dans 13 000 ans, nous aurons le printemps à l'époque où nous avons maintenant l'automne, et l'été quand nous avons l'hiver ;
puis, au bout de 26 000 ans environ, tout rentrera
dans le même ordre qu'à présent.

Avant Bradley, on se persuadait que l'axe de la
Terre gardait toujours à peu près la même inclinaison sur le plan de l'écliptique ou de la route apparente du Soleil ; mais cela est inexact. Ce célèbre
astronome anglais a découvert que l'inclinaison de
l'axe terrestre est sujette à de petites oscillations qui
élèvent et abaissent tour à tour le plan de l'équateur, balancement produit par l'action de la Lune,
et qu'on a nommé *mutation de l'axe de la Terre* : sa
période est d'environ 19 ans.

Le cercle annuel décrit par les planètes et qui produit les saisons se nomme orbite ; mais celui de la Terre se nomme plus particulièrement *écliptique*, et c'est aussi le cercle apparent de la route du Soleil. L'angle formé entre eux par les plans de l'équateur et de l'orbite terrestre s'appelle obliquité de l'écliptique. Cette obliquité n'est pas constamment la même ; elle diminue par an d'environ 46 ou 48 secondes, c'est-à-dire environ le centième de la précession des équinoxes dont il a été question plus haut, ce qui revient à 1/2 seconde par an, une minutes après 115 ans et un degré en 6 900 ans. L'obliquité de l'écliptique était, il y a 4 000 ans, d'environ 24 degrés ; elle n'est plus aujourd'hui que de 20ʹ28ʺ.

Les deux points où l'écliptique coupe l'équateur se nomment *colures*, mot grec signifiant couper : ces colures marquent les équinoxes, c'est-à-dire le moment où les jours et les nuits sont égaux en durée. Les deux points où le Soleil paraît, entre les équinoxes, le plus éloigné de l'équateur, c'est-à-dire de 23 degrés et demi, s'appellent, vous ai-je-dit, les solstices, parce que le Soleil y est un moment stationnaire en été et en hiver.

CHAPITRE VI.

La Lune.

La Lune, satellite de la Terre.—Circulation périodique de la Terre.—
Distance de la Terre à la Lune. — Révolution sidérale, révolution
synodique de la Lune. —. Taches de la Lune. — Phases de la
Lune. — Mers, montagnes de la Lune.—La Lune et les astrologues. — La Lune a-t-elle une atmosphère? Météorologie et géologie lunaires.— Astronomie pour un habitant de la Lune.

La Lune a toujours été l'astre de la rêverie et du
mystère. C'est elle qui, lorsque la Terre est plongée
dans la nuit obscure, vient éclairer notre planète en
lui envoyant ses rayons argentés. Des profondeurs
de l'espace où elle est située, elle règne sur l'empire du silence et de la paix. Ses blancs rayons viennent encore ajouter à l'air mystérieux dont elle est
empreinte. Dès les âges les plus reculés, les anciens
l'avaient nommée souveraine des nuits silencieuses,
Diane au croissant d'argent, Phœbé à la blonde chevelure.

La Lune est attirée par la Terre, grâce à la force
puissante de l'attraction; elle gravite autour de
notre globe dont elle est le fidèle satellite. Quand
elle est arrivée à sa plus grande clarté, elle donne
le signal à la pléiade d'étoiles qui brillent dans l'immensité; au moment de la phase de sa plénitude,
elle semble guider les astres pendant leur route
éternelle de l'orient à l'occident.

Mais comme elle fait le tour du globe d'occident en orient en vingt-sept jours, on remarque bientôt qu'elle retarde sur les étoiles qu'elle paraissait conduire les jours précédents, et que son mouvement n'est pas celui de la sphère céleste, qu'il en est complètement indépendant. En effet, ce mouvement appartient à la Lune elle-même et n'est autre chose que la manifestation de sa circulation périodique autour du globe.

On a mesuré la distance de la Terre à la Lune par un procédé analogue à celui que je vous ai indiqué pour la mesure des distances des étoiles; ce procédé permet de calculer ces distances, d'après l'élément qu'on nomme parallaxe. Cet élément rapporté au rayon de l'équateur terrestre, vaut 57'2", 31. C'est sous cet angle qu'un observateur placé au centre de la Lune verrait de face le rayon équatorial terrestre. Pour se fixer dans la mémoire la distance moyenne qui la sépare de notre globe, il suffit de se rappeler qu'elle vaut environ 30 diamètres terrestres, et qu'il faudrait, par conséquent, trente globes égaux à la Terre, rangés en file à partir du centre de notre planète pour aboutir à son satellite.

Ainsi, la Lune n'est pas immobile, relativement à notre globe; s'il en était autrement, son disque entrainé seulement par le commun mouvement diurne, correspondrait toujours aux mêmes étoiles, et ne se déplacerait pas sous la voûte étoilée. La Lune se meut donc, et le sens de ce mouvement ne peut être que celui d'occident en orient, puisque son disque correspond successivement à des étoiles de plus en plus orientales. Comme d'ailleurs, ainsi que nous l'avons dit plus haut, elle met environ 27 jours à revenir à la même position, à la même

étoile, c'est que telle est, en effet la durée de sa révolution sidérale, durée qui est exactement 27 jours
7 heures 43 minutes, 11 secondes et demie.

Partons du point où le Soleil et la Lune ont tous
deux même longitude. La Lune se trouve alors
juste entre le Soleil et la Terre : c'est l'époque de
la nouvelle Lune. Elle commence sa révolution.
Dans les positions suivantes, la Lune s'éloigne du
Soleil, son disque se dégage peu à peu de ses rayons,
et, au bout du temps que je viens de vous indiquer,
un peu plus de 27 jours, elle reviendrait au même
point si la Terre était immobile. Mais, pendant ces
27 jours, la Terre a marché dans son mouvement
annuel autour du Soleil, et le Soleil a changé de
place en sens contraire du mouvement de la Terre.
Pour que la Lune revienne se mettre de nouveau en
face de lui, pour qu'elle occupe sa position de tout
à l'heure, pour qu'elle se trouve comme au commencement de sa révolution, juste entre le Soleil et la
Terre, il faut encore qu'elle marche pendant 2 jours
et 5 heures à peu de chose près. Cette révolution
est la principale pour nous, car c'est elle qui produit les phases ; on l'appelle synodique. Tandis que
la révolution sidérale s'accomplit en 27 jours
8 heures environ, la révolution synodique dure
29 jours 12 heures 44 minutes 3 secondes.

La Lune est l'astre dont la connaissance nous fut
la première et le mieux acquise. Ce fait trouve sa
raison bien naturelle dans la distance relativement
minime qui nous sépare de Phœbé à la blonde chevelure. Aussitôt l'invention des lunettes d'approche,
dont la faible puissance ne pouvait s'étendre qu'aux
domaines voisins de la blonde Phœbé, chacun voulut voir la Lune ; les astronomes, les astrologues,
les alchimistes mêmes, tous ceux qui s'occupaient

de science de près ou de loin voulurent voir l'astre qui éclaire de ses rayons argentés les ténèbres de nos nuits; ils n'avaient pas de plus cher désir que de pénétrer par la vue dans les régions de cette terre céleste. La découverte de l'Amérique ne fit pas plus de bruit que les premières observations de Galilée : c'est qu'il ne s'agissait plus là d'une terre de notre globe, mais d'un monde mystérieux vers lequel on ne pouvait s'élever que par l'intermédiaire des yeux et de la pensée. C'est un des spectacles les plus curieux de l'histoire d'assister au mouvement prodigieux qui s'opéra à propos du monde de la Lune. A peine l'optique eut-elle agrandi la puissance de la vision humaine, qu'on voulut lui demander davantage. On était impatient de connaître avec plus de détails la belle Diane au croissant d'argent. Mais la science est quelquefois rebelle; elle ne se plie pas ainsi du premier coup aux caprices de l'homme. L'optique refusa de donner davantage. Nos ancêtres ne furent pas embarrassés pour si peu, ils donnèrent libre cours à leur imagination exaltée qui prit les devants et partit sans tarder davantage pour le royaume de la Lune et les cités de ses habitants. Qui ne fit à cette époque son petit voyage à la Lune? L'esprit allait en excursion dans ce nouveau monde céleste, et, la fantaisie aidant, enfantait les visions les plus étranges, les plus extraordinaires.

Mais pendant que les visions des esprits allaient leur chemin, les découvertes astronomiques, de leur côté, faisaient de grands progrès. La vue de la pleine Lune, à l'œil nu, par un ciel très pur, permettait déjà de distinguer les principales taches sombres ou brillantes. Et le télescope qui venait d'être inventé accrut considérablement le champ des observations; les astronomes ne tardèrent pas à s'apercevoir que cet aspect des parties brillantes et des parties sombres changeait selon que le Soleil se trouvait d'un côté ou de l'autre de la Lune. En effet, quand, par exemple, le Soleil était à gauche des signes brillants, ils voyaient des lignes sombres à la droite de ceux-ci ; quand, au contraire, l'astre radieux était à droite des signes brillants, les lignes sombres se voyaient à leur gauche. Ce premier coup d'œil jeté, à l'aide d'une lunette, sur le disque de la Lune, démontra avec une pleine évidence, que les parties brillantes étaient des montagnes, que les parties sombres qui les avoisinent étaient des vallons ou des plaines basses.

« Supposons », dit M. A. Guillemin, « que nous ayons observé la Lune à l'époque précise du dernier quartier. Le lendemain et les jours suivants, si le ciel le permet, continuons notre examen :

« Nous verrons la lumière envahir successivement les régions orientales du disque, et de nouvelles aspérités peu à peu apparaître, dont les sommets seuls étaient d'abord éclairés par le Soleil. Rien de plus curieux que de voir se dessiner, d'abord au sein de l'ombre, la paroi intérieure d'une cavité nouvelle sous forme de croissant, puis peu à peu la lumière grandir, pénétrer au fond de la coupe et en éclairer tout le contour. D'autres fois, c'est un point lumineux isolé dont le sommet brille, tandis que la base de l'éminence est tout entière encore plongée dans la nuit. On assiste, de la sorte, en réalité, au lever du Soleil sur la Lune. Au dernier quartier, les ombres ont une direction opposée ; mais les mêmes phénomènes se présentent en sens contraire, et les mêmes régions étant vues alors au coucher du Soleil, ce sont les versants orientaux des montagnes qui reçoivent sa lumière.

« A mesure que la Lune suit ainsi son cours et que sa phase éclairée s'agrandit, on voit, comme on devait s'y attendre, les ombres des montagnes diminuer d'étendue, le fond des plaines s'éclairer d'une lumière plus vive, et la structure de notre satellite se déployer devant nos yeux dans tous ses détails. »

On savait déjà que les phases de la Lune étaient produites par l'illumination du Soleil, puisque quand le Soleil se trouve derrière la Lune, celle-ci tournant vers nous son hémisphère obscur, elle est invisible, c'est l'époque de la nouvelle Lune, (fig. 30); que dans les positions suivantes, la Lune s'éloignait du Soleil, son disque se dégageait peu à peu de ses rayons, et, par le fait, montrait des portions de plus en plus grandes de son hémisphère éclairé, d'abord sous la forme d'un croissant, puis, au premier quartier, d'un demi-cercle, et plus loin d'un disque qui approche de plus en plus d'un cercle complet; que quand la Lune arrivait à l'opposé du Soleil, c'était l'époque de la pleine Lune. Le télescope vint confirmer cette explication en montrant que la marche des ombres à la surface lunaire se produit à l'inverse de la marche du Soleil.

Il n'y avait plus à en douter, on avait bien sous les yeux un globe opaque comme la Terre, éclairé comme elle par les rayons du Soleil, et accidenté comme sa surface de montagnes et de vallées. Il n'en fallut rien moins pour exciter la curiosité. On s'occupa de notre satellite, avec la plus grande activité, et on en fit la géographie ou plutôt la sélénographie.

Aux grandes taches sombres qui parsèment la moitié septentrionale de la Lune, et qui envahissent une partie de la moitié australe à l'occident et

à l'orient, on donna le nom de mers; aux petites le
nom de lacs ou de marais. Cette dénomination sentait les opinions régnantes, les opinions de l'astrologie; elle a persisté jusqu'à nous. C'est ainsi qu'il

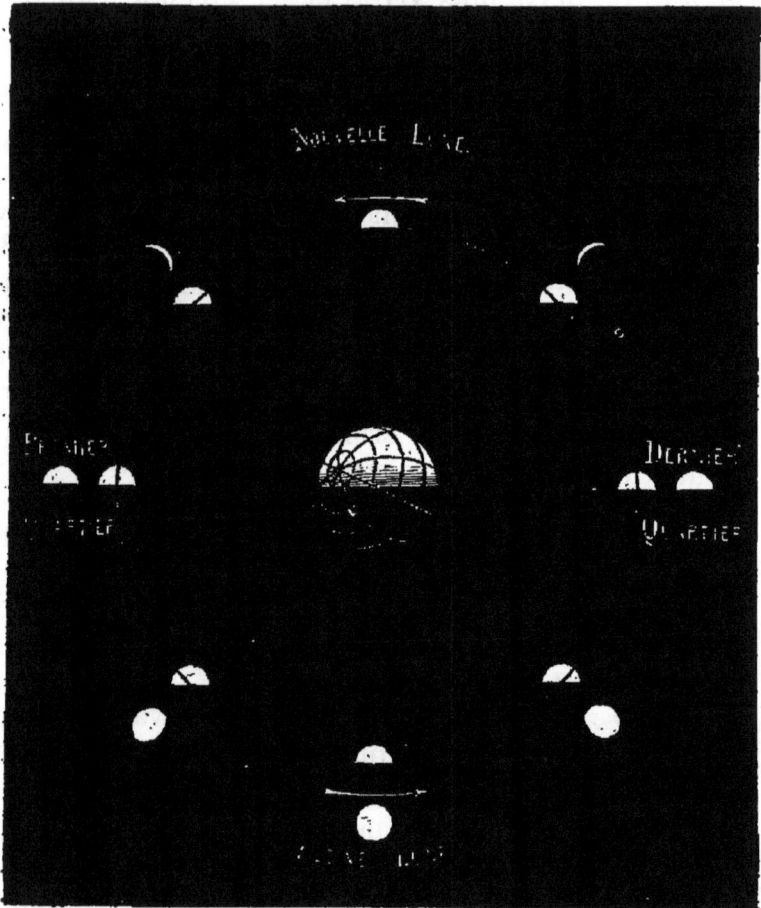

Fig. 30.—Explication des phases de la Lune.

y a présentement sur la Lune : la mer des Crises, la
mer de la Tranquillité, la mer de la Fécondité, la
mer de Nectar, la mer des Vapeurs, la mer des

Pluies, l'océan des Tempêtes, la mer des Humeurs, la mer des Nuées, le lac des Songes, le lac de la Mort; les marais de la Putréfaction et des Brouillards, le golfe des Arcs-en-Ciel, le golfe de la Rosée, le marais du Sommeil, etc., etc.

Quant aux montagnes lunaires, elles ont reçu des dénominations particulières empruntées aux dénominations des montagnes de la Terre et aux noms des savants les plus illustres de l'antiquité et des temps modernes. Il y eut les Alpes, le Caucase, les Apennins, les Karpathes, les monts Ourals, les Pyrénées, etc.; Aristote, Platon, Hipparque, Ptolémée, Copernic, d'Alembert, Huyghens et bien d'autres eurent chacun leur propriété dans la Lune.

Comparée aux distances considérables qui nous séparent non seulement des étoiles, mais même des autres planètes de notre système, la distance de la Terre à la Lune n'est qu'une bagatelle. Ainsi, la plus petite distance à laquelle nous nous trouvons de la Lune ne dépasse guère 80 000 lieues. Les navigateurs au long cours qui ont fait quatre ou cinq fois le tour du globe ont parcouru un chemin aussi long, chemin qu'un train express franchirait en moins de 300 jours. Il ne faudrait que 8 jours 5 heures, à un boulet de canon pour franchir la même distance, en supposant qu'il conservât une vitesse constante de 500 mètres à la seconde. De l'orbite lunaire un corps qui se laisserait tomber arriverait ici en 4 jours, 19 heures 53 minutes et 30 secondes. La lumière enfin, cet agile messager auquel nous avons eu recours déjà bien des fois, bondit de la Lune à la Terre en 1 seconde 1/4.

C'est cette proximité qui, sans nul doute a été la cause de la grande réputation de l'astre lunaire parmi nous. Rien n'échappa aux influences lunaires, les hommes comme les animaux, le règne végétal comme le règne animal. Les opinions des astrologues serviront à vous édifier à ce sujet. Je vais vous en citer quelques-unes, trop curieuses pour être passées sous silence.

Écoutez le fameux géomancien Corneille Agrippa.

« La lune s'appelle Phœbé, Diane, Lucine, Proserpine, Hécate qui règle les mois, demi-formée; qui éclaire les nuits, errante, sans parole, à deux cornes, conservatrice, coureuse de nuits, porte-cornes, la souveraine des divinités, la reine des mânes, qui domine sur tous les éléments, à laquelle répondent les astres, reviennent les temps et obéissent les éléments ; à la discrétion de laquelle soufflent les foudres, germent les semences, croissent les germes ; mère primordiale des fruits, sœur de Phœbus, luisante et brillante, transportant la lumière d'une des planètes à une autre, éclairant par la lumière toutes les divinités, arrêtant divers commerces des étoiles, distribuant des lumières incertaines à cause des rencontres du Soleil, reine d'une grande beauté, maîtresse des plages et des vents, donatrice des richesses, nourrice des hommes, la gouvernante de tous les États; bonne et miséricordieuse, protégeant les hommes par terre et par mer ; modérant les revers de la fortune, dispensant avec le destin, nourrissant tout ce qui sort de terre, courant par divers bois, arrêtant les insultes des fantômes, tenant les cloîtres de la terre fermés, les hauteurs du ciel lumineuses, les courants salutaires de la mer, et gouvernant à sa volonté le déplorable silence des enfers; réglant le monde, foulant aux pieds le Tartare, faisant trembler les oiseaux qui volent au ciel, les bêtes sauvages dans les montagnes, les serpents cachés sous la terre et les poissons dans la mer. » Enfin, nous sommes au bout !

La Martinière s'exprime ainsi : « Cette planète lunaire est humide de soy ; mais, par l'irradiation du Soleil, est de divers tempéraments ; comme en son premier quadrat elle est chaude et humide, auquel temps il fait bon saigner les sanguins ; en son second, elle est chaude et sèche, auquel temps il fait bon saigner les colériques ; en son troisième quadrat, elle est froide et humide, auquel temps il est bon de saigner les flegmatiques ; et en son quatrième elle est froide et sèche, auquel temps il est bon de saigner les mélancoliques... C'est une chose entièrement nécessaire à ceux qui se meslent de la médecine, de connoistre le mouvement de cette planète pour bien discerner les causes de maladies. Et comme souvent la Lune se conjoint avec Saturne, on lui attribue les apoplexies, paralysie, épilepsie, jaunisse, hydropysie, léthargie, cataporie, catalepsie, catarrhes, convulsions, tremblement de membres ; distillations catarrhales, pesanteur de tète, séronnelles, imbécilité d'estomach, flux diarrique et lientérique, rétentions et généralement toutes maladies causées d'humeurs froides. Jai remarqué que cette planète a une si grande puissance sur les créatures, que les enfants qui naissent depuis le premier quartier de la Lune déclinant, sont plus maladifs : tellement que les enfants naissant lorsqu'il n'y a plus de Lune, s'ils vivent sont faibles, maladifs ou languissants, ou sont de peu d'esprit et idiots. Ceux qui sont nés sous la maison de la Lune, qui est le Cancer, sont d'un tempérament flegmatique. » Pauvre Lune que de maux dont tu es la cause !

D'après Eteilla, la Lune domine : « Sur les comé-

diens, les joueurs de gibecières, les bouchers, les
chandeliers et ciriers, les cordiers, les limonadiers,
les cabaretiers, les paulmiers, donneurs à jouer de
toute nature, le maître des hautes œuvres, les mé-
nageries d'animaux, et, dans son contraste, sur les
joueurs de profession, les espions, les escrocs,
les femmes de débauche, les filous, les ban-
queroutiers, les faux monnoyeurs, et les petites
maisons : c'est-à-dire que la Lune domine sur
tous ceux qui sont de métier à travailler la nuit,
par état, jusqu'au Soleil levant, ou à vendre des
denrées pour la nuit ; et dans le contraste, elle domine sur tout ce qu'on aurait honte de commettre en
plein jour, au vu de ceux qui ont des mœurs... Il
est bon de noter que la Lune domine aussi sur tous
les petits négociants qui ne tirent que des ports de
la nation ou de la main des accapareurs, sur les
usuriers, les courtiers, les maquignons, les rats de
Palais, hommes sans charges rongeant les clients,
et mettant, par leurs astuces, les honnêtes gens
dans le péril de perdre. »

Voilà pour les misères dont la Lune accable les
êtres animés, mais Phœbé étend sa domination plus
loin ; toute la nature terrestre, le règne végétal, le
règne minéral n'échappent pas à son influence.

« Les concombres s'augmentent aux pleines lunes,
ainsi que les raves, les navets, porreaux, lis, rai-
forts, safran, etc., mais les oignons, au contraire
sont beaucoup plus gros et mieux nourris sur le
déclinement et vieillesse de la Lune que sur son
croissement, jeunesse et plénitude... Ce qui est cause
que les Egyptiens s'abstenaient d'oignons, à cause
de leur antipathie avec la Lune... Si on taille la
nuit les vignes, pendant que la Lune logera dans le
signe du Lyon, Sagittaire, Scorpion ou Taureau, on

les sauvera des rats champestres, taulpes, limaçons,
mouches et aultres... Pline assure que les aulx
semez ou transplantez, la Lune estant soubs terre,
et cueillis le jour qu'elle sera nouvelle, n'auront
aucune mauvaise odeur, et ne rendront l'aleine
de ceux qui en auront mangé ni puante, ni malplai-
sante. »

Ce sont là autant de conjectures astrologiques
qui vous feront sourire. Et cependant, que de gens,
encore aujourd'hui qui croient à l'influence de la
Lune sur le vin, qu'il ne faut pas mettre en bouteille au dernier quartier, sur les ongles et les che
veux, « qu'il faut couper quand la Lune est croissante. »

« En approchant de la Lune », dit M. Camille
Flammarion, « on ne remarque [aucune des causes
physiques qui font de la Terre un vaste laboratoire
où mille éléments se combattent et s'unissent. Point
de ces tempêtes tumultueuses qui fondent parfois
sur nos plaines inondées; point de ces ouragans
qui descendent en trombe s'engloutir dans les profondeurs des mers! Nul vent ne souffle, aucun
nuage ne s'élève dans le Ciel. On n'y voit pas ces
traînées blanches de vapeurs nuageuses, ni ces
amoncellements plombés de lourdes cohortes: jamais la pluie n'y tombe, jamais la neige, ni la
grêle, ni aucun des phénomènes météorologiques,
ne s'y manifestent. Nul globe céleste n'est plus serein, ni plus pur.

« Mais aussi on n'y voit pas non plus ces teintes
magnifiques qui colorent notre ciel de l'aurore ou
du crépuscule; on n'y voit pas ces rayonnements
de l'atmosphère embrasée; si les vents et les tempêtes ne soufflent jamais, il en est de même de la
brise embaumée qui descend de nos coteaux en

fleurs. Dans ce royaume d'immobilité souveraine, le plus léger zéphyr ne vient jamais caresser la tête des collines : le ciel reste éternellement endormi dans un calme incomparablement plus complet que celui de nos chaudes journées où pas une feuille ne s'agite dans les airs. »

C'est que la Lune n'a pas d'atmosphère.

Mais l'absence d'air à la surface de la Lune implique l'absence d'eau. S'il existait des lacs, des mers ou des rivières, les eaux de ces réservoirs ou de ces courants plus ou moins considérables se réduiraient spontanément en vapeur.

Point d'air et point d'eau! C'est l'absence forcée des vents et des courants; partout règne l'immobilité, dans le ciel comme sur le sol.

« Les paysages lunaires ont donc un aspect tout particulier », dit M. A. Guillemin. « Là, les ombres ont partout la même intensité, aux premiers comme aux derniers plans. Tout au plus, la crudité des tons brillants et lumineux qui se détachent sur un ciel presque noir, sur des ombres noires aussi, y est-elle tempérée par les reflets, d'ailleurs fort nombreux dans un sol aussi accidenté. Là, pas de perspective aérienne ; point de ces jeux de lumière, de ces teintes vaporeuses qui donnent aux paysages terrestres tant de charme et de douceur. La réfraction n'y décompose pas la lumière blanche en sept couleurs et en mille nuances variées, l'arc-en-ciel et les phénomènes du même genre sont inconnus à la surface de la Lune. Mais en revanche, les étoiles et les autres astres brillent en plein jour dans la voûte céleste. » La fig. 31 donnera l'idée de l'aspect d'un paysage lunaire.

Je vous ai dit plus haut que les premiers observateurs avaient pris pour des mers les larges taches

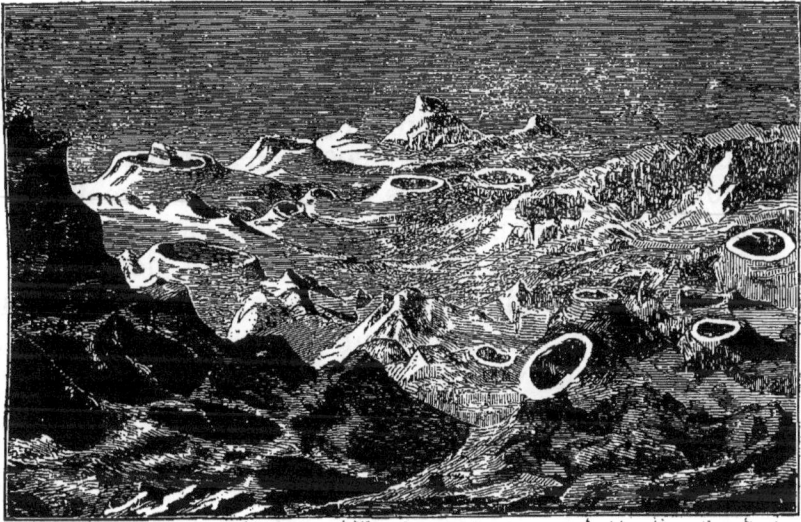

Fig. 31. — Paysage lunaire.

sombres; on les considère aujourd'hui comme de vastes plaines, inférieures de niveau aux vallées des contrées montagneuses.

Tandis qu'en haut règne l'obscurité la plus profonde, en bas règne le silence le plus absolu. On n'entend pas le moindre bruit, pas même le bruissement du feuillage, pas même le chant de l'alouette matinale qui s'élève jusqu'aux nues pour saluer l'astre radieux, pas même le rossignol au gazouillement harmonieux, pas le doux murmure du ruisseau qui coule en serpentant. En haut, un abîme perpétuellement noir; en bas, la solitude immense.

De hautes montagnes déchirent la surface de la Lune. Les plus élevées, sont dans le voisinage du pôle austral : c'est là qu'on trouve le mont Doerfel, dont le sommet atteint 7 600 mètres d'altitude, les monts Casatus et Curtius, de 6 956 et 6 769 mètres, et la montagne annulaire de Newton, de 7 264 mètres de *profondeur*. « L'excavation de cette dernière est telle », dit Humboldt, « que jamais le fond n'en est éclairé ni par la Terre, ni par le Soleil. » Ce mot *profondeur* que vous venez de lire peut vous paraître surprenant, quand il s'agit de l'élévation d'une montagne. C'est un bien singulier monde que la Lune; l'aspect du ciel où les étoiles brillent en plein jour, l'âpreté des lumières et des ombres, le silence profond qui règne dans ces régions désolées, le sol tout recouvert d'aspérités, de cavités circulaires, de pics élevés; tout se réunit pour confondre en nous les notions les plus familières. En effet, les montagnes de la Lune ne sont pas comme celles de la Terre : elles sont creuses. Quand on arrive au sommet, on trouve un anneau, dont l'intérieur descend souvent fort au-dessous de la plaine avoisinante. Les cavités lunaires de petites et de moyennes dimensions ont

reçu le nom de *cratères* ou de *volcans*; celles qui affectent des dimensions plus considérables celui de
cirques, et les montagnes isolées qui s'élèvent le plus
souvent à l'intérieur des cirques, celui de *pics* ou
pitons. Les dimensions en diamètre des aspérités
lunaires ne sont pas moins étonnantes que leurs
hauteurs verticales. Citons les immenses cirques de
Ptolémée, de Copernic et de Tycho, dont les diamètres intérieurs mesurent respectivement 180, 96
et 88 kilomètres. Parmi les cratères innombrables
dont les cavités criblent la surface lunaire, les uns
présentent à l'intérieur, une excavation de forme
elliptique, parfaitement évidée, et dont les bords ou
remparts sont intacts. D'autres, au contraire, ont
leurs enceintes ébréchées, et le fond de la cavité est
plat et de niveau avec le sol des vallées environ-
nantes.

Je viens de vous dire qu'un assez grand nombre
de cirques et de cratères lunaires renferment dans
leur intérieur des montagnes isolées en forme de
pics. Il en est même où l'on observe plusieurs sommets de ce genre : ainsi, l'enceinte de Copernic
présente six montagnes centrales. Et, phénomène
étrange, aucune de ces aspérités n'atteint en hauteur les bords de l'enceinte.

Mais si l'on mesure leurs hauteurs à partir du
niveau du sol inférieur, on trouve encore des sommités qui dépassent les plus hautes montagnes de
notre Europe. Le piton du cratère de Tycho a 5,000
mètres.

D'après Maedler et Jules Schmidt, un grand nombre
de montagnes centrales ont une altitude inférieure
de 2,000 mètres au bord moyen du rempart circulaire; la plupart même sont à un niveau inférieur

de 200 mètres à celui de la surface lunaire d'où le cratère est sorti.

En résumé, d'après les nombreuses mesures dues à Beer et Maedler, trente-neuf montagnes lunaires sont supérieures à la cime de notre Mont-Blanc, et six ont plus de 6,000 mètres, rivalisant ainsi avec les plus hautes cimes des Cordillères des Andes, de notre continent américain.

Ainsi la Lune serait fort inhospitalière pour nous. Point d'air, point d'eau ! Le sens de la parole et le sens de l'ouïe ne sauraient y exister. A peine la désagrégation des matières et la rupture d'équilibre des corps pesants, entraînant quelques débris de roches, viennent-elles rompre la monotonie d'une immobilité et d'un silence éternels. Car le son, ne pouvant s'y propager par aucun milieu aérien, se transmet seulement au contact, par les vibrations des molécules solides. Pour Humboldt, la Lune n'était qu'un désert silencieux et muet. Alfred de Musset pensait de même :

> Va, Lune moribonde,
> Le beau corps de Phœbé
> La blonde
> Dans la mer est tombé.

> Tu n'en es que la face,
> Et, déjà tout ridé,
> S'efface
> Ton front dépossédé.

Écoutez encore ce que disait Fontenelle, à propos des changements survenus à la surface de cet astre :

— « Tout est en branle perpétuel, il n'y a pas jusqu'à une certaine demoiselle que l'on a vue dans la Lune avec des lunettes, il y a peut-être quarante ans, qui ne soit considérablement vieillie. Elle avait un assez beau visage ; ses joues se sont enfoncées, son nez s'est allongé, son front et son menton se sont avancés ; de sorte que tous ses agréments se sont évanouis, et que l'on craint même pour ses jours. »

— « Que me contez-vous là ? » interrompt la marquise.

— « Ce n'est point une plaisanterie », reprend l'auteur. « On apercevait dans la Lune une figure particulière qui avait l'air d'une tête de femme qui sortait d'entre les rochers, et il est arrivé des changements dans cet endroit-là. Il est tombé quelques morceaux de montagnes, et ils ont laissé à découvert trois points qui ne peuvent plus servir qu'à composer un front, un nez et en menton de vieille. »

Je ne sais si le visage dont parle Fontenelle a changé, à une certaine époque ; mais ce que je puis affirmer, c'est que des points brillants, jadis aperçus sur le disque, avaient d'abord fait croire qu'il y avait encore sur notre satellite des volcans en ignition. Mais on ne tarda pas à reconnaître qu'il s'agissait là, uniquement, d'un pouvoir réfléchissant très intense. En 1866, M. Julius Schmidt, le directeur de l'observatoire d'Athènes constatait la disparition d'un petit cratère, du nom de Linné, situé dans la mer de la Sérénité ; le cratère aurait été en partie comblé par l'éruption d'une matière blanchâtre qui, se répandant extérieurement, aurait fait disparaître le rempart primitif. Depuis 1866, de nombreux astronomes ont soigneusement observé Linné, mais ils n'ont pu constater des modifications autres que celles produites par les conditions va-

riables de l'illumination. Il paraît donc fort improbable que l'action éruptive continue encore à se
manifester sur notre satellite.

Pour un astronome, la Lune serait un magnifique
observatoire. Pendant le jour, un astronome transporté sous le ciel si favorable aux études uranolo-
giques, pourrait y observer, sans être gêné par
aucun nuage, par aucune lumière étrangère, les
etoiles et les planètes.

Vous avez dû remarquer que la Lune nous présente toujours la même face. « Par rapport aux
opérations de la Lune », dit Corneille Agrippa,
« les anciens faisaient une image en faveur des
voyageurs, comme un remède contre la fatigue du
chemin, et faisaient cette image à l'heure de la
Lune même, lorsqu'elle montait dans son exalta-
tion ; la figure de cette image était un homme courbé
sur un bâton, ayant un oiseau sur sa tête, et devant
lui un arbre chargé de fleurs. Ils faisaient encore
une autre image de la Lune, pour faire multiplier
et croître les choses qui sortaient de terre, et contre
les venins et les infirmitez des enfants, et faisaient
cette image à l'heure de la Lune même, quand elle
était en son ascendant dans la première face du
Cancer ; cette image représentait une femme cornue
montée sur un taureau, ou un dragon à sept têtes,
ou une écrevisse, et il falait qu'elle eût en sa droite
une flèche, et en sa gauche un miroir ; elle était
habillée de blanc ou de verd ; il falait qu'elle eût
aussi sur la tête deux serpents entortillez autour de
ses cornes, et un serpent entortillé autour de chaque
bras, et pareillement un à chaque pied. »

Les phases de la Lune, au contraire, prouvent,
comme nous l'avons vu, qu'elle présente tous les
points de sa sphère au Soleil dans un intervalle de

29 jours 53 centièmes ou de 709 heures environ.
Chacun de ces points reçoit donc la lumière solaire
pendant la moitié de ce temps, c'est-à-dire pendant
354 heures et demie : c'est la durée du jour sur la
Lune. Pendant 354 heures et demie, le même point
en est entièrement privé : c'est la durée de sa
nuit. Sous ce rapport, il y a égalité presque complète entre les deux hémisphères visible et invisible.

Les jours et les nuits forment-ils à la surface de
la Lune des tableaux de nuances aussi variées que
ceux formés par les jours et les nuits terrestres?
Le jour de la Lune décroît-il lentement, insensible-
ment, comme sur notre globe, pour faire place à la
nuit? Non, et la cause de ce phénomène est facile
à concevoir. Ce passage brusque du jour à la nuit
ou de la nuit au jour, cette transition subite sans le
moindre ménagement est le fait de l'absence d'atmosphère lunaire. Cependant, il ne faut pas être
injuste envers cette pauvre Lune que nos aïeux ont
accusée d'être la cause de tous les maux; il faut dire
qu'on y observe une certaine dégradation de lumière qui est due à la lenteur avec laquelle le Soleil
s'élève au-dessus ou s'abaisse au-dessous de l'horizon. Derrière les plans les plus éloignés du paysage,
on voit briller un point lumineux, puis peu à peu
le disque de l'astre radieux se découvre, et ce n'est
qu'après un temps aussi long que la moitié d'un de
nos jours, que l'astre a fait son ascension complète
au-dessus de l'horizon : voilà pour le lever du Soleil. Il en est de même de son coucher.

« Le disque de l'astre lumineux s'y montre,
d'ailleurs », dit M. A. Guillemin, « nettement terminé, et dépourvu de ces rayons qui, sur la Terre,
l'environnent à une grande distance. Mais l'atmo-

8

sphère du Soleil, ses protubérances avec les jeux
variés de lumière qu'elles engendrent sur ses bords,
sont nettement visibles dans le ciel lunaire, qui
partout ailleurs présente une teinte sombre, et reste
en plein jour parsemé d'étoiles. Une fois le Soleil
levé, quelle que soit sa hauteur, il projette avec une
égale force sa lumière vive et crue sur tous les
objets ; n'étaient les reflets des aspérités éclairées,
montagnes et collines, tout objet plongé dans l'ombre serait, même au milieu du jour, dans de com-
plètes ténèbres, que tempérerait seul l'éclat de la
voûte céleste, toute brillante d'étoiles. A la vérité,
l'illumination du sol varierait selon les heures du
jour, parce qu'une surface éclairée l'est avec d'autant plus de force que l'obliquité des rayons lumineux est moins grande. Pendant la nuit, l'obscurité
doit y être si profonde, que nos nuits les plus
noires ne peuvent en donner une idée. Le ciel, sur
la Terre, conserve encore pendant la nuit sa transparence, la teinte foncée des espaces qui séparent
les étoiles est toujours colorée et bleuâtre ; d'ailleurs,
suivant l'heure de la nuit, elle va se dégradant au
levant et au couchant. Rien de semblable dans les
nuits lunaires ; la crudité violente du ton noir que
présente le firmament doit être encore accrue par
la vivacité des lumières stellaires, et la présence
du disque terrestre ne change rien à l'aspect du
ciel. »

Si nous ne voyons jamais qu'un côté de la Lune,
il n'y a jamais qu'un côté de cet astre qui nous voit.
Il en résulte que les habitants de l'hémisphère visible de la Lune, — s'il en existe, — voient constamment la Terre sous la forme d'un disque lumineux : c'est là leur Lune. Les habitants de l'autre
hémisphère de notre satellite sont privés de cette

vue. Or les nuits ne seront jamais tout à fait
obscures sur la face de la Lune toujours tournée
vers nous. La Terre est donc utile aux nuits lunaires. Comme nous devons paraître beaux aux
habitants de la Lune auxquels il est donné de nous
contempler ! Jugez de la lumière que Phœbé reçoit
ainsi du disque lumineux de notre planète, par celle
que nous recevrions, si quatorze pleines lunes
égales à la nôtre éclairaient en même temps nos
nuits. La Terre présente successivement comme la
Lune une série de phases complètement analogues;
tantôt elle n'offre qu'un quartier effilé, plus tard
elle offre un premier quartier, plus tard encore elle
montre un disque plein et remplit son satellite des
flots d'une lumière argentée. Quant aux régions
qui composent les parties de la Lune invisibles
pour la Terre, aussitôt que le Soleil a disparu de
leur horizon, elles se trouvent plongées sans transition dans la plus complète obscurité.

Comme importance planétaire, la Lune ne mesure guère que le quart du diamètre de la Terre :
869 lieues ; sa surface n'est que la treizième partie
de la surface terrestre. La masse de notre satellite
a été trouvée égale à la quatre-vingt et unième partie
de la masse de la Terre. Le poids de la Lune vaut
donc environ 72 000 000 000 000 000 000 de tonnes de
mille kilogrammes.

L'air te manque, Diane au croissant d'argent, et
c'est en vain que tu cherches une goutte d'eau pour
étancher ta soif ; mais si tu manques des éléments
qui nous procurent la vie, ta nature est différente,
et tu n'es pas moins complète dans ta création.
Poursuis ta course, pâle pèlerin du ciel, et reçois
les remerciements du voyageur qui, pendant les
heures de la nuit, cherche sa route à travers les

sentiers de nos campagnes, ou à travers les plaines immenses de l'Océan.

> Liée à nos destins par droit de voisinage,
> La Lune nous échut à titre d'apanage,
> Et l'éternel contrat qui l'enchaîne à nos lois,
> D'un vassal, envers nous, lui prescrit les emplois;
> Par elle nous goûtons les douceurs de l'empire.
> Des traits brûlants du jour quand le monde respire,
> Tributaire fidèle, en reflets amoureux,
> Elle vient du Soleil nous adoucir les feux,
> Tantôt brille en croissant, tantôt luit tout entière,
> Et commerce avec nous d'ombre et de lumière.

CHÊNEDOLLÉ.

CHAPITRE VII.

Les Éclipses.

Éclipses de Soleil.—Éclipses de Lune. — Les anciens et les peuples sauvages regardaient les éclipses comme des objets de superstition ou de terreur. — Comme quoi les éclipses ont été utiles à certains généraux. — Les éclipses chez les Chinois. — Effets produits sur les hommes et sur les animaux par le passage subit du jour à la nuit. — L'éclipse du 6 mai 1883.

Je vous ai montré que, dans la courbe qu'elle décrit, la Lune passe tous les quinze jours entre le Soleil et la Terre (fig. 32), — c'est l'époque de la nouvelle Lune; — et que tous les quinze jours aussi, notre satellite se trouve à l'opposé du Soleil; c'est-à-dire que la Terre se trouve entre le Soleil et la Lune, — c'est l'époque de la pleine Lune. — Dans la plupart des cas, la Lune passe un peu au-dessus ou un peu au-dessous du Soleil; mais il arrive quelquefois qu'elle passe juste devant le Soleil. Quand ce passage arrive, la lumière du Soleil ne nous parvient plus, ou ne nous parvient que faiblement, selon que le disque lunaire nous cache une partie ou une totalité du disque solaire : il y a *éclipse de Soleil*, partielle ou totale.

A l'opposé, quand c'est la Terre même qui se trouve entre le Soleil et la Lune, notre globe remplit pour Diane la fonction d'écran. L'hémisphère lunaire tourné vers nous ne reçoit plus les rayons du Soleil,

et comme il ne brille que par cette lumière, il
perd son éclat. La lumière s'évanouit complètement
pour le disque plein de la Lune, s'il se trouve en-

Fig. 32. — Explication des éclipses de Soleil et de Lune.

tièrement compris dans le cône d'ombre de la Terre ;
il est moitié éclairé si, passant au bord du cône, il

n'y entre que d'une moitié. De là les *éclipses de Lune*, totales ou partielles.

En jetant les yeux sur la figure 32, on voit immédiatement que si le mouvement de la Lune s'opérait justement dans un plan dont le prolongement passât par le Soleil, une éclipse de Soleil aurait toujours lieu au moment de la Lune nouvelle, et qu'une éclipse de Lune ne serait possible, au contraire, que pendant la pleine Lune. Maintenant il ne suit pas de là qu'il y ait éclipse à chaque pleine Lune, à chaque Lune nouvelle : la raison en est facile à comprendre. En effet, l'orbite de la Lune est inclinée sur ce plan, de sorte qu'il arrive le plus souvent, au moment de la nouvelle Lune, que notre satellite projette son cône d'ombre au-dessus ou au-dessous de la Terre. De même, à l'époque de la pleine Lune, notre satellite, par sa situation en dehors du plan de l'écliptique, passe tantôt au-dessus, tantôt au-dessous du cône d'ombre terrestre. Toutes les fois qu'il en est ainsi, il n'y a pas d'éclipse. Les éclipses, comme vous le voyez, sont donc très variables en nombre et en grandeur. Cependant cette variété a ses limites. Il ne peut y avoir moins de deux éclipses par an, ni plus de sept. Lorsqu'il n'y en a que deux, ce sont des éclipses de Lune. Ces phénomènes reviennent à peu près dans le même ordre, au bout d'une période qui dure 6585 jours, ou 18 ans et 10 ou 11 jours : c'est la période de Saros connue des anciens. Dans cet intervalle de temps, on compte 70 éclipses, parmi lesquelles 29 de Lune et 41 de Soleil.

Les anciens et les peuples sauvages regardaient les éclipses comme des objets de superstition ou de terreur. On en a vu qui croyaient autrefois qu'en faisant un grand bruit pendant une éclipse de Lune, on apportait un remède aux souffrances de cette déesse ; ou que ces éclipses étaient produites par des enchantements.

Les poètes imaginèrent, en Grèce, que Diane était devenue amoureuse d'Endymion, et que les éclipses devaient s'attribuer aux visites nocturnes que cette déesse rendait à son amant dans les montagnes de la Carie : mais comme ses amours ne duraient pas toujours, il fallut chercher un autre cause des éclipses.

On prétendit que les sorcières, surtout celles de Thessalie, avaient le pouvoir par leurs enchantements d'attirer la Lune sur la Terre; c'est pourquoi on faisait un grand vacarme avec des chaudrons et autres instruments, pour la faire remonter à sa place. Chez les Romains même, on trouve cet usage; on allumait un grand nombre de torches et de flambeaux, qu'on élevait vers le ciel, pour rappeler la lumière de l'astre éclipsé. Juvénal fait allusion au grand bruit que faisait à ce sujet le peuple de Rome sur des vases d'airain, lorsqu'il dit d'une femme babillarde, qu'elle fait assez de bruit pour secourir la Lune en travail.

Si l'on veut remonter à la source de cette coutume, on trouve qu'elle vient d'Égypte, où Isis, symbole de la Lune, était honorée avec un bruit pareil de vases d'airain, de timbales et de tambours.

L'opinion des autres peuples était que les éclipses annonçaient de grands malheurs, ou menaçaient la tête des rois et des princes.

Les Mexicains effrayés jeûnaient pendant les éclipses. Les femmes, pendant ce temps-là, se maltraitaient elles-mêmes, et les filles se tiraient du sang des bras. Ils s'imaginaient que la Lune avait été blessée par le Soleil, pour quelque querelle qu'ils avaient eue ensemble.

Les Indiens croyaient que la cause des éclipses venait de ce qu'un dragon malfaisant voulait dévorer la Lune ; c'est pourquoi les uns faisaient un grand vacarme pour lui faire lâcher prise, pendant que les autres se mettaient dans l'eau jusqu'au cou, pour supplier le dragon de ne pas dévorer entièrement cette planète.

Les généraux romains se sont servis quelquefois des éclipses pour contenir leurs soldats, ou pour les encourager dans des occasions importantes. Tacite, dans ses *Annales*, parle d'une éclipse dont Drusus se servit pour apaiser une sédition très violente, qui s'était élevée dans son armée. Tite-Live rapporte que Sulpicius Gallus, lieutenant de Paul Émile, dans la guerre contre Persée, prédit aux soldats une éclipse qui arriva le lendemain, et prévint par ce moyen la frayeur qu'elle aurait causée. Plutarque dit que Paul Émile sacrifia à cette occasion onze veaux à la Lune, et le lendemain vingt et un bœufs à Hercule, dont il n'y eut que le dernier qui lui promit la victoire, à condition qu'il n'attaquerait point. Plutarque raconte aussi que Nicias, général athénien, avait résolu de quitter la Sicile avec son armée ; une éclipse de Lune dont il fut frappé, lui fit perdre le moment favorable, et fut cause de la mort du général et de la ruine de son armée. Cette perte fut si funeste aux Athéniens qu'elle fut l'époque de la décadence de leur patrie. Alexandre même, avant la bataille d'Arbelle, fut obligé de rassurer son armée effrayée d'une éclipse de Lune ; il ordonna des sacrifices au Soleil, à la Lune et à la Terre, comme aux divinités qui causaient ces éclipses.

C'est ainsi que l'ignorance de la cause des éclipses

en a fait longtemps un objet de terreur pour la crédulité populaire.

On voit au contraire des généraux à qui leurs connaissances en astronomie ne furent pas inutiles.

Périclès conduisait la flotte des Athéniens; il arriva une éclipse de Soleil qui causa une épouvante générale; le pilote même tremblait : Périclès le rassura par une comparaison familière ; il prend le bout de son manteau, et lui en couvrant les yeux, il lui dit : « Crois-tu que ce que je fais là soit un signe de malheur? » — « Non, sans doute », dit ce pilote. — « Cependant, c'est aussi une éclipse {pour toi, et elle ne diffère de celle que tu as vue, qu'en ce que la Lune étant plus grande que mon manteau, elle cache le Soleil à un plus grand nombre de personnes. » (Plutarque.)

Agathocle, roi de Syracuse, dans une guerre d'Afrique, voit aussi dans un jour décisif, la terreur se répandre dans son armée, à la vue d'une éclipse; il se présente à ses soldats, il leur en explique les causes, et il dissipe leurs craintes. On raconte un trait semblable, à l'occasion de Dion, roi de Sicile.

On lit un fait également honorable à l'astronomie, dans l'épître que Roias adressa à Charles-Quint, en lui dédiant ses commentaires sur le planisphère. Christophe Colomb, en commandant l'armée que Ferdinand, roi d'Espagne, avait envoyée à la Jamaïque, dans les premiers temps de la découverte de cette île, se trouva dans une disette de vivres si générale, qu'il ne lui restait aucune espérance de sauver son armée, et qu'il allait être à la discrétion des sauvages. L'approche d'une éclipse de Lune fournit à cet homme habile un moyen de sortir d'embarras. Il fit dire aux chefs des sauvages, que si dans quelques heures on ne lui envoyait pas toutes les choses qu'il demandait, il allait les livrer aux derniers malheurs, et qu'il commencerait par priver la Lune de sa lumière. Les sauvages méprisèrent d'abord ses menaces ; mais aussitôt que le moment de l'éclipse fut arrivé, ils virent que la Lune commençait en effet à disparaître, ils furent frappés de terreur ; ils apportèrent tout ce qu'ils avaient aux pieds de Christophe Colomb, et vinrent eux-mêmes demander grâce.

Outre les terreurs bien naturelles que ces phénomènes ont généralement inspirées à toutes les nations de l'antiquité, il s'est joint, chez les Chinois, un sentiment de superstition tout particulier, qui les leur rendait particulièrement redoutables.

Les détails suivants sont empruntés aux *Études de l'astronomie indienne et chinoise*, de J.-B. Biot.

L'empereur était considéré comme le fils du Ciel (1) ; et, à ce titre, son gouvernement devait offrir l'image de l'ordre immuable qui régit les mouvements célestes. Quand les deux grands luminaires, le Soleil et la Lune, au lieu de suivre séparément leurs routes propres, venaient à se croiser dans leur cours, la régularité de l'ordre du Ciel semblait dérangée ; et la perturbation qui s'y manifestait devait avoir son image, ainsi que sa cause, dans les désordres du gouvernement de l'empereur (2). Une éclipse de Soleil était donc considérée comme un avertissement donné par le ciel à l'empereur d'examiner ses fautes et de se corriger (3).

Lorsque ce phénomène avait été annoncé d'avance

---

(1) Gaubil, *Histoire de l'astronomie chinoise*, p. 108.
(2) Gaubil, *Recueil de Souciet*, partie II, p. 32 et 33.
(3) Le même, *Histoire de l'astronomie chinoise*, p. 98.

par l'astronome en titre, l'empereur et les grands
de sa cour s'y préparaient par le jeûne, et en revê-
tant des habits de la plus grande simplicité (1). Au
jour marqué, les mandarins se rendaient au palais
avec l'arc et la flèche (2). Quand l'éclipse commençait, l'empereur lui-même battait, *sur le tambour
du tonnerre, le roulement du prodige*, pour donner
l'alarme, et, en même temps, les mandarins déco-
chaient leurs flèches vers le ciel pour secourir
l'*astre éclipsé* (3). Gaubil mentionne ces particularités
d'après les anciens livres des rites, et les principales sont énoncées dans le *Tcheou-li*, aux endroits
cités en notes. D'après cela, on peut se figurer le
mécontentement que devait exciter une éclipse de
Soleil qui ne se réalisait pas après avoir été prédite,
et pareillement une qui apparaissait tout à coup
sans avoir été prévue. Dans le premier cas, tout le
cérémonial se trouvait avoir été inutilement préparé ;
dans le second, le manque de préparatifs, et les efforts désespérés que l'on faisait pour y pourvoir en
hâte, produisaient inévitablement une scène de désordre compromettante pour la majesté impériale. De
telles erreurs, pourtant si faciles à éviter, mettaient
les pauvres astronomes en danger de perdre leur
charge, leurs biens, leur honneur, quelquefois leur
vie (4). Par suite d'une disgrâce pareille, arrivée
en l'an 721 de notre ère, l'empereur Hiouen-tsong
fit venir à sa cour un bonze chinois appelé Y-hang,
renommé par ses connaissances en astronomie (5).
Après s'y être montré effectivement fort habile, il

(1) Gaubil, *Histoire de l'astronomie chinoise*, p. 97 et 98.
(2) *Ibid.*, p. 97.
(3) *Tcheou-li*, liv. XII, fol. 14, et XXXI, fol. 34.
(4) Gaubil, *Recueil de Souciet*, partie II, p. 33.
(5) Gaubil, *Recueil de Souciet*, partie II, p. 73.

eut le malheur d'annoncer d'avance comme certaines deux éclipses de Soleil, qu'on ordonna d'observer dans tout l'empire. Mais on ne vit ces jours-là, nulle part, aucune trace de l'éclipse, quoique le ciel se montrât presque partout serein. Pour se disculper, il publia un écrit dans lequel il prétendit que son calcul était juste, mais que le ciel avait changé la règle de ses mouvements, sans doute en considération des hautes vertus de l'empereur. Grâce à sa réputation, d'ailleurs méritée, peut-être aussi à sa flatterie, on lui pardonna (1).

Les mêmes idées sur l'importance et la signification des éclipses de Lune et de Soleil, qui existaient chez les Chinois il y a plus de 4 000 ans y subsistent encore aujourd'hui, tout aussi fortes; et elles engendrent les mêmes exigences, devenues seulement moins périlleuses pour les astronomes, puisque ces phénomènes sont maintenant prévus plusieurs années d'avance, avec une certitude mathématique, dans les grands éphémérides d'Europe et d'Amérique, qu'ils peuvent aisément se procurer.

Pour savoir précisément où ils en sont à cet égard, j'aurai recours à un livre intitulé : *Khing-ting-li-pou-tse-li*, c'est-à-dire, *Règlements du tribunal des rites*, lequel a été publié par ordre impérial dans la vingt-sixième année du règne de l'empereur T'ao-kouang (1846). C'est dans le livre CCII, qu'on trouve la preuve indubitable que les cérémonies employées pour *délivrer la Lune et le Soleil au moment de leurs éclipses*, se pratiquent encore de nos jours. Voici, d'après M. Stanislas Julien, la traduction littérale de ce passage :

« Lorsque le Soleil et la Lune sont éclipsés d'un

(1) Gaubil, *Recueil de Souciet*, partie II, p. 86.

fen ($\frac{1}{10}$ de pouce) et au-dessus, les règlements veulent qu'on les *délivre* (c'est-à-dire qu'on pratique les cérémonies usitées pour les délivrer).

« Si l'éclipse est de moins d'un *fen*, ou si elle n'est pas visible, on ne doit rien faire pour délivrer l'astre. Lorsqu'il y a lieu d'observer les fen et les divisions de fen de l'éclipse, de noter l'heure ou les minutes, de signaler la place et la position de l'astre, de dire si l'éclipse sera visible, et n'atteindra pas un fen, ou bien si elle sera invisible, tout cela, d'après les règlements, est du devoir de l'astronome impérial, qui, cinq mois avant l'époque de l'éclipse doit en faire un dessin et le présenter avec son rapport à l'empereur. Alors, l'empereur rend un décret où l'on annonce cet événement à tous les bureaux administratifs de la capitale, ensuite dans tout le département de Chun-thien-fou ; enfin, on en donne avis aux Pou-tching-sse (trésoriers de chaque province) des 18 provinces de la Chine, au roi de Corée et au roi d'An-nam qui tous, dans leurs localités respectives, doivent se conformer au décret impérial. »

Le 16 de la 4ᵉ lune de la 24ᵉ année de Taokouang (1844), il y eut une éclipse de Lune. Le tribunal des rites, informé d'avance par le bureau impérial de l'astronomie, en avait fait son rapport à l'empereur, et, par ses soins, cet événement avait été annoncé dans toutes les provinces de l'empire.

Pour compléter les indications contenues dans le texte précédent, il restait à connaître le détail des cérémonies prescrites et pratiquées dans ces occasions. On en trouve la description complète dans le *Recueil des lois de la Chine*, intitulé : Khing-ting-thaï-thsing-hoeï-tien-sse-li, lequel, au

liv. CCCLXXXIX, fol. 1, à la 2ᵉ année de l'empereur Chun-tch'i (1645), s'exprime ainsi :

« Toutes les fois qu'il arrive une éclipse de Soleil,
on attache des pièces de soie à la porte du ministère
des rites, appelée *I-men*; et, dans la grande salle,
on place une table pour brûler des parfums au haut
de la tour appelée *Lou-thaï* (la tour de la rosée). La
garde impériale place 24 tambours des deux côtés,
à l'intérieur de la porte I-men; le *Kiao-fang-sse* place
la musique ou les musiciens au bas de la tour Lou-
thaï. Il place chaque magistrat au haut de la tour
Lou-thaï, à l'endroit où ils doivent s'incliner pour
saluer. Tous sont tournés du côté du Soleil. Quand
le président de l'astronomie a annoncé que le Soleil
commence à être entamé, tous les magistrats, en
habit de cour, se rangent et se tiennent debout. A
un signal donné, ils se mettent à genoux, et alors
la musique commence à se faire entendre.

« Chaque magistrat fait trois prosternations et
neuf révérences, après quoi la musique s'arrête.
Quand les magistrats du tribunal des rites ont fini
d'offrir des parfums, tous les magistrats s'age-
nouillent. Le Kiao-sse-kouan s'avance avec un tambour et la baguette du tambour; ensuite il frappe le
tambour pour *délivrer le Soleil*. Le président du ministère des rites frappe trois coups de tambour, et
alors on frappe tous les tambours ensemble. Quand
le président du bureau de l'astronomie a annoncé
que l'astre a recouvré sa forme arrondie, les tambours s'arrêtent. Chaque magistrat s'agenouille
trois fois, et frappe neuf fois la terre de son front.
La musique recommence; quand ces cérémonies
sont finies, la musique s'arrête. Puis tous les magistrats se retirent chacun de leur côté.

« Quand la Lune est éclipsée, on se réunit dans

le buréau du *Thaï-tch'ang* (président des cérémonies),
et l'on observe les mêmes rites pour délivrer
l'astre. »

Les éclipses sont actuellement des phénomènes
importants pour les astronomes ; mais jusqu'ici, on
ne les avait regardées que comme des phénomènes
curieux, étonnants, capables d'inspirer la terreur ;
les effets que le passage subit du jour à la nuit produit sur les hommes et les animaux sont trop curieux, pour que je n'en donne pas quelques
exemples.

J'emprunterai les détails suivants à François
Arago.

Riccioli rapporte qu'au moment de l'éclipse totale de 1415, on vit en Bohême, des oiseaux tomber
morts de frayeur. La même chose est rapportée de
l'éclipse de 1560, « les oiseaux, chose merveilleuse
(disent des témoins oculaires), saisis d'horreur,
tombaient à terre. »

En 1706, à Montpellier, disent les observateurs,
« les chauves-souris voltigeaient comme à l'entrée
de la nuit, les poules, les pigeons coururent précipitamment se renfermer. Les petits oiseaux qui
chantaient dans les cages se turent et mirent la tête
sous l'aile. Les bêtes qui étaient au labour s'arrêtèrent. »

La frayeur produite chez les bêtes de somme par
le passage subit du jour à la nuit est constatée aussi
dans le Mémoire de Louville relatif à l'éclipse de
1715. « Les chevaux », y est-il dit, « qui labouraient
ou marchaient sur les grandes routes, se couchèrent.
Ils refusèrent d'avancer. »

Fontenelle rapporte qu'en l'année 1654, sur la
simple annonce d'une éclipse totale, une multitude
d'habitants de Paris allèrent se cacher au fond des

caves. Grâce aux progrès des sciences, l'éclipse totale de 1842 a trouvé le public dans des dispositions bien différentes de celles qu'il manifesta pendant l'éclipse de 1654. Une vive et légitime curiosité avait remplacé des craintes puériles.

Les populations des plus pauvres villages des Pyrénées et des Alpes se transportèrent en masse sur les points culminants d'où le phénomène devait être le mieux aperçu; elles ne doutaient pas, sauf quelques rares exceptions, que l'éclipse n'eût été exactement annoncée ; elles la rangeaient parmi les événements naturels, réguliers, calculables, dont le simple bon sens commandait de ne point s'inquiéter.

A Perpignan, les personnes gravement malades étaient seules restées dans leurs chambres. La population couvrait dès le grand matin, les terrasses, les remparts de la ville, tous les monticules extérieurs d'où l'on pouvait espérer de voir le lever du Soleil. A la citadelle, les astronomes du Bureau des longitudes avaient sous les yeux, outre des groupes nombreux de citoyens établis sur les glacis, les soldats qui, dans une vaste cour, allaient être passés en revue.

L'heure du commencement de l'éclipse approchait. Près de vingt mille personnes examinaient, des verres enfumés à la main, le globe radieux se projetant sur un ciel d'azur. A peine, armés de leurs fortes lunettes, les astronomes du Bureau des longitudes commençaient-ils à apercevoir la petite échancrure du bord occidental du Soleil, qu'un cri immense, mélange de vingt mille cris différents, vint les avertir qu'ils avaient devancé seulement de quelques secondes, l'observation faite à l'œil nu par vingt mille astronomes improvisés dont c'était

le coup d'essai. Une vive curiosité, l'émulation, le
désir de ne pas être prévenu, semblaient avoir eu le
privilège de donner à la vue naturelle une pénétration, une puissance inusitées.

Entre ce moment et ceux qui précédèrent de très
peu la disparition totale de l'astre, on ne remarqua
dans la contenance de tant de spectateurs rien qui
mérite d'être rapporté. Mais lorsque le Soleil, réduit
à un étroit filet, commença à ne plus jeter sur notre
horizon qu'une lumière très affaiblie, une sorte
d'inquiétude s'empara de tout le monde; chacun
éprouvait le besoin de communiquer ses impressions
à ceux dont il était entouré. De là, un mugissement
sourd, semblable à celui d'une mer lointaine après
la tempête. La rumeur devenait de plus en plus forte
à mesure que le croissant solaire s'amincissait. Le
croissant disparut, enfin ; les ténèbres succédèrent
subitement à la clarté, et un silence absolu marqua
cette phase de l'éclipse, tout aussi nettement que
l'avait fait le pendule de l'horloge astronomique.
Le phénomène, dans sa magnificence, venait de
triompher de la pétulance de la jeunesse, de la lé-
gèreté que certains hommes prennent pour un signe
de supériorité, de l'indifférence bruyante dont les
soldats font ordinairement profession. Un calme
profond régna aussi dans l'air : les oiseaux avaient
cessé de chanter.

Après une attente solennelle d'environ deux minutes, des transports de joie, des applaudissements
frénétiques, saluèrent avec le même accord, la
même spontanéité, la réapparition des premiers
rayons solaires. Au recueillement mélancolique produit par des sentiments indéfinissables, venait de
succéder une satisfaction vive et franche, dont personne ne songeait à contenir, à modérer les élans.

Pour la majorité du public, le phénomène était arrivé à son terme. Les autres phases de l'éclipse n'eurent guère de spectateurs attentifs, en dehors des personnes vouées à l'étude de l'astronomie.

Ceux-là mêmes qui, au moment de la disparition subite du Soleil, s'étaient montrés le plus vivement émus, s'égayèrent le lendemain au récit des frayeurs que bon nombre de campagnards avaient éprouvées, et dont, au reste, ils ne cherchaient pas à faire mystère. Arago trouvait tout naturel que des hommes illettrés, à qui personne n'avait dit qu'une éclipse devait avoir lieu dans la matinée du 8 juillet, eussent montré une grande inquiétude en voyant les ténèbres succéder si brusquement à la lumière. Qu'on ne s'y trompe point, l'idée d'une convulsion de la nature, l'idée que le moment de la fin du monde venait d'arriver, n'est pas ce qui bouleversa le plus généralement ces hommes incultes et naïfs. Lorsqu'Arago les questionnait sur la cause réelle du désespoir qui s'était emparé d'eux le 8 juillet, ils lui répondaient sur-le-champ : « Le ciel était serein, et, cependant, la clarté du jour diminuait, et les objets s'assombrissaient, et tout à coup nous nous trouvions dans les ténèbres : nous crûmes être devenus aveugles ».

Le *Journal des Basses-Alpes* rapporte, dans le numéro du 9 juillet 1842, une anecdote que voici :

Un pauvre enfant de la commune de Sièyes gardait son troupeau. Ignorant complètement l'événement qui se préparait, il vit avec inquiétude le Soleil s'obscurcir par degré, car aucun nuage, aucune vapeur, ne lui donnait l'explication de ce phénomène. Lorsque la lumière disparut tout à coup, le pauvre enfant, au comble de la frayeur, se prit à pleurer et à appeler *au secours!*..... Ses larmes coulaient encore lorsque le Soleil donna son premier rayon. Rassuré à cet aspect, l'enfant croisa les mains en s'écriant : *o beou souleou!* (ô beau soleil!).

Venons maintenant aux animaux.

Un habitant de Perpignan priva, à dessein, son chien de nourriture, à partir de la soirée du 7 juillet. Le lendemain matin, au moment où l'éclipse totale allait avoir lieu, il jeta un morceau de pain au pauvre animal, qui commençait à le dévorer, lorsque les derniers rayons du Soleil diparurent. Aussitôt le chien laissa tomber le pain; il ne le reprit qu'au bout de deux minutes, après la fin de l'obscurité totale, et le mangea alors avec une grande activité.

Un autre chien se réfugia entre les jambes de son maître, au moment où le Soleil s'éclipsa.

Plusieurs pages ne suffiraient pas pour reproduire ici les faits concernant des chevaux, des bœufs et des ânes qui, attelés à des charrues, à des charrettes, ou portant des fardeaux, s'arrêtèrent tout court quand l'éclipse totale arriva, se couchèrent ou résistèrent obstinément à l'action du fouet ou de l'aiguillon.

Des poules, au moment de l'éclipse totale, abandonnèrent subitement le millet qu'on venait de leur donner et se réfugièrent dans une étable.

Au Mas de l'Asparrou, les poules se trouvant loin de toute habitation, allèrent se grouper sous le ventre d'un cheval.

Une poule entourée de poussins s'empressa de les appeler et de les couvrir de ses ailes.

Des canards qui nageaient dans une mare ne se dirigèrent pas, au moment de la disparition du Soleil, vers la métairie assez éloignée d'où ils étaient sortis deux heures auparavant; ils se massèrent et se blottirent dans un coin.

A la Tour, chef-lieu de canton dans les Pyrénées-Orientales, un habitant avait trois linottes. Le 8 juillet, de grand matin, en suspendant à la fenêtre de son salon la cage qui renfermait les trois petits oiseaux, il remarqua qu'ils paraissaient très bien portants; après l'éclipse, un d'entre eux était mort. Faut-il croire que la linotte se tua en heurtant avec force, dans un moment de frayeur, les barreaux de la cage ? Quelques faits observés ailleurs rendront cette supposition probable.

Les insectes eux-mêmes n'échappèrent pas aux impressions que l'éclipse produisit sur les quadrupèdes et sur les oiseaux. Je transcrirai ici une note qui a été remise à Arago par M. Fraisse aîné, de Perpignan :

« Je m'étais assis devant un petit sentier, tracé par des fourmis que le hasard me fit rencontrer. Elles travaillaient avec leur vivacité accoutumée; toutefois, à mesure que le jour diminuait, leur marche se ralentissait; elles paraissaient éprouver de l'hésitation. A l'instant où le Soleil disparaissait entièrement, je remarquai, malgré la faible lumière qui nous éclairait alors, que les fourmis s'arrêtèrent, mais sans abandonner les fardeaux qu'elles traînaient. Leur immobilité cessa dès que la lumière eut repris une certaine force, et bientôt elles se remirent en route. »

A Montpellier, on vit des chevaux qui marchaient sur l'aire du battage du blé, se coucher; des moutons dispersés sur la prairie, se réunir précipitamment comme dans un danger; des poussins se grouper sous les ailes de la mère; un pigeon, surpris par l'obscurité tandis qu'il volait, aller se heurter contre un mur, tomber tout étourdi et ne se relever qu'à la réapparition du Soleil; des chauves-souris, croyant la nuit venue, quitter leurs retraites; les hirondelles disparaître; des bœufs qui paissaient librement, se ranger en cercle, adossés les uns aux autres, les cornes en avant, comme pour résister à une attaque.

Des observateurs de Crémone assurèrent qu'il tomba à terre une immense quantité d'oiseaux. M. Piola, qui était sous un arbre près de Lodi, remarqua que les oiseaux cessèrent de chanter au moment de l'obscurité; mais aucun ne tomba.

Dans la relation que l'abbé Zandedeschi adressa de Venise à Arago, on lit qu'au moment de l'obscurité totale, « des oiseaux voulant s'enfuir et n'y voyant pas, allaient se heurter contre les cheminées des maisons ou contre les murs, et qu'étourdis du coup, ils tombaient sur les toits, dans les rues ou dans les lagunes. Parmi les oiseaux qui éprouvèrent de ces accidents, on peut citer des hirondelles et un pigeon. Des hirondelles furent prises dans les rues, l'épouvante qui les avait saisies leur ayant à peine laissé la faculté de voleter (*svolazzare*). »

Des abeilles qui avaient quitté leur ruche en grand nombre, au lever du Soleil, y rentrèrent même avant le moment de l'éclipse totale, et elles attendirent, pour en sortir de nouveau, que l'astre éclipsé eût repris tout son éclat.

Le 6 mai de cette année a vu s'accomplir, dans les régions lointaines de l'Océanie, un des plus rares et des plus importants phénomènes astronomiques du siècle.

Il s'agissait d'une éclipse totale de Soleil qui empruntait aux positions respectives, bien rarement réalisées, du Soleil et de la Lune, une durée tout à fait extraordinaire.

Or, dans l'état actuel de la science, où sont

encore pendantes les plus importantes questions sur la constitution du Soleil et celle des espaces inexplorés qui l'avoisinent, sur l'existence de ces planètes hypothétiques que l'analyse de Le Verrier signale en deçà de Mercure, un phénomène qui livrait, pendant de longues minutes, toutes ces régions soustraites à l'éblouissante clarté du Soleil et les rendait accessibles à l'observation, était un phénomène de premier ordre.

Nous allons examiner tout à l'heure les conditions dans lesquelles s'est produite cette rare occultation solaire; voyons d'abord quel est l'état des questions qui ont dû être abordées en cette occasion. Une des plus importantes est celle qui regarde la constitution des espaces avoisinant immédiatement les enveloppes actuellement reconnues du Soleil.

La grande éclipse asiatique de 1868, qui arriva si merveilleusement à propos, et par sa longue durée, et par la maturité des problèmes qu'on allait aborder, permit en quelque sorte de déchirer le voile qui cachait les phénomènes existant au delà de la surface visible du Soleil. C'est alors que l'on découvrit l'énigme tant cherchée de la nature de ces protubérances rosacées qui entourent d'une manière si singulière le limbe du Soleil éclipsé.

L'analyse spectrale apprit que ce sont d'immenses appendices appartenant au Soleil, et formés presque exclusivement de gaz hydrogène incandescent. Presque aussitôt, la méthode suggérée par cette même éclipse, et qui permet d'étudier journellement ces phénomènes, révéla les rapports de ces protubérances avec le globe solaire. On reconnut que ces protubérances ne sont que des jets, des expansions d'une couche de gaz et de vapeurs, de 8" à 12" d'épaisseur, où l'hydrogène domine, et qui

est à très haute température, en raison de son contact avec la surface du Soleil. Cette basse atmosphère est le siège de fréquentes éruptions de vapeurs venant du globe solaire, et parmi lesquelles
on remarque principalement le sodium, le magné-
sium, le calcium. On doit même admettre que dans
les parties les plus bases de cette *chromosphère*,
comme elle a été désignée, la plupart des vapeurs
qui, dans le spectre solaire, donnent naissance aux
raies obscures qu'il nous présente, existent à l'état
de haute incandescence.

L'éclipse de 1869, qui fut visible en Amérique,
permit, en effet, de faire l'importante observation,
toujours confirmée depuis, du renversement du
spectre solaire à l'extrême bord du disque, c'est-à-
dire aux points où la photosphère est immédiatement en contact avec la chromosphère, phénomène
qui ne signifie pas que la photosphère elle-même
ne puisse contenir les mêmes vapeurs et concourir
à la production des raies spectrales solaires.

Ainsi, la découverte d'une nouvelle enveloppe
solaire, la nature reconnue des protubérances et la
connaissance de leur rapport avec le Soleil; enfin
la conquête d'une méthode pour l'étude journalière
de ces phénomènes, tels furent les fruits que donna
l'analyse spectrale appliquée à l'étude de cette
longue éclipse de 1868.

Mais une éclipse totale présente encore d'autres
manifestations complètement inexpliquées jusqu'au
moment dont nous parlons. On voit, au delà des
protubérances et de l'anneau chromosphérique,
une magnifique auréole ou couronne lumineuse,
d'un éclat doux et de teinte argentée, qui peut
s'étendre jusqu'à un rayon entier du limbe obscur
de la Lune.

L'étude de ce beau phénomène, faite par les méthodes qui avaient donné de si magnifiques résultats, fut immédiatement entreprise, et occupa les astronomes pendant les éclipses de 1869, 1870, 1871.

Mais l'auréole ou la couronne, bien que constituant un brillant phénomène, possède en réalité une faible puissance lumineuse. De là la difficulté d'obtenir son spectre avec ses vrais caractères. Aussi les astronomes diffèrent-ils d'abord sur la véritable nature du phénomène. En 1871, et par l'emploi d'un instrument extrêmement lumineux, on parvint à prouver définitivement que le spectre de la couronne contient les raies brillantes de l'hydrogène et la raie verte dite 1474 des cartes de Kirchhoff : observation qui démontre que la couronne est un objet réel constitué par des gaz lumineux formant une troisième enveloppe autour du globe solaire.

Si, en effet, le phénomène de la couronne était un simple phénomène de réflexion ou de diffraction, le spectre coronal ne serait qu'un spectre solaire affaibli. Au contraire, les caractères du spectre solaire sont ici tout à fait subordonnés, et le spectre est celui des gaz protubérantiels et de la matière encore inconnue décelée par la raie 1474.

Les éclipses subséquentes sont venues confirmer ces résultats.

Mais, si la constitution du Soleil se dévoile ainsi rapidement, il reste encore de grands problèmes à résoudre, et sur cette dernière enveloppe solaire, et sur les régions qui l'avoisinent.

Tout d'abord, les immenses appendices que la couronne a présentés pendant quelques éclipses ont-ils une réalité objective, et sont-ils une dépen-

dance de cette immense atmosphère coronale, ou
plutôt ne seraient-ce pas des essaims de météorites
circulant autour du Soleil, ainsi que l'a suggéré un
des membres du Bureau des Longitudes?

N'oublions pas la lumière zodiacale, dont il reste
à déterminer les rapports avec les dépendances du
Soleil.

Mais ces problèmes importants ne sont pas les
seuls qu'on doive actuellement aborder pendant les
occultations du globe solaire. Les régions qui nous
occupent renferment-elles une ou plusieurs planètes que l'illumination de notre atmosphère, si
vive dans le voisinage du Soleil, nous aurait toujours dérobées. Le Verrier a longuement examiné
cette question, et ses travaux analytiques l'avaient
conduit à admettre leur existence.

D'un autre côté, plusieurs observateurs ont annoncé avoir assisté à des passages de corps ronds
et obscurs devant le Soleil; mais ces observations
sont loin d'être certaines. La surface du Soleil est
souvent le siège de petites taches très rondes qui
apparaissent et disparaissent dans un temps souvent assez court pour simuler le passage de corps
ronds devant cet astre.

La question a une importance capitale; aussi
préoccupe-t-elle actuellement, à juste titre, tous les
astronomes.

L'analyse de Le Verrier doit-elle enrichir le
monde solaire vers les régions centrales, comme
elle l'a fait avec un si magnifique succès pour les
limites les plus reculées?

Pour résoudre le problème dont la solution in-
combe encore plus particulièrement à l'astronomie
française, il n'y a que deux moyens : l'étude attentive de la surface solaire, ou l'examen des régions

circumsolaires, quand une éclipse en rend l'exploration possible. Ce dernier moyen semble le plus efficace, mais à la condition que l'occultation sera assez longue pour permettre une exploration minutieuse de toutes les régions où le petit astre peut être rencontré.

Voilà ce qui donnait une importance capitale à l'éclipse du 6 mai de cette année, une des plus longues du siècle (1).

Le lieu d'observation avait été fixé dans l'île Caroline, île située à 152° 20' de longitude ouest et 10° de latitude sud, c'est-à-dire à peu près par le méridien de notre belle île de Tahiti, mais à 200 lieues plus au nord.

A la mission française s'étaient adjoints MM. Tacchini, l'habile directeur de l'observatoire de Rome, et Palisa, de l'observatoire de Vienne, auxquels la science doit tant d'astres nouveaux.

La partie française de l'expédition comprenait, outre son chef, M. Janssen, M. Trouvelot, astronome attaché à l'observatoire de Meudon, M. Pasteur, photographe, et un aide.

Les appareils consistaient, indépendamment des grands instruments de MM. Tacchini et Palisa, et pour la partie française, en équatoriaux de 6 et 8 pouces (0^m16 et 0^m21), destinés à la recherche oculaire des planètes intra-mercurielles, en un grand pied parallactique en acier et fonte, entraînant des appareils photographiques pour les photographies de la couronne et celle des régions circumsolaires, en des télescopes de 0^m50 et 0^m40 d'ouverture; instruments méridiens, tentes, etc., etc. C'était le matériel d'un bon observatoire de second

(1) Rapport fait au Bureau des Longitudes, par M. J. Janssen.

ordre, qu'il s'agissait de transporter à plus de 4 000 lieues.

La mission partit de Saint-Nazaire le 6 mars, sur le paquebot de la Compagnie transatlantique le *Saint-Nazaire*. Le 27, elle abordait à Colon. A Panama, elle trouvait le navire de guerre l'*Eclaireur*, que le ministre de la marine avait bien voulu mettre à sa disposition et qui avait reçu l'ordre de la conduire à Caroline. Le 22 au soir, la mission était en vue de Caroline.

Dès le 25 au matin, les emplacements étaient assignés, les tentes se dressaient et les instruments se tiraient de leurs caisses.

Il est indispensable que nous donnions maintenant une courte description des appareils et du plan des observations.

Pour la recherche des planètes intra-mercurielles, M. Palisa avait une lunette de 6 pouces (0^m16), à court foyer, à grand champ, montée équatorialement et très propre à la recherche en question. Pour le même objet, M. Trouvelot disposait de deux lunettes : l'une de 3 pouces (0^m08) d'ouverture, à grand champ, avec réticule et cercle intérieur de position, et une de 6 pouces donnant un fort grossissement. La lunette de 3 pouces, formant chercheur et ayant un champ d'environ 4°, 5, devait servir à l'exploration des régions circumsolaires ; la croisée de fils permettait de relever une position ; le cercle de position intérieur, dont les larges divisions étaient gravées sur une couronne de verre, était destiné à orienter les détails de la couronne pour le dessin que M. Trouvelot devait en faire. Quant à la lunette de 6 pouces qui était également munie de réticule, elle devait servir à vérifier si un astre soupçonné d'être une planète possédait réellement un diamètre, et le réticule permettait d'en relever la position exacte. Ces lunettes étaient montées sur un pied parallactique, un de ceux qui avaient servi au dernier passage de Vénus.

MM. Palisa et Trouvelot se divisèrent le travail et explorèrent seulement chacun un côté du Soleil.

Telles étaient les dispositions prises pour la recherche des planètes intra-mercurielles par l'observation oculaire, mais on y a ajouté un élément nouveau, la photographie.

Sur les indications de M. Janssen, M. Gautier avait disposé un pied parallactique ayant un axe horaire de 2 mètres de longueur, portant une forte et large plate-forme sur laquelle étaient fixés les appareils photographiques suivants : une grande chambre portant un objectif de 8 pouces (0^m21) de Darlot, embrassant un champ de 20° sur 25° (glace de 0^m40 à 0^m50) et destinée à la photographie de la couronne et des régions circumsolaires au point de vue des astres que ces régions pouvaient présenter.

Une deuxième chambre portant un objectif de 6 pouces (0^m16) de Darlot, destinée au même usage.

Un appareil de Steinheil très parfait pour l'étude de la couronne.

Un second appareil parallactique portait des chambres à objectifs de 4 pouces (0^m10) très lumineux destinés à constater quelles seraient les limites de la couronne avec des plaques très sensibles, un appareil très lumineux et une exposition embrassant toute la durée de la totalité.

Pour l'analyse spectrale, M. Janssen avait emporté deux télescopes.

L'un de 0^m50 d'ouverture, à très court foyer (1^m60), muni d'un spectroscope à vision directe, à 10 prismes,

très lumineux. Tout l'instrument était monté sur
pied parallactique.

La mission avait encore divers autres instruments et une méridienne qui ne lui servit pas,
M. Palisa ayant bien voulu se charger de la détermination du temps.

L'installation fut fortement contrariée par les
orages qui se succédèrent. Les tentes étaient enle-
vées ou déchirées et les instruments inondés. La
mission était obligée de lutter continuellement pour
maintenir son matériel en état de fonctionner. Dans
l'un de ces orages, on mesura une chute d'eau de
0ᵐ17.

Malgré tous ces obstacles, l'installation avançait
rapidement. Le jour de l'éclipse, tous les observateurs étaient prêts.

Mais le temps ne semblait guère les favoriser; car
le matin même du 6, ils éprouvaient un orage, et si
l'éclipse fut observée, elle le fut dans une éclaircie,
éclaircie, il est vrai, qui laissa le ciel très dégagé et
très pur, mais seulement aux environs de la totalité.

D'après les observations de M. Palisa, dans la
région est qu'il avait à explorer, aucun astre supérieur en éclat à la 5ᵉ grandeur, ne s'est montré. Dans
la région ouest, M. Palisa a jeté les yeux aussi; et
il y a vu un astre qu'il a reconnu être une étoile.
Si l'on considère l'extrême habileté de M. Palisa
dans ce genre de recherches, il est impossible de ne
pas attacher la plus haute importance à ses conclusions négatives.

M. Trouvelot est arrivé à un résultat moins net
pour le côté ouest.

M. Holden, chef de la mission américaine, a ex-
ploré toutes les régions circumsolaires, et plus spé-
cialement la région ouest. Ce savant astronome

arrive également à une conclusion négative relativement à l'existence des planètes intra-mercurielles.

Sous ce rapport, on peut considérer que les missions française et américaine ont largement contribué à éclaircir un des problèmes les plus importants de la constitution du système solaire.

Les heures données par M. Trouvelot ont été observées au chronomètre sidéral Leroy n° 3429. Ce chronomètre comparé le matin de l'éclipse, a accusé un retard de 4 h, 21 m. 40 s. 3 et un retard horaire de 0 s. 189 à partir de 18 h. 50 m. à ce chronomètre.

Ces corrections appliquées aux lectures correspondant aux observations de M. Trouvelot, donnent :

Pour le second contact au commencement de la totalité :

23 h. 31 m. 51 s. 8 temps moyen à Caroline ;

Pour la troisième contact ou fin de la totalité ;

23 h. 37 m. 15 s., 8 temps moyen à Caroline.

La différence, soit 5 m. 24 s., 1 donne la durée de la totalité d'après les observations de M. Trouvelot.

D'après M. Tacchini , on trouve 5 m. 23 s. C'est un accord satisfaisant.

M. Tacchini a fait de remarquables observations à Caroline, notamment en ce qui concerne l'analogie de la constitution du spectre de certaines parties de la couronne avec le spectre des comètes.

Le but principal de M. Janssen était de décider un point de la constitution du spectre de la couronne qui lui a toujours paru très important, à savoir si la lumière de la couronne contient une importante proportion de lumière solaire.

Le résultat a dépassé son attente à cet égard. Le spectre fraunhoférien si complet dont il a été témoin à Caroline prouve que, sans nier une certaine part due à la diffraction, il existe dans la couronne, et surtout en certains points de la couronne, une énorme quantité de lumière réfléchie, et comme nous savons d'ailleurs que l'atmosphère coronale est très rare, il faut qu'il se trouve dans ces régions de la matière cosmique à l'état de corpuscules solides, pour expliquer cette abondance de matière solaire réfléchie.

Il m'est impossible de donner le résultat des études photographiques, car celles-ci, accusant plusieurs phénomènes très intéressants, demandent un examen approfondi. Je dirai seulement que ces photographies montrent une couronne plus étendue que ne le donne l'examen dans les lunettes, et que le phénomène a paru limité et fixe pendant la durée de la totalité.

M. Janssen avait préparé une mesure photométrique, par la photographie, de l'intensité lumineuse de la couronne. Cette expérience a montré qu'à Caroline l'illumination donnée par la couronne a été plus grande que celle de la pleine Lune. Il faut remarquer que c'est la première fois qu'on prend une mesure précise de l'intensité lumineuse de ce phénomène.

L'Éclaireur vint reprendre la mission le 13 mai et la conduisit à San-Francisco. Le 15 août, le paquebot le Canada, de la Compagnie transatlantique, partant de New-York, la ramenait en France.

CHAPITRE VIII.

Mars. — Les petites planètes.

Mars vu à l'œil nu; au télescope. — Mouvement de rotation de
Mars. — Ses saisons; ses taches polaires. — Pourquoi Mars est-il
rouge? — Géographie de Mars. — Distance de Mars à la Terre. —
Lunes de Mars. — Mars et les poètes. — Petites planètes.

A l'œil nu, Mars apparaît comme l'étoile la plus
rouge du ciel; c'est pourquoi les Grecs l'avaient
surnommé πυρόεις, *incandescent, couleur de feu*. Vu au
télescope, le point lumineux prend la forme d'un
disque circulaire, tournant sur lui-même en vingt-
quatre heures et demie environ, parsemé de taches
sombres et de taches brillantes dont l'éclat et la
couleur diffèrent sensiblement, roulant obliquement
sur lui-même, enveloppé d'une atmosphère et recouvert à ses pôles de taches neigeuses.

On voit qu'entre Mars et la Terre, la différence
est fort sensible sous le rapport des mouvements de
rotation; il en résulte évidemment que la succes-
sion des jours et des nuits, le lever et le coucher
du Soleil et des étoiles, tous phénomènes qui sont
la conséquence du mouvement de rotation, s'y
montrent à peu près les mêmes.

Les saisons sont à peu près semblables sur Mars
et sur la Terre, au point de vue de leur intensité;
mais il y a une très notable différence entre leur
durée. Sur Mars, elles sont deux fois plus longues,

9

et il y a entre leurs durées relatives des inégalités considérables, double conséquence de la longueur de l'année de Mars qui est de un an, dix mois et vingt et un jours, et de la grande excentricité de son orbite.

Les taches neigeuses des pôles de Mars se distinguent non seulement par leur éclatante blancheur, mais aussi par leur variabilité. En effet, à mesure que la tache blanche de l'un des pôles diminue, l'autre augmente, de sorte que le minimum de chacune correspond toujours à l'été, et son maximum à l'hiver de l'hémisphère où elle est située. Nous assistons donc, de notre globe, à la formation des glaces polaires, à la chute et à la fonte des neiges sur le sol d'une planète ; en un mot, aux changements de température que nous observons ici. S'il tombe de la neige sur Mars, c'est qu'il y a de l'eau vaporisée par la chaleur ; dès lors, une partie de l'eau s'évapore en nuages ; une autre partie se répand à la surface à l'état liquide sous forme de pluie, va grossir les fleuves et descend à la mer. Ainsi donc, Mars offre avec la Terre les analogies les plus curieuses. Mais cette planète est beaucoup plus petite que la Terre. Evaluée en kilomètres, le diamètre de Mars est 6 890 kilomètres ou 1 700 lieues en nombre rond ; il ne faudrait pas moins de 8 300 000 globes égaux à celui de Mars pour former le volume du Soleil.

D'où vient la coloration rougeâtre qui caractérise les parties brillantes du disque ? Selon les uns, cette coloration est due à la nature du sol, composé de terrains ocreux, de grès rouges. Vue de loin, la Terre, en raison de la couleur de son atmosphère, de sa végétation et de ses eaux, doit paraître verte. Lambert a prétendu que la couleur de la végétation au lieu d'être verte comme sur notre Terre, est rouge sur Mars. Cette explication ne me déplaît pas, et je l'adopte volontiers.

Etant reconnu que Mars a des taches permanentes, on a de suite imaginé de limiter les contours de ces taches et d'en bien indiquer la forme, de façon à pouvoir reproduire une carte des océans, des mers, et, par suite, celle des terres et des continents. Plusieurs savants se sont voués à cette étude, et des cartes ont été dressées et des globes construits. Il n'y a pas de grands océans sur Mars, comme ici, mais seulement des mers intérieures analogues à notre Méditerranée, ou encore des sortes de Caspiennes, sans communication avec les océans. M. Proctor, un astronome anglais, a mis en opposition la configuration de ces canaux maritimes avec celle des mers terrestres. Il appelle certaines mers allongées de Mars : « passes longues étroites, mers en goulots de bouteille. »

Les distances de Mars à la Terre sont très variables. On trouve que ces distances varient du simple au septuple. La plus grande distance égale 396 millions de kilomètres ou 99 millions de lieues. Il y a certaines époques où ces deux planètes sont très rapprochées : c'est quand elles sont toutes deux d'un même côté de leur cours relativement au Soleil. La plus petite distance égale 55 millions de kilomètres, 14 millions de lieues. C'est ce qui fait que Mars est, après la Lune, le corps céleste dont nous connaissons le mieux la constitution physique, la géographie, et que Képler a pu écrire ces paroles : « C'est de la connaissance de Mars que nous viendra l'astronomie, et c'est de l'étude de cette planète que sortiront les progrès futurs de notre science. » En effet, c'est en étudiant le mouvement de Mars que Képler a découvert successivement les trois lois qui portent son nom et qui l'ont rendu à jamais célèbre, celles du mouvement elliptique des planètes autour du Soleil : le mouvement de Mars est donc à juste titre célèbre dans les fastes de l'astronomie.

Au mois d'avril 1877, M. Hall, astronome américain, a découvert, auprès de Mars, deux petites lunes, pas plus larges que Paris. Elles tournent rapidement autour de leur planète : la première en 7 heures 39 minutes, la seconde, en 30 heures 18 minutes.

Les malédictions des mortels sont tombées sur Mars ; les détestables vers de Ricard vont vous montrer que cette pauvre planète n'a pas été épargnée :

> Je reconnais ses traits, c'est le farouche Mars !
> Sa pâleur que nuance une rougeur obscure
> Sans peine à tous les yeux distingue sa figure :
> Empreinte sur son front, cette sombre couleur
> Du dieu dont les guerriers admirent la valeur
> Nous peint la cruauté, la fureur homicide,
> Et du sang des humains sa soif toujours avide.
> Rien ne peut adoucir sa barbare fierté.
> Des mortels et des dieux son glaive détesté
> Souille toujours de sang sa funeste victoire.
>
> . . . .
>
> A son cruel aspect, la paix, la douce paix,
> S'éloigne, et des mortels retire ses bienfaits.
> De nos champs ravagés on voit fuir l'abondance...

Au delà de la planète Mars, à 40 millions de lieues environ entre l'orbite de cette planète et celle de Jupiter, on rencontre le groupe de petites planètes dont je vous ai déjà parlé. Tous ces corps sont d'une petitesse extrême. Nous connaissons aujourd'hui 231 petites planètes, et le nombre s'en accroît chaque année. La largeur moyenne de la zone qu'elles occupent est de près de 260 millions de ki-

lomètres, ou 65 millions de lieues. Les durées de
leurs révolutions autour du Soleil sont comprises
entre 1193 et 2868 jours solaires moyens, c'est-à-
dire entre 3 ans et 97 jours, et 7 ans et 31 jours. Les
orbites qu'elles décrivent autour du Soleil sont si
voisines les unes des autres et tellement entrela-
cées, qu'un astronome contemporain, M. d'Arrest,
y trouve la preuve évidente d'une origine commune : « Un fait », dit-il, « semble surtout confirmer l'idée d'une liaison intime qui rattacherait
entre elles toutes les petites planètes ; c'est que, si
l'on se figure leurs orbites sous la forme de cerceaux matériels, ces cerceaux se trouveront tellement enchevêtrés qu'on pourrait, au moyen de l'un
d'entre eux pris au hasard, soulever toutes les
autres. »

CHAPITRE IX.

Jupiter.

Distance de Jupiter à la Terre. — Jupiter vu à l'œil nu. — Année de
Jupiter; sa distance au Soleil; sa vitesse. — Rotation de Jupiter;
durée des jours et des nuits. — Saisons de Jupiter. — Masse,
chaleur de Jupiter. — Bandes, taches de cette planète. — Satellites de Jupiter. — Y a-t-il des habitants sur Jupiter?

Cette planète est la plus volumineuse de toutes
celles de notre système : comparé au volume du
Soleil, celui de Jupiter en est la 1035ᵉ partie environ, et vaut à lui seul quatorze cents Terres. Bien
qu'à l'époque où Jupiter est le plus éloigné de nous,
il roule à une distance de 955 millions de kilomètres; bien que la lumière qu'il reçoit du Soleil
soit plus faible que celle que nous recevons, il apparaît, à l'œil nu, comme une étoile de première
grandeur, dont l'éclat, variable avec la distance à
la Terre, rivalise quelquefois avec celui de Vénus.
Jupiter compte donc parmi les premières beautés
du ciel.

Jupiter accomplit sa révolution autour du Soleil
en un peu moins de 12 années, et sa distance moyenne
de l'astre radieux est de 770 millions de kilomètres.
Son orbite offre un développement de plus de quatre
milliards huit cents millions de kilomètres, et, par
suite, sa vitesse moyenne est de 1 115 000 kilo-

mètres par jour, ou de près de 13 kilomètres par seconde.

Sa rotation a été déduite de l'observation des taches claires ou des taches sombres ; grâce à la grande permanence de ces taches, on a pu assigner au jour de Jupiter une durée de 9 heures 55 minutes; on voit que le jour sidéral de cette planète a une durée qui ne dépasse guère les deux cinquièmes du nôtre.

L'axe autour duquel tourne le globe de Jupiter est presque perpendiculaire au plan de l'orbite. Dans le cours d'une année de la planète, il y a donc peu de différence entre les durées du jour et celles de la nuit aux diverses latitudes. De l'équateur où ces durées sont nécessairement égales et constantes, jusqu'à la latitude, boréale ou australe, elles varient lentement; le plus long jour ou la plus longue nuit de ces deux zones n'excède pas les 9 heures 55 minutes de la rotation. Cependant, à chacun des pôles mêmes, le Soleil reste visible pendant une demi-année de Jupiter, et il est complètement invisible pendant un temps aussi long, c'est-à-dire pendant près de six de nos années.

Vu la faible inclinaison du plan de son orbite sur celui de son équateur, les saisons de Jupiter sont donc très peu variées. Les régions tempérées jouissent d'un printemps perpétuel. Chacune des saisons dure près de trois années terrestres; l'été et le printemps durent ensemble plus de six ans, l'automne et l'hiver un peu plus de cinq ans et demi.

La masse de Jupiter vaut environ 310 fois la masse de notre globe. A la distance où Jupiter se trouve du Soleil, il reçoit vingt-sept fois moins de chaleur et de lumière que la Terre.

Le disque de Jupiter, comme on peut s'en rendre

compte par la figure 33, est généralement sillonné
de bandes grisâtres, plus ou moins sombres, plus ou
moins variables, séparées par des espaces plus lumineux; les bandes principales sont presque toujours parallèles à l'équateur de Jupiter. On voit
aussi, de temps en temps, des taches particulières,
de formes variées, et grâce auxquelles, — j'ai déjà

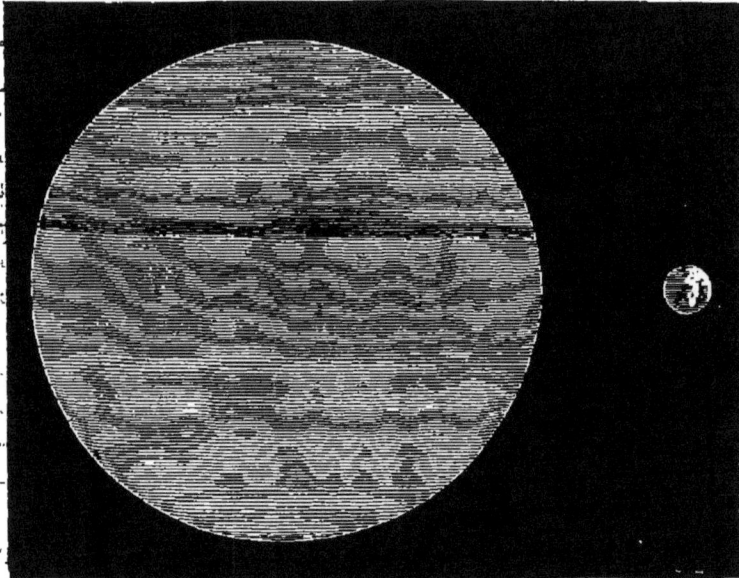

Fig. 33. — Jupiter et la Terre; dimensions comparées.

eu l'occasion de le dire, — on a déterminé la durée
du mouvement de rotation; certaines de ces taches
sont restées visibles pendant des années. L'étude
de ces bandes et de ces taches a permis de conclure
que Jupiter est entouré d'une atmosphère sans doute
très dense, et dans laquelle des masses de vapeur
analogues à nos nuages sont en suspension.
Si, pour examiner le colossal Jupiter, vous vous

servez d'une lunette un peu puissante, le point lumineux que vous aperceviez à l'œil nu se changera
en un disque nettement terminé, accompagné de
quatre petites étoiles qui oscillent en des temps assez
courts autour de la planète centrale : ces quatre
étoiles sont les satellites de Jupiter. Jupiter, avec
ses quatre lunes, que la puissante attraction de sa
masse oblige à circuler autour de lui, vous présente
donc le spectacle d'un petit monde, analogue au
monde solaire dont il fait partie et dont il est une
miniature. « Non seulement de nuit en nuit », dit
Webb, « mais d'heure en heure, on a les yeux char-
més par leurs mouvements incessants ; leurs orbites
se croisent en avant ou en arrière ; et ces planètes
en miniature s'atteignent, se dépassent, se réunissent, se cachent et s'éloignent les unes des autres
en formant le plus curieux et le plus interminable
dédale. »

C'est le 7 janvier 1610 que Galilée découvrit les
satellites de Jupiter. Écoutez ce que dit un écrivain
anglais, James Will, au sujet de la découverte de
Galilée :

« Voyez dans les hauteurs du ciel cette planète
argentée : c'est l'orbe de Jupiter. Mille terres réunies n'égaleraient pas ce vaste monde, qui roule
autour de notre commun Soleil, dans le même système, lié dans le même réseau. Quoique l'espace
qui nous en sépare paraisse immense, quoique ce
globe soit trop éloigné pour que le regard curieux
des mortels puisse en distinguer les forêts ou les
campagnes éclairées, et pour que l'oreille humaine
puisse saisir le bruit de sa vie prodigieuse ; quoiqu'il en soit, dans sa clarté silencieuse, au-dessus
des atteintes de la haine ou de l'amour de notre
monde ; que son astre radieux n'attire pas l'œil d'un

conquérant, et que ses vastes et riches royaumes
soient réduits par la distance à ce point qui brille
sur nos têtes : pourtant la Terre, sa sœur, n'ose pas
dire qu'il est mort.

« Oh! quelle vision transporta le noble Toscan
dans sa tour solitaire, à l'heure où il ouvrait à la
pensée de la Terre une ère plus glorieuse que la fon-
dation du plus puissant empire! lorsque le brillant
mystère révéla à son verre, dans les profondeurs
de la nuit, une lumière surnaturelle, rivage de l'espace, continent du ciel, plus beau que celui qui
s'offrit au navire traversant les ondes dans son
voyage téméraire aux rives de l'Atlantique! Quelle
merveille solennelle fit tressaillir son cœur lorsque
le magnifique système s'éleva devant lui, monde accompli, enveloppé d'orbes de moindre lumière, pour
accompagner son cours et illuminer ses nuits?

« Expliquez pourquoi ces brillants compagnons
attendent l'heure du sommeil où ils garderont leurs
veilles silencieuses, pourquoi cette planète roule
sur son axe tournant, pourquoi elle penche alternativement ses pôles vers le Soleil. Dites dans quel
but cette vaste étendue fut préparée pour la vie,
avec ses saisons qui suivent le cours de l'année, et
la lumière de ses lunes, mesurée pour une nuit plus
spacieuse ou pour la compensation d'un Soleil moins
brillant... A quoi bon ces variétés de nuits et de
jours, si nul regard ne s'éveillait pour saluer le jour
naissant; si les saisons inutilement constantes n'ap-
portaient aucune jouissance, aucun fruit, aucune
chose vivante....

« Le Soleil qui illumine les vallons et les gais
pâturages de notre Terre, verse là sur des champs
plus vastes les mêmes rayons joyeux... Pourrait-il
se faire que tout cela fût stérile et mort, que mille

royaumes enveloppés d'un jour glorieux fussent étendus pour briller de loin dans l'obscurité sur notre nuit et dans notre ciel d'une lumière ineffective ? Monde absorbant sans fruit les rayons solaires, campagne dénudée, arbre triste et stérile qui ne donnerait ni verts pâturages ni souffle vital, vaste et silencieux domaine de la mort ! »

CHAPITRE X.

Saturne.

Saturne vu à l'œil nu ; sa distance à la Terre. — Surface, volume , masse de Saturne. — Mouvement de rotation de Saturne. — Les jours et les nuits ; les saisons. — Un mot en passant sur les anneaux de Saturne. — Les satellites de Saturne. — Retour aux anneaux de Saturne ; Galilée meurt sans savoir si l'anneau existe ; découverte de l'anneau par Huyghens ; Du Séjour et Voltaire ; théorie de Huyghens. — Saturne et les astrologues. — Influence des planètes sur la destinée des hommes.

Si Jupiter est la plus grosse des planètes de notre univers, Saturne est le plus curieux des systèmes secondaires dont cet univers se compose.

Saturne vu à l'œil nu, a l'aspect d'une étoile de première grandeur, mais d'un éclat moins intense que Jupiter.

Sa distance moyenne à la Terre est d'environ 350 millions de lieues. La surface de Saturne vaut 80 fois la surface du globe terrestre ; son volume est près de 700 fois aussi grand que celui de la Terre.

Quand on observe le disque de Saturne avec un télescope d'une grande puissance, on voit qu'il est sillonné de bandes parallèles à son équateur, les unes blanches, les autres plus ou moins sombres. En étudiant quelques irrégularités que présentent ces bandes, et en suivant leurs déplacements sur le disque, on a reconnu que la planète, malgré sa grosseur, était animée d'un mouvement de rotation d'une rapidité surprenante, et on a évalué à 10 heures 29 minutes 27 secondes, la durée de ce mouvement.

A l'équateur se succèdent sans interruption, des jours et des nuits de cinq heures, pendant la longue année de la planète qui ne comprend pas moins de 24 630 jours solaires saturniens et qui est trente fois plus longue que la nôtre. De l'équateur aux cercles polaires, les jours et les nuits sans dépasser cependant 10 heures 1/2 de durée, sont de plus en plus inégaux; mais aux pôles, le Soleil séjourne pendant 14 ans et 8 mois, puis disparait complètement pour une période aussi longue. Chacune de ses longues saisons mesure en moyenne plus de sept de nos années : une diversité sensiblement égale à celle qui distingue les nôtres les varie : un printemps bienfaisant et gai succède à la rigueur des hivers.

Autour de cette planète, au-dessus de son équateur et à 8 000 lieues de distance, un immense anneau plat et relativement mince, l'environne de toutes parts ; cet anneau est suivi d'un second qui l'entoure, et celui-ci d'un troisième ; l'épaisseur de ce système d'anneaux n'a que quelques dizaines de lieues d'épaisseur, sa largeur, au contraire, est de 1 200 lieues. Ils ne sont pas immobiles ; ils sont emportés par un mouvement circulaire d'une rapidité étonnante autour de la planète. Nous reviendrons tout à l'heure sur cet intéressant sujet.

Mais Saturne se distingue de tous les autres mondes secondaires de notre système, non seulement par son triple anneau, témoignage encore subsistant de la formation des planètes, mais aussi par ses huit satellites, dont la circulation incessante autour du globe central, et au delà de l'an-

neau, ajoute à la variété des phénomènes de son
ciel (fig. 34). Le plus rapproché de ces satellites est
séparé de l'anneau extérieur par une distance de
plus de 17 000 lieues; d'autre part, le dernier suit
une orbite éloignée du centre de la planète de
991 000 lieues. La sphère d'attraction du globe central s'étend à près d'un million de lieues, et le
monde de Saturne mesure environ deux millions
de lieues dans son plus grand diamètre.

Fig. 34. — Saturne; ses anneaux et ses satellites.

Voici les noms des huit lunes de Saturne dans
l'ordre de leurs distances à la planète :

I.	Mimas	Herschel	1789
II.	Encelade	Herschel	1789
III.	Téthys	Cassini	1684
IV.	Dioné	Cassini	1685
V.	Rhéa	Cassini	1672
VI.	Titan	Huyghens	1655
VII.	Hypérion	Bond et Lassell	1848
VIII.	Japet	Cassini	1674

Mais retournons à cet anneau gigantesque qui entoure Saturne et qui attire si vivement l'attention.

Pendant l'été de 1610, Galilée ayant tourné vers Saturne la lunette qu'il venait d'inventer vit de de chaque côté de cette planète quelque chose de brillant dont il ne put distinguer la forme; il fut émerveillé d'un semblable aspect. Saturne, comme il le disait dans une lettre au grand-duc de Toscane, lui paraissait *tri-corps*. « Lorsque j'observe Saturne », écrivait-il plus tard à l'ambassadeur de Julien de Médicis, « avec une lunette d'un pouvoir amplificatif de plus de trente fois, l'étoile centrale paraît la plus grande; les deux autres situées l'une à l'orient, l'autre à l'occident, et sur une ligne, qui ne coïncide pas avec la direction du zodiaque, semblent la toucher. Ce sont comme deux serviteurs qui aident le vieux Saturne à faire son chemin et restent toujours à ses côtés. Avec une lunette de moindre grossissement, l'étoile paraît allongée et de la forme d'une olive. »

A l'époque où les anneaux de Saturne se présentent à nous par leur tranche, ils disparaissent à cause de leur minceur. En continuant ses observations, Galilée vit avec étonnement les prétendues étoiles latérales diminuer de grandeur et, vers la fin de novembre 1616, elles avaient totalement disparu l'une et l'autre. L'illustre astronome fut complètement désespéré, et considéra ses précédentes observations comme autant d'illusions d'optique. A partir de cette époque, il ne s'occupa plus de Saturne, et mourut sans savoir que l'anneau existait. Gassendi, comme Galilée, voyait Saturne triple; Hévélius, reliant les deux petites étoiles à la grande, déclarait ne rien comprendre à ces deux bras de Saturne. Ce n'est qu'en 1655 que Huyghens, le véritable auteur de la découverte, parvint à déchiffrer le mot de l'énigme.

Pour les contemporains de Galilée, Saturne était une *boule avec deux anses*, un *chapeau de cardinal*, ou encore, une *savonnette au milieu d'un plat à barbe*. Huyghens, par la publication de son *Systema Saturnum* (1659), mit fin à ces visions et donna l'explication rationnelle de toutes ces apparences. Vers la fin du dix-septième siècle, Du Séjour écrivit son *Essai sur les phénomènes relatifs aux disparitions périodiques de l'anneau de Saturne*; il fit hommage de son ouvrage à Voltaire, avec la gracieuse dédicace suivante :

« Monsieur, recevez, je vous prie, l'histoire d'un vieillard respectable, dont on s'occupera sur la Terre tant que le savoir sera en honneur parmi les hommes; son front est orné d'une couronne immortelle; il nous éclaire et nous offre un des phénomènes les plus singuliers de la nature. Ce vieillard est Saturne, je m'empresse de le nommer de peur qu'on n'en désigne un autre dont votre modestie vous empêcherait de reconnaître le portrait. Puisse cette analogie mériter à mon ouvrage un accueil favorable de votre part! »

Selon les dispositions relatives de Saturne et de la Terre sur leurs orbites, l'anneau nous montre toujours celle de ses faces qui est éclairée par le Soleil, mais sous des inclinaisons variables, qui atteignent deux maxima et deux minima dans le cours de chacune des révolutions de Saturne. C'est un effet de perspective céleste que fait facilement comprendre la figure 35 qui montre l'orbite de Saturne et celle de la Terre vues en perspective sur le même plan, c'est-à-dire abstraction faite de leur faible inclinaison mutuelle. On comprend aisément

que le plan de l'anneau restant parallèle à lui-
même, il en de même de sa trace sur le plan de
l'orbite. Il en résulte que cette trace devra passer

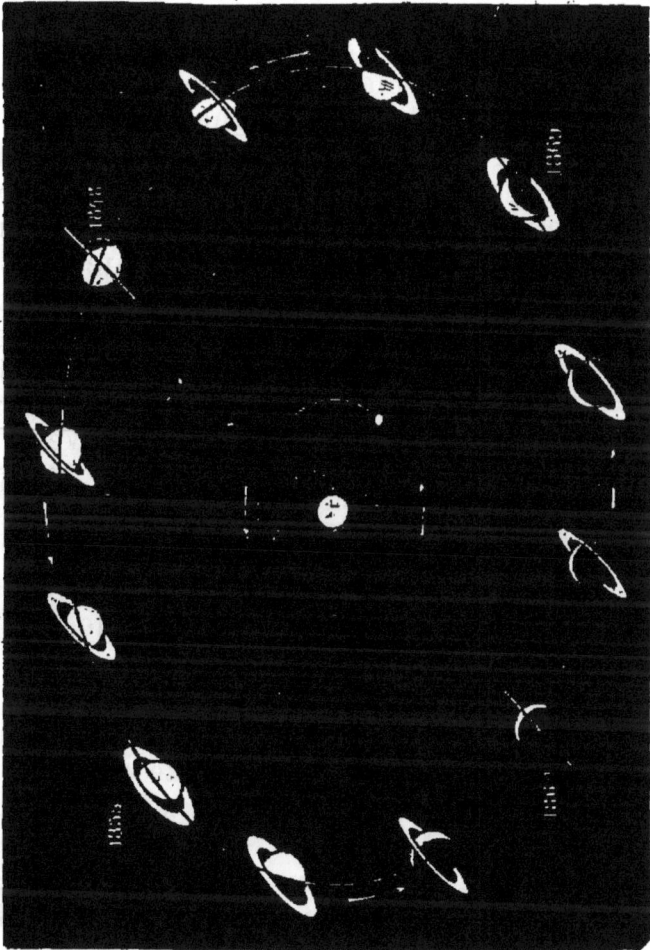

Fig. 35. — Phases des anneaux de Saturne.

justement par le centre du Soleil, en deux positions
opposées de la planète sur son orbite. Dans ces

deux positions, le Soleil n'éclairera que la tranche
de l'anneau qui est relativement mince. Dans l'une
ou dans l'autre de ces positions, un observateur
placé sur notre globe, ne verra donc plus d'anneau, mais un corps rond. Les instruments les plus
puissants montrent alors une légère ligne lumineuse dans le prolongement de l'équateur de Saturne, et sur le disque une ligne obscure. En dehors
de ces deux positions particulières du plan de l'anneau, on peut voir qu'une de ses faces est toujours
éclairée par le Soleil, tandis que l'autre n'en reçoit
aucun rayon de-lumière. Mais l'orbite de Saturne
étant extérieure à l'orbite terrestre, c'est toujours
sa face éclairée que Saturne nous présente; c'est
la face boréale de l'anneau qui se projette sur
l'hémisphère boréal. Enfin, selon la distance de
Saturne aux deux positions où vous avez vu l'anneau disparaître, le système semble tantôt plus,
tantôt moins ouvert; en deux points opposés de
l'orbite, cette ouverture atteint un maximum tel,
que l'anneau déborde le globe de part et d'autre, en
masquant tantôt le pôle nord, tantôt le pôle sud de
Saturne.

Il résulte de ces diverses considérations que tous
les quinze ans, Saturne nous paraît dépourvu de
son anneau; que tous les quinze ans aussi, l'ap-
pendice se montre à nous dans son maximum d'é-
tendue.

Tel est donc le curieux système des anneaux qui
entourent Saturne à distance et qui font de cette
planète autour de laquelle gravitent huit lunes, le
plus curieux échantillon de la distribution de la
matière des cieux dans notre monde solaire.

« Les anciens faisaient, par exemple », dit Corneille Agrippa, « par rapport aux opérations et

effets de Saturne, lorsqu'il était dans son ascendant, l'image d'un homme sur la pierre d'aimant ayant le visage d'un cerf, et les pieds de chameau, assis sur une chaise, ou porté sur un dragon, tenant à la main droite une faux, et à la gauche une flèche : ils croyaient que cette image leur servait pour prolonger la vie. En effet, Albumansar, dans son livre intitulé *Sadar*, prouve que Saturne contribue à la longueur de la vie. Il fait aussi mention dans ce même livre, qu'il y a certaines contrées des Indes situées sous la planète de Saturne, où les hommes sont d'une très longue vie, et qu'ils ne meurent que d'une extrême vieillesse. Ils faisaient aussi la même image de Saturne comme un remède contre la pierre et les maladies des reins, à l'heure de Saturne, en son ascendant avec la troisième face d'Aquarius ; ils faisaient aussi par rapport aux opérations de Saturne une figure qui avait pouvoir, suivant leur opinion, de donner l'accroissement aux choses, quand le même Saturne était en son ascendant dans le Capricorne ; et la forme de cette image était un vieillard appuyé sur un bâton, ayant en sa main une faux courbée, et habillé de noir ; ils faisaient une image d'airain de fonte quand Saturne était en son ascendant au lever du Soleil, c'est au premier degré d'Aries, ou plus véritablement au premier degré du Capricorne, et on assure que cette image avait la voix d'un homme. Ils faisaient encore, conformément aux opérations de Saturne et de Mercure une image de métal de fonte à la ressemblance d'un bel homme, et se proposaient que cette image prédisait les choses futures, et ils la fondaient le jour de Mercure, à la troisième heure qui est l'heure de Saturne ; quand l'étoile des Gémeaux est dans son ascendant, le domicile de Mercure masquant les Prophètes, lorsque Saturne et Mercure sont en conjonction en Aquarius à la neuvième plage du Ciel, laquelle est aussi appellée Dieu. Il faut encore que Saturne regarde en terre, et que la Lune semblablement et le Soleil regardent le lieu de la conjonction, que Mars soit brûlé du Soleil....., et qu'il ne le regarde pas non plus que Saturne et Mercure; car ils disaient que la lumière de ces puissantes étoiles se répandait sur telle image qu'elle parlait avec les hommes, et qu'elle leur faisait sçavoir de bonnes choses pour leur utilité. »

« Saturne », dit La Taille de Bondaroy, dans sa *Géomancie abrégée*, « est au septième ciel. Il est froid et sec, morne, mélancolique et malingre, représenté par un vieillard caduc : tellement pesant et tardif, qu'il n'accomplit son chemin qu'en trente ans, estant bon avec une bonne planette, et au contraire avec une mauvaise. Au reste, il fait les gens rustiques; signifie les paisans, manœuvriers et mercenaires : fait les gens maigres, solitaires et rêveurs, qui en se promenant regardent la Terre; il signifie aussi les vieillards courbez, les juifs et les mendians, les servans, faît-néants, gens mécaniques et de basse condition, et fait la cherté, la glace, le froid et l'épidémie; bref il n'a autre clarté, sinon celle que les autres lui disputent, représentant l'automne, et l'élément de la Terre. Il est ennemi du Soleil (qui toutefois lui donne sa principale lumière et vertu), de Vénus et de tous, si ce n'est de Jupiter. »

Chaque planète influait sur la destinée des hommes.

« Jupiter est doux et benin, chaut et humide, mais quelque peu tardif, comme n'achevant son cours qu'en 12 ans; il fait les gens beaux, riches et honorez, les prélats et gens d'église; aussi les grans terriens pécunieux, ayant bonne volonté, joyeux à tous, gaillards et benings. Il fait aussi le temps clair et serain, abondance de biens, suffisances, joyes et plaisirs, et grande affluence de toutes choses. Il respond quant aux éléments et saisons à l'air et au printemps. Il est amy de tous, excepté de Mars.

« Mars est chauld et sec, ardent et maling, respondant au feu et à l'esté, et parfaisant son cours en deux ans. Ceux qui tiennent de luy sont gens aspres et rudes, invincibles, et qui par nulles raisons ne se peuvent gagner, entiers, noiseux, téméraires, hazardeux, violents et qui ont accoustumé d'estre trompez par rapports, gourmans, digérans aisément beaucoup de viandes, forts, robustes, impérieux avec yeux sanglans, cheveux rouges, heureux et prospères par l'ardeur d'esprit, n'ayant guères bonne affection envers leurs amis, exerçans les arts de feu, et de fer ardent : bref il fait ordinairement les hommes processifs, rioteux, furieux, paillards, joueurs, et qui soudainement se collèrent. Il est ennemy de la Lune, et de tous, fors que de Vénus.

« Vénus est froide et humide, amiable et douce, et faict ceux qui lui sont subjects beaux, gentils, agréables, gaillards, amoureux et impudiques : et toutesfois débonnaires, justes et fidelles amis, dont le corps sera long et blanc et l'œil agréable, avec le poil épais, et mollement frizé. Fait aussi les gens mignons, propres, serviables, désirans les combats amoureux, aimant beaucoup la paix et le repos; toutesfois étant rétrograde elle rend les personnes maigres, pasles de visage, variables, néantmoins enuieuses, glorieuses, colères et malicieuses : elle est amie de Mars, et de tous, fors que de Saturne. »

Nous ne sommes plus au temps où l'on croyait aux présages, où l'astrologie judiciaire rendait des arrêts respectés et où l'on croyait que les astres réglaient par leur influence la vie et la destinée des hommes ; que chaque planète, chaque constellation, dirigeait vers le bien ou le mal l'être créé sous elle.

Cependant, certains contemporains regardent encore Saturne d'un bien mauvais œil ; je vous citerai, par exemple Victor Hugo. Ecoutez ce qu'il dit :

> Saturne ! sphère énorme ! astre aux aspects funèbres !
> Bagne du ciel ! prison dont le soupirail luit !
> Monde en proie à la brume, aux souffles, aux ténèbres !
> Enfer fait d'hiver et de nuit !
>
> Son atmosphère flotte en zones tortueuses.
> Deux anneaux flamboyants, tournant avec fureur,
> Font, dans son ciel d'airain, deux arches monstrueuses
> D'où tombe une éternelle et profonde terreur.
>
> Ainsi qu'une araignée au centre de sa toile,
> Il tient sept lunes d'or qu'il lie à ses essieux ;
> Pour lui, notre Soleil, qui n'est plus qu'une étoile,
> Se perd, sinistre, au fond des cieux !
>
> Les autres univers, l'entrevoyant dans l'ombre,
> Se sont épouvantés de ce globe hideux.
> Tremblants, ils l'ont peuplé de chimères sans nombre
> En le voyant errer formidable autour d'eux !

CHAPITRE XI.

Uranus.

Découverte d'Uranus par William Herschel. — Résistance que rencontra cette découverte. — Baptême d'Uranus. — Uranus vu à l'œil nu; au télescope. — Volume, diamètre, annnée, jour d'Uranus. — Les satellites d'Uranus.

Le 13 mars 1781, entre dix heures et onze heures du soir, un ancien organiste d'Halifax, qui s'était fabriqué le plus puissant télescope qu'il y eût alors au monde, était occupé à explorer la constellation des Gémeaux. Quelle ne fut pas sa surprise d'y découvrir une étoile d'un diamètre considérable. Il continue les jours suivants et remarque que le nouvel astre se déplace, et le prend pour une comète. William Herschel, car c'était lui, la présente le 16 avril à la Société royale de Londres, dans son mémoire intitulé *Account of a comet*. Aussitôt, le monde savant se mit à observer la prétendue comète; Laplace, Méchain, Boscowich, Lexell, cherchèrent à déterminer la courbe le long de laquelle le déplacement s'opérait. Mais, les observations, soumises au calcul, finirent par démontrer qu'il s'agissait là d'un corps dont la grande distance au Soleil et l'orbite presque circulaire ne pouvaient laisser de doute sur sa nature : c'était bien une véritable planète.

« Il était plus difficile qu'on ne pense », dit M. Camille Flammarion, « d'agrandir ainsi sans scrupule la famille du Soleil. Bien des raisons de convenance s'y opposaient. Les idées anciennes sont tyranniques. On était habitué depuis si longtemps à considérer le vieux Saturne comme le gardien des frontières, qu'il fallait un grand effort pour se décider à reculer ces frontières et à les faire garder par un nouveau monde. Il en fut pour cela comme pour la découverte des petites planètes situées entre Mars et Jupiter. Lorsque, deux siècles avant cette découverte, Képler avait imaginé, pour l'harmonie du monde, une grosse planète en cet intervalle, on lui avait opposé les considérations les plus frivoles, les plus dénuées de sens. On avait, par exemple, tenu des raisonnements comme celui-ci : « Il n'y a que sept ouvertures dans la tête, les deux yeux, les deux oreilles, les deux narines, et la bouche ; il n'y a que sept métaux, il n'y a que sept jours dans la semaine : donc il n'y a que sept planètes », etc. Des considérations de ce genre et d'autres non moins imaginaires arrêtèrent souvent les progrès de l'astronomie. »

Il fallut baptiser la nouvelle planète. W. Herschel, animé d'un sentiment de reconnaissance envers son bienfaiteur, Georges III, qui lui faisait une pension annuelle, proposa le nom de *Georgium sidus*, l'astre de Georges ; certains proposèrent le nom de Neptune ; d'autres, celui d'Astrée, considérant que la justice s'était éloignée le plus possible de la Terre ; d'autres encore, celui d'*Uranus*, le plus ancien de tous les dieux. Lalande proposa le nom d'*Herschel*, et ce nom prévalut pendant assez longtemps ; mais l'appellation mythologique finit par triompher.

Uranus a le plus souvent l'éclat d'une étoile de sixième grandeur ; il est donc quelquefois visible à l'œil nu. Cette petitesse relative tient évidemment à l'immense distance qui sépare cette planète du Soleil, et, par suite de la Terre; elle tient aussi à la faible intensité de lumière que lui envoie l'astre radieux. En examinant Uranus avec une lunette d'un fort pouvoir grossissant, on voit apparaître la forme circulaire du disque dont le diamètre apparent devient susceptible de mesure.

La découverte d'Uranus a porté le rayon du système solaire à 742 millions de lieues. Uranus est 74 fois 1/2 aussi volumineux que la Terre, le diamètre de notre globe étant 4 fois et un cinquième moindre que celui d'Uranus. Sa révolution autour du Soleil, c'est-à-dire son année, dure environ 84 ans, et, plus exactement, 30 686 jours $\frac{8}{10}$. D'après les observations faites en 1870, 1871 et 1872, par M. W. Buffham, ce savant serait parvenu à constater l'existence de taches brillantes : du mouvement des taches, cet observateur a cru pouvoir déduire une durée de rotation, c'est-à-dire un jour de 12 heures : ces observations ont besoin d'être confirmées.

Uranus est en outre le centre d'un petit monde, peuplé de quatre lunes ou satellites qui tournent autour de lui. Ce qu'il y a de curieux dans ces lunes, c'est que le sens de leurs mouvements est rétrograde, c'est-à-dire inverse de celui de tous les mouvements connus des satellites et des planètes; elles marchent donc d'orient en occident, et de plus circulent sur une inclinaison assez prononcée.

Voici les noms, les distances au centre d'Uranus et les durées des révolutions de ces quatre corps célestes :

	Distances en kilomètres.		j.	h.	m.
Ariel...............	197.000	....	2	12	28
Umbriel...........	275.000	....	4	3	27
Titania...........	450.000	....	8	16	52
Oberon...........	600.000	....	13	11	6

Le plus fécond et le plus ingénieux observateur des temps modernes, William Herschel, vous avez dit son nom, devait, en découvrant une planète nouvelle, Uranus, doubler le rayon de la shpère qui embrasse les astres soumis à l'attraction du Soleil : il avait bien mérité ce titre de gloire qui l'a rendu à jamais immortel.

CHAPITRE XII.

Neptune.

Distance de Neptune au Soleil et à la Terre. — Existe-t-il d'autres planètes au delà de Neptune ? — Neptune vu à l'œil nu ; au télescope. — Année de Neptune. — Surface, volume de Neptune. — — Comment Le Verrier découvre Neptune sans l'avoir jamais vu ; loi empirique de Bode. — Uranus et Neptune sont-ils habités ?

Le monde qui marque actuellement les frontières du système est situé à une telle distance, que l'intensité de la chaleur et de la lumière reçues par cette planète n'est plus, à cette distance énorme, que la millième partie de la chaleur et de la lumière reçues par la Terre. On voit à quelle faible dimension doit se réduire le diamètre apparent du Soleil, vu de la distance de Neptune ; l'astre radieux ne doit être qu'une étoile plus brillante que les autres.

C'est une distance de 1 milliard 147 millions de lieues qui sépare ce monde du Soleil. Le diamètre de l'orbite de Neptune peut être considéré comme celui d'une sphère embrassant le monde planétaire dans son ensemble ; or, il est égal à 8 milliards 890 millions de kilomètres. Peut-on dire que ce soient là des limites infranchissables, et qu'au delà de Neptune, il n'existe pas d'autres planètes, que leur éloignement et la lenteur de leur mouvement propre ont fait échapper jusqu'à ce jour aux regards des astronomes ? Non, car un jour viendra où, grâce aux progrès de l'optique, nous découvrirons de lointaines et nouvelles planètes, c'est du moins ma conviction la plus profonde.

Neptune est invisible à l'œil nu. Il a, dans les télescopes, l'aspect d'une étoile de huitième grandeur. Son mouvement apparent est d'une lenteur extrême. Il met 60 127 jours, c'est-à-dire à peu près 165 ans, à décrire son orbite autour du Soleil. Cette courbe offre l'immense développement de près de 7 milliards de lieues, de sorte que la vitesse réelle de la planète est de 464 000 kilomètres par jour.

La surface du globe de Neptune est plus de 19 fois celle de la Terre, et son volume 84 fois le volume de celle-ci.

Les astres agissent et réagissent les uns sur les autres, de manière à troubler la régularité de leurs mouvements. Or, au lieu de suivre une éclipse régulière autour du Soleil, Uranus subissait de la part d'une cause inconnue, une perturbation qui rétardait sa marche théorique et enflait en un point son orbite ; on aurait dit qu'une cause attractive faisait dévier la planète de son chemin. Cette cause était cependant depuis quelque temps soupçonnée par Bouvard, l'astronome qui avait calculé les tables d'Uranus. Mais la solution complète fut l'œuvre de deux savants, l'un français, Le Verrier, l'autre anglais, Adams. C'est à eux que revient l'honneur d'avoir déterminé, grâce à des calculs basés sur la théorie de la gravitation universelle, les éléments approximatifs d'une planète jusqu'alors inconnue, à l'action de laquelle il fallait attribuer les anomalies apparentes de la marche d'Uranus. « M. Le Verrier », dit Arago, « a aperçu le nouvel astre sans avoir besoin de jeter un seul regard vers le ciel ; il l'a vu au bout de sa plume ; il a déterminé par la

seule puissance du calcul la place et la grandeur
approximatives d'un corps situé bien au delà des
limites jusqu'alors connues de notre système planétaire, d'un corps dont la distance au Soleil surpasse 1 100 millions de lieues, et qui, dans nos
puissantes lunettes, offre à peine un disque sensible.
Ainsi la découverte de M. Le Verrier est une des
plus brillantes manifestations de l'exactitude des
systèmes astronomiques modernes. Elle encoura-
gera les géomètres d'élite à chercher avec une
nouvelle ardeur les vérités éternelles qui restent
cachées, suivant une expression de Pline, dans la
majesté des théories. »

C'est le 31 août 1846 que Le Verrier annonça le
résultat de cette découverte. Le 23 septembre de la
même année, un astronome allemand, M. Galle, découvrit Neptune à peu de distance de la position
adoptée.

La distance de cette planète avait été théorique-
ment basée sur une loi empirique bien connue,
nommée la *loi de Bode*, mais qui fut émise pour la
première fois, par un astronome du dix-huitième
siècle, Titius. En effet, ce dernier trouva entre les
distances successives des planètes un rapport singulier. Voici en quoi consiste ce rapport.

Si l'on pose la suite des nombres :

0   3   6   12   24   48   96   192   384

et qu'on ajoute à chacun d'eux le même nombre 4,
on aura la nouvelle série :

4   7   10   16   28   52   100   198   388.

Or, les termes de cette suite, à l'exception du
cinquième, 28, représentent à peu près les distances
relatives des planètes :

Mercure, Vénus, la Terre, Mars, ..., Jupiter,
Saturne, Uranus, Neptune.

Cependant, la planète Neptune est loin de satisfaire à cette formule empirique. Sa distance n'est
en réalité que 300; or, c'est à cette irrégularité de
la série, à partir d'Uranus, que l'on doit le désaccord
qui existe entre les éléments de la prédiction théorique de Neptune et ceux donnés par son observation ultérieure.

La faible densité d'Uranus et de Neptune permet
de croire que leurs couches superficielles sont à
l'état fluide; on peut conclure de cette hypothèse
qu'elles ne sont point parvenues encore à acquérir
les conditions nécessaires à l'apparition de la vie à
leur surface. Et si l'on admet que ces planètes sont
habitées, on peut se demander quel est le genre
d'organisation des végétaux et des animaux qui les
peuplent? C'est ce que, dans l'état actuel de la
science, il semble difficile de dire.

CHAPITRE XIII.

Les Comètes.

Les comètes se distinguent-elles des planètes? — Nature des orbites des comètes. — Comètes périodiques. — Comète de Halley; terreurs qu'elle a engendrées. — La comète d'Ambroise Paré. — Comètes les plus remarquables par leurs figures, d'après le P. Souciet. — Hypothèses des anciens sur les comètes. — Réflexions philosophiques de Sénèque sur les comètes. — Les comètes peuvent-elles rencontrer la Terre, et, par ce fait, être la cause d'un nouveau déluge? — Opinion de Laplace, romans de Whiston, de Lemercier; opinion de Maupertuis, d'Herschel. — La comète de 1881 a-t-elle rencontré la Terre? — Les étoiles filantes et les bolides. — Chênedollé et les comètes.

Si l'on s'en rapporte à l'étymologie du mot, *comète* signifie astre *chevelu*. La plupart du temps, en effet, une comète se montre à nos yeux comme une étoile entourée d'une auréole vaporeuse à laquelle les anciens ont donné le nom de *chevelure*. L'astre est en outre souvent accompagné d'une traînée lumineuse qu'on nomme la *queue* de la comète.

Les comètes se distinguent surtout des planètes par la nature et les éléments de leurs orbites, qui sont telles qu'on peut dire avec Laplace que, par leur origine, les comètes sont étrangères au système planétaire. Cependent ces astres se trouvent néanmoins faire partie du système solaire. Ils sont soumis à la domination de l'astre-roi. C'est la loi de la gravitation universelle qui régit leur marche; c'est l'attraction solaire qui les gouverne, aussi bien qu'elle gouverne le mouvement des planètes. Les orbites cométaires sont des ellipses, mais des ellipses très allongées, ayant une excentricité considérable : voilà donc un caractère important, la grande ex-

Fig. 36. — Comète de 1680.

centricité des orbites, qui distingue les comètes des planètes.

Par suite de la nature de ces orbites, la même comète peut s'approcher très près du Soleil et s'en éloigner à d'effrayantes distances. De toutes les comètes connues, la fameuse comète de 1680 (fig. 36),

que les calculs de Newton et les rêveries théologiques
de Whiston ont rendue célèbre, puis la grande comète

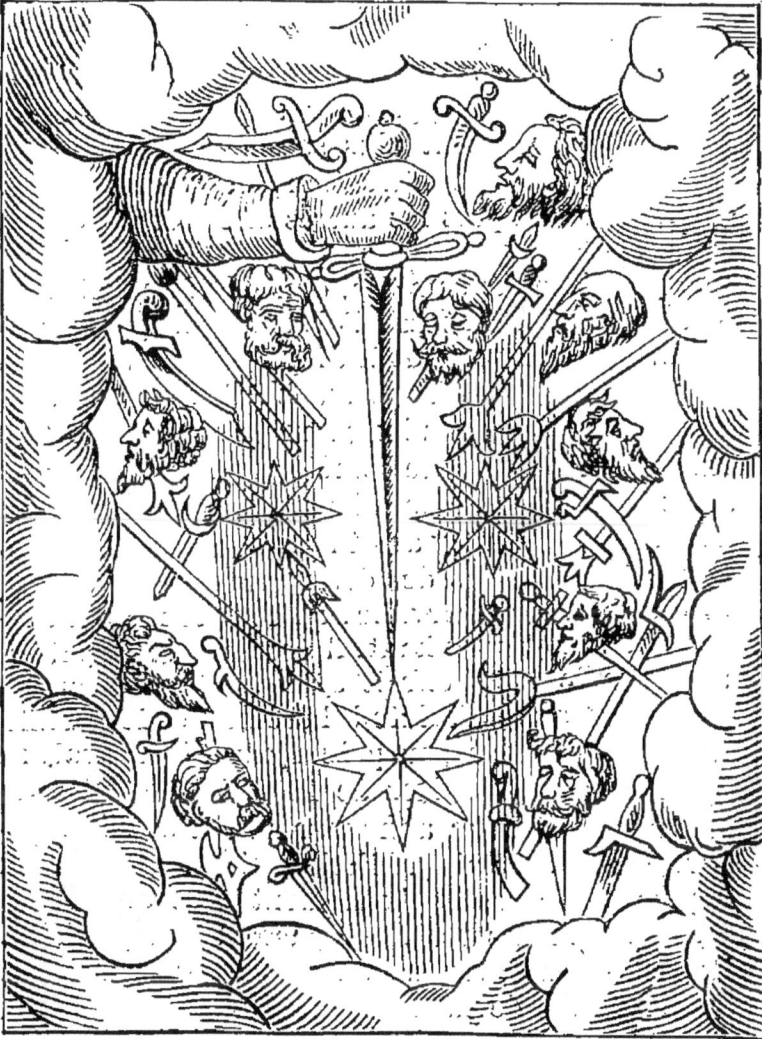

Fig. 37. — Comète de 1528, d'après Ambroise Paré.

de 1843, sont celles qui ont passé le plus près du

10

Soleil; les noyaux des deux astres ont dû passer, l'un à 57 500, l'autre à 31 250 lieues seulement de la surface de la photosphère. La première comète s'éloigne du Soleil à une distance de 32 milliards 500 millions de lieues. Newton pensait que les comètes finiraient par se rapprocher tellement du Soleil, qu'elles ne pourraient plus se soustraire à la prépondérance de son attraction, et qu'elles tomberaient les unes après les autres dans cet astre flamboyant.

La première des comètes, dont la périodicité a été bien constatée, tant par l'observation que par les calculs, porte le nom de Halley, astronome anglais du xviie siècle. C'est à ce savant qu'on doit, en effet, la détermination de la longueur de l'orbite de cette planète. En 1682, cette comète parut dans tout son éclat ; sa queue ne mesurait pas moins de 13 à 14 millions de lieues. Halley avait remarqué l'intensité des éléments des orbites des deux comètes qui avaient paru, à 75 ans d'intervalle, en 1607 et 1682. En remontant 76 ans plus haut, il trouva que l'orbite de la comète de 1531, offrait également beaucoup de ressemblance avec l'orbite de la comète de 1682. Enfin, à des intervalles à peu près égaux, il trouvait les apparitions des comètes de 1305, 1380 et 1456. Cet astronome put donc annoncer qu'elle devait reparaître en 1759. Jamais prédiction scientifique n'excita un plus vif intérêt. L'événement justifia la prédiction, et le 12 mars 1759, elle passa à son périhélie.

Parmi les apparitions anciennes qui paraissent être certaines, de la comète de Halley, antérieures à celles que je vous ai indiquées plus haut, on cite celle de l'an 12 avant Jésus-Christ. C'est surtout par les annales astronomiques de la Chine que l'on a pu la suivre jusqu'au commencement de notre ère. Sa première apparition mémorable dans l'histoire de France est celle de 837. Un chroniqueur anonyme de l'époque, surnommé l'Astronome, a donné de cette apparition les détails suivants, relatifs à l'influence de la comète sur l'imagination impériale : « Au milieu des saints jours de Pâques, un phénomène toujours funeste et d'un triste présage parut au ciel. Dès que l'empereur, très attentif à de tels phénomènes, l'eut aperçu, il ne se donna plus aucun repos qu'il n'eût fait appeler un certain savant et moi-même. Dès que je fus en sa présence, il s'empressa de me demander ce que je pensais d'un tel signe. Et comme je lui demandais du temps pour considérer l'aspect des étoiles, et rechercher par leur moyen la vérité, promettant de la lui faire connaître le lendemain, l'empereur, persuadé que je voulais gagner du temps (ce qui était vrai), pour n'être point forcé à lui annoncer quelque chose de funeste : « Va », me dit-il, « sur la terrasse du palais et reviens aussitôt me dire ce que tu auras remarqué car je n'ai point vu cette étoile hier, et tu ne me l'as point montrée ; mais je sais que ce signe est une comète ; dis-moi ce que tu crois qu'il m'annonce. » Puis, me laissant à peine répondre quelques mots, il reprit : « Il est une chose encore que tu tiens en silence, c'est qu'un changement de règne et la mort d'un prince sont annoncés par ce signe. » Et comme j'attestais le témoignage du prophète qui a dit : « Ne craignez point les signes du ciel comme les nations les craignent », ce prince, avec sa grandeur d'âme et sa sagesse ordinaires, me dit : « Nous ne devons craindre que celui qui a créé nous-mêmes et cet astre ; mais comme ce phénomène peut se rapporter à nous, reconnaissons-le comme un avertissement du ciel. » Louis le Débonnaire se livra, lui et sa cour au jeûne

et à la prière, et bâtit églises et monastères. » Les
jeûnes, les prières inspirées par la crainte de la
comète, ne l'empêchèrent point de mourir trois ans
après, en 840.

Molière a parodié, avec juste raison, ces craintes
causées par l'apparition des comètes. Écoutez, en
effet, ce que dit Trissotin à Philaminte :

> Je viens vous annoncer une grande nouvelle :
> Nous l'avons, en dormant, madame, échappé belle,
> Un monde près de nous a passé tout du long,
> Est chu tout au travers de notre tourbillon ;
> Et s'il eût en chemin rencontré notre terre,
> Elle eût été brisée en morceaux comme verre.

La comète de Halley apparut de nouveau en avril
1066. A cette époque, Guillaume le Conquérant en-
vahissait l'Angleterre. Certains auteurs ont prétendu qu'elle avait décidé le sort de la bataille de
Hastings, qui livra ce pays aux Normands. « Te
voilà donc, te voilà », disait, à la même époque, un
moine de Malmesbury, « source de larmes de plusieurs mères! Il y a longtemps que je ne t'ai vue,
mais je te vois maintenant plus terrible, tu menaces
ma patrie d'une ruine entière! »

Les comètes furent donc, dans les siècles d'ignorance, des sujets de terreur et d'effroi, soit à cause
de la rareté de leur apparition, soit à cause de leur
figure extraordinaire et de leur queue ou chevelure,
qui présente souvent un aspect menaçant.

« Les anciens », dit Ambroise Paré, « nous ont laissé
par escrit que la face du ciel a été tant de fois défi-
gurée de comètes barbues, chevelues, de torches,
flambeaux, colonnes, lances, boucliers, batailles de
nuées, dragons, duplication de lunes et soleils, et
autres choses. Ce que je n'ay voulu obmettre, pour

accomplir ce livre des monstres, et pour ce en premier lieu je produiray cette histoire, figurée aux histoires prodigieuses de Boistuau, lequel dict l'avoir tirée de Lycosthène. L'antiquité, dict-il, n'a rien expérimenté de plus prodigieux en l'air, que la comette horrible de couleur de sang qui apparût en Vuestrie le neuviesme jour d'octobre mil cinq cens vingt huit. Cette comette estait si horrible et espouvantable, qu'elle engendrait si grande terreur au vulgaire qu'il en mourut aucuns de peur : les autres tombèrent malades. Cette étrange comette dura une heure et un quart, et commença à se produire du côté du soleil levant, puis tira vers le midy ; elle apparaissait estre de longueur excessive, et si estait de couleur de sang : à la sommité d'icelle on voyait la figure d'un bras courbé, tenant une grande espée en la main, comme s'il eust voulu frapper. Au bout de la pointe il y avait trois estoiles : mais celle qui estait droitement sur la pointe, estait plus claire et luisante que les autres. Aux deux costez des rayons de cette comette, il se voyait grand nombre de haches, couteaux, espées coulourées de sang, parmi lesquelles il y avait grand nombre de faces humaines hideuses, avec les barbes et cheveux hérissez, comme la voyez par cette figure. » (Fig. 37.)

Le P. Souciet, dans son poème latin sur les comètes, passe en revue les plus remarquables d'entre ces dernières : « La plupart », dit-il, « brillent de feux entrelacés comme une épaisse *chevelure*, et c'est de là qu'elles ont pris le nom de comètes. L'une traîne après soi les replis tortueux d'une longue queue ; l'autre paraît avoir une barbe blanche et touffue ; celle-ci jette une lueur semblable à celle d'une lampe qui brûle pendant la nuit ; celle-là, ô Titan ! représente ton visage resplendissant ; et cette

autre, ô Phœbé! la forme de tes cornes naissantes.
Il en est qui sont hérissées de serpents entortillés.
Parlerai-je de ces armées qui ont quelquefois paru
dans les airs, de ces nuages qui traçaient un long
cercle ou qui ressemblaient à des têtes de Méduse?
N'y a-t-on pas vu maintes fois des figures d'hommes
ou d'animaux sauvages? Souvent, dans les ténèbres
de la nuit éclairée par ces tristes feux, on entendit
le son terrible des armes, le cliquetis des épées qui
se choquaient dans les nues, l'éther en fureur re-
tentir de mugissements extraordinaires qui abat-
taient les peuples sous le poids de la terreur. Toutes
les comètes ont une lumière triste, mais elles n'ont
pas toutes la même couleur. Les unes ont la couleur du plomb; les autres, celle de la flamme ou de
l'airain. Il y en a dont les feux ont la rougeur du
sang; d'autres imitent l'éclat de l'argent; celles-ci
ressemblent à l'azur; celles-là ont la couleur sombre
et pâle du fer. Cette différence vient de la diversité
des vapeurs qui les environnent ou de la différente
manière dont elles reçoivent les rayons du Soleil.
Ne voyez-vous pas comme dans nos foyers les diverses
espèces de bois donnent des couleurs différentes?
Les sapins rendent une flamme mêlée d'une fumée
épaisse. Celle qui sort du soufre et de l'épais bitume
est azurée. La paille enflammée donne des étincelles
d'une couleur rougeâtre; l'olivier, le laurier, et tous
les arbres qui conservent toujours leur sève, jettent
une lumière blanchâtre assez semblable à celle d'une
lampe. Ainsi, les comètes dont les feux sont formés
de matières différentes, prennent et conservent
chacune une couleur qui leur est propre. »

Nous ne sommes plus au temps où l'on regardait
les comètes comme des messagers de mauvaises
nouvelles. L'humanité s'est dégagée peu à peu des

antiques superstitions et de sa croyance naïve à l'action des astres sur sa propre destinée.

Maupertuis disait, il y a plus d'un siècle, que les comètes après avoir été si longtemps la terreur du monde, étaient tombées tout à coup dans un tel discrédit, qu'on ne les croyait plus capables de causer que des rhumes. « On n'est pas d'humeur à croire », dit-il, « que des corps aussi éloignés que les comètes, puissent avoir des influences sur les choses d'ici-bas, ni qu'ils soient des signes de ce qui doit arriver. »

Les Chaldéens, les plus anciens astronomes dont les observations nous soient parvenues, regardèrent les comètes comme de véritables planètes ; il y a même des auteurs qui ont écrit qu'ils en connaissaient les retours (1) ; ce fait me semble douteux. Cependant, il est certain que beaucoup d'anciens philosophes ont considéré les comètes comme des astres et des planètes perpétuelles et périodiques. Aussi, je ne dirai qu'un mot des systèmes de ceux qui prirent les comètes pour des illusions, pour des météores, ou pour des corps d'une existence passagère. On peut voir à ce sujet Riccioli, *Almag.*, II, 35, et beaucoup d'autres auteurs qui ont expliqué les rêves des anciens philosophes.

Panétius crut qu'elles étaient de pures apparences de lumière, semblables aux iris, aux halo et aux parhélies. Héraclide de Pont les regarda comme des nuées très-légères et très élevées (2). Aristote les regarda comme un météore igné, formé au haut de l'atmosphère par les exhalaisons de la terre et de la mer (3). Tous les péripatéticiens et plusieurs autres

(1) Sénèque, *Quæst. nat.*, l. 7.
(2) Plut., *De plac. phil.*, 3, 2.
(3) *Meteor.*, lib. 1, cap. VII.

philosophes en eurent à peu près la même idée. Les stoïciens ou les philosophes latins du temps de Sénèque, étaient à peu près d'un avis semblable, et supposaient que les comètes étaient formées par un air condensé (1).

Il paraît que Ptolémée crut que le cours des planètes ou de leurs tourbillons était la cause de la formation des comètes (2). Ce fut le sentiment d'Hévélius.

Galilée même crut que les comètes étaient formées par des exhalaisons assez légères pour s'élever au-dessus de la Lune (3).

Tycho et Longomontanus crurent que les comètes étaient véritablement des corps célestes formés de la substance de la voie lactée, mais sujets à se décomposer, et d'une existence passagère.

Képler même laissa les comètes au nombre des phénomènes momentanés, et Hévélius n'en jugea pas mieux, quoiqu'il ait eu, le premier, sur les comètes, une très belle idée.

Enfin le P. Riccioli (4), après avoir examiné fort au long si les comètes sont perpétuelles et reviennent après de longues périodes, finit par dire que cela n'est guère probable, et qu'il lui paraît qu'elles se forment de nouveau (5). Après avoir raconté différentes opinions sur la cause physique de leur formation, et n'étant pas satisfait de ces différents systèmes, il propose son avis, qui était de recourir à des actes particuliers et volontaires de la toute-puissance divine.

(1) Seneq ; *Quæst. nat.*
(2) *De astrorum jud.*
(3) *De syst. mundi.* Trutinator.
(4) *Alm.,* 2, 43.
(5) *Alm.,* 2, 58.

On voit avec peine, François Bacon, au nombre de ceux qui ont regardé les comètes comme des météores ; il parle, il est vrai, des prédictions qu'on peut faire : « Prædictiones fieri possunt de cometis, » qui ut nostra fert conjectura prænonciari pos- » sunt(1). » Mais il met cette prédiction dans le catalogue de mille prédictions astrologiques, dont on était encore persuadé de son temps.

Mais si l'on voit quelques philosophes avoir eu des idées si fausses, et si absurdes sur les comètes, on en trouve un grand nombre d'autres, même parmi les plus célèbres de l'antiquité, qui ont eu des notions plus justes sur cette matière.

Suivant Aristote même (2), quelques philosophes d'Italie, appelés pythagoriciens, soutinrent que les comètes étaient des astres errants qui ne paraissaient qu'après un long espace de temps, de même que Mercure se voyait rarement et pendant peu de temps sur l'horizon ; il ajoute qu'Hippocrate de Chio était du même avis, et surtout Eschyle.

Plutarque dit aussi que quelques pythagoriciens avaient regardé les comètes comme de véritables astres qui ne paraissaient pas continuellement, mais qui, après avoir achevé leur tour, revenaient dans des temps réglés ; il ajoute que Diogène pensait ainsi (3). Quelques pythagoriciens croyaient que les comètes partaient du Soleil, et y retournaient ensuite, parce qu'on avait vu souvent autrefois les comètes disparaître dans les rayons du Soleil. Aristote, réfute à cet égard les pythagoriciens ; mais Pline a mal entendu le passage d'Aristote, quand il

(1) De augmentis scient.. lib. 3, cap. IV, p. 103 ; editio, 1741.
(2) Meteor., lib. 1, c. VI.
(3) De plac. phil.. lib. 3, c. II.

lui fait dire que les comètes ne sont jamais dans la partie occidentale du ciel (1).

Démocrite, qui, au jugement de Cicéron et de Sénèque, fut le plus subtil de tous les anciens philosophes, avait étudié chez les Chaldéens. Il soupçonna, dit Sénèque (2), qu'il y avait beaucoup de planètes dont chacune avait son mouvement; mais il n'entreprit pas de les nommer et d'en assigner le nombre.

Sénèque nous apprend qu'Apollonius le Myndien pensait qu'il y avait beaucoup de comètes, et que c'étaient autant d'astres particuliers, comme le Soleil et la Lune; mais que leur route s'étendait dans le plus haut du ciel, et ne nous permettait de les voir que dans la partie inférieure de leurs cours. Sénèque parle dans le premier livre des *Questions naturelles*, de ces météores, que Pline met au rang des comètes, *pogoniœ, lampades, cyparissiœ*; mais il ne dit qu'un mot à l'occasion de ceux qui regardaient les comètes comme des météores : c'est dans son septième livre qu'il traite de la nature des comètes et de leur mouvement. On lui doit ce témoignage, qu'aucun auteur ancien n'en a parlé d'une manière aussi sublime que lui. On y voit briller la pénétration d'un homme de génie, et les grandes idées d'un esprit véritablement philosophique; il réfute les systèmes et les opinions absurdes de son temps, et il annonce à la postérité une connaissance exacte de ce qui lui était alors inconnu.

« On a cru », dit-il, « que les comètes n'étaient point des astres, parce qu'elles n'ont pas la figure ronde des autres corps célestes. Mais ce n'est que la lumière qu'elles répandent qui est allongée; le corps

(1) Képler; *De cometis*, p. 96.
(2) *Quæst. nat.*

d'une comète est arrondi : son éclat ou sa lumière la fait paraître allongée ; et quoiqu'elle ait une autre figure, il ne s'ensuit pas qu'elle soit d'une espèce différente. La nature n'a pas tout fait sur un modèle unique, et c'est ignorer son étendue et sa puissance que de vouloir rapporter tout à la forme ordinaire : la diversité de ses ouvrages annonce sa grandeur... On ne peut point encore connaître le cours des comètes, et savoir si elles ont des retours réglés, parce que leurs apparitions sont trop rares ; mais leur marche, non plus que celle des planètes, n'est pas vague et désordonnée comme celle des météores, qui seraient agités par le vent. On observe des comètes de formes très différentes ; mais leur nature est semblable et ce sont en général des astres qu'on n'a pas coutume de voir, et qui sont accompagnés d'une lumière inégale ; elles paraissent en tout temps et dans toutes les parties du ciel, mais surtout vers le nord ; elles sont comme tous les corps célestes, des ouvrages éternels de la nature : la foudre et les étoiles filantes, et tous les feux de l'atmosphère, sont passagers, et ne paraissent que dans leur chute ; les comètes ont leurs routes qu'elles parcourent ; elles s'éloignent, mais ne cessent point d'exister. Vous prétendez que si c'étaient des planètes, elles se trouveraient dans le zodiaque ; et qui donc a fixé dans le zodiaque les limites des corps célestes? Qui peut assigner des bornes aux ouvrages divins? Le ciel n'est-il pas libre de tous côtés? N'est-il pas plus convenable à la grandeur de l'univers d'admettre plusieurs routes différentes, que de réduire tout à une seul région du ciel? Dans cet ouvrage magnifique de la nature, nous voyons briller une multitude d'étoiles qui embellissent la nuit ; elles nous apprennent que le ciel, de toutes parts, est rempli de corps célestes. Pourquoi faut-il qu'il n'y en ait que cinq avec des mouvements qui soient réguliers? Pourquoi tous les astres doivent-ils être immobiles? On me demandera peut-être pourquoi il n'y en a que cinq dont on ait observé le cours. Je répondrai qu'il y a beaucoup de choses que nous savons être, sans savoir de quelle manière elles sont. Nous avons un esprit qui agit et nous dirige : nous ne savons ni ce que c'est, ni comment il agit. Ne nous étonnons pas que l'on ignore encore la loi du mouvement des comètes dont le spectacle est si rare, qu'on ne connaît ni le commencement ni la fin de ces astres qui reviennent d'une distance énorme. Il n'y a pas encore quinze cents ans que la Grèce a compté les étoiles, et leur a donné des noms. Il y a encore bien des nations qui n'ont que la simple vue du ciel, qui ne connaissent pas même la cause des éclipses de Lune ; il n'y a pas bien longtemps que cette cause nous est connue ; il viendra un temps où, par l'étude de plusieurs siècles, les choses qui sont cachées actuellement paraîtront au grand jour. Un siècle ne suffit pas pour découvrir tant de choses, quand même on y donnerait tout son temps... Un jour viendra où l'on démontrera dans quelles régions vont errer les comètes, pourquoi elles s'éloignent tant des autres astres, quel est leur nombre et leur grandeur. »

Tel est le résumé des réflexions philosophiques de Sénèque, réflexions qui montrent tout le génie des anciens philosophes, même dans cette partie où l'observation ne leur avait rien appris.

Descartes eut des comètes une idée plus juste que les astronomes même les plus célèbres et les plus occupés de l'étude des astres, quoiqu'il ne les eût étudiées lui-même que comme une branche de l'uni-

versité de la nature, dont sa philosophie embrassai
la vaste étendue.

Descartes suppose qu'un astre placé d'abord dans
un tourbillon quelconque, soit plus solide que les
parties du second élément qui forment ce tourbillon : cet astre s'éloigne alors du centre, et passe
dans les limites d'un autre tourbillon ; il acquiert
assez d'agitation pour passer au delà, et entrer dans

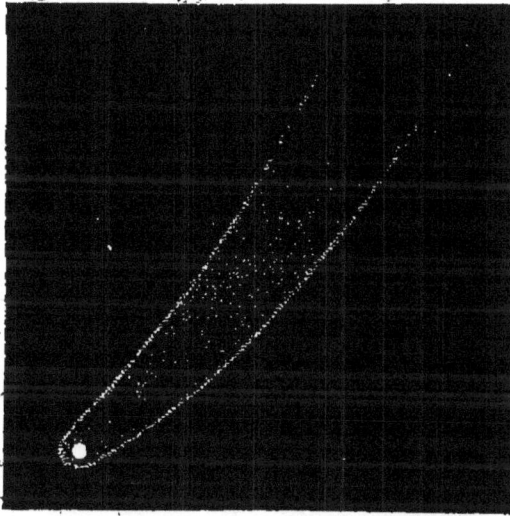

Fig. 38. — Grande comète de 1811.

un troisième tourbillon, et continuer ainsi de l'un à
l'autre.

Par les travaux théoriques de Newton et par les
calculs de Halley, la prédiction de Sénèque était
accomplie : les comètes, ou du moins quelques-unes
d'entre elles, suivant des orbites régulières, leur
retour pouvait être prévu ; elles cessaient d'être des
existences accidentelles : c'étaient de vrais corps
célestes à marche réglée. Le merveilleux disparais-

sait ou du moins il passait au génie qui avait résolu
le problème.

C'est ici le lieu de chercher scientifiquement
quelle peut être l'influence hostile ou bienfaisante
des comètes sur notre monde solaire. Les détails
qui vont suivre seront empruntés à un article paru
dans la *Revue des Deux-Mondes*, sous la signature de
M. J. Jannin.

Les comètes peuvent-elles rencontrer la Terre?
Évidemment oui, puisqu'elles arrivent de tous les
points du ciel, qu'elles se meuvent dans tous les
plans et passent à toute distance du Soleil et de
nous, et comme elles sont, au dire de Képler, aussi
nombreuses que les poissons dans la mer, *ut pisces
in oceano*, il semblerait que notre système est pré-
caire, qu'un choc est toujours imminent. On peut
donc se rassurer. Sans doute une rencontre est possible ; on va voir combien elle est peu probable.

Les cométographes ont évalué le nombre des comètes qui, depuis vingt siècles, ont traversé le
système solaire. En partant de celles qu'on a vues
dans le dernier siècle, en admettant qu'elles ont été
dans tous les temps également nombreuses et réparties également à toutes les distances du Soleil,
—Arago arrive au chiffre de 20 millions de comètes
depuis vingt siècles entre le Soleil et Neptune. Ce
chiffre est énorme, mais il faut considérer que toutes
ne nous ont point menacés; la Terre n'a pu être
frappée que par les comètes qui s'approchent du
Soleil autant qu'elle-même; or il n'y en a eu que
578 en vingt siècles; il n'y a donc eu dans un si
grand intervalle de temps que 578 *possibilités* de
rencontre, ou 29 par siècle, ce qui est déjà rassu-
rant.

Mais pour que l'une de ces rencontres possibles

se produise, il faut deux conditions aussi difficiles à réaliser l'une que l'autre : premièrement, il faut que le chemin suivi par la comète croise dans l'espace la route de la Terre ; cette route est un cercle tracé à 40 millions de lieues du Soleil, et sa largeur n'est que de 3,000 lieues ; les comètes ont donc une large place pour circuler à côté sans la rencontrer. Celles de 1680 et de 1684 en ont approché, mais aucune comète connue ne l'a jamais exactement coupée : la Terre n'a donc jamais été menacée.

En supposant que le chemin de la comète coupât celui de la Terre en un point et que la rencontre fût possible, il faudrait encore, pour qu'elle eût lieu, que les deux astres vinssent juste au même moment à ce point unique, et ce moment n'a que la durée d'un éclair, puisque la Terre fait presque 7 lieues à la seconde et la comète davantage. Les chances d'une collision sont, comme on le voit, bien tranquillisantes ; Arago calcule qu'elles sont les mêmes que celles de tirer une boule noire d'un sac qui contiendrait 371 millions de boules blanches.

Ce serait donc un bien grand hasard qu'un pareil accident nous atteignît ; mais enfin mettons les choses au pis, admettons que cet événement arrive, tout improbable qu'il soit : qu'en résultera-t-il ? Un choc effroyable, dit-on ; car si deux locomotives, avec leur petite masse de 30 ou 40 tonnes et leur modeste vitesse de 20 mètres par seconde, se pénètrent et s'écrasent, on ne peut envisager sans effroi la perspective d'un arrêt instantané de la Terre, qui va 1500 fois plus vite et pèse 20 millions de milliards de tonnes. On a fait à ce sujet bien des romans, on a tracé des tableaux bien lugubres ; celui de Laplace est remarquable : « L'axe et le mouvement de rotation changés, les mers abandonnant leur ancienne position pour se précipiter vers le nouvel équateur, une grande partie des hommes et des animaux noyés dans ce déluge universel ou détruits par la violente secousse imprimée au globe, des espèces entières anéanties, tous les monuments de l'industrie renversés ; » et après la catastrophe, « l'espèce humaine, réduite à un petit nombre d'individus et à l'état le plus déplorable, uniquement occupée pendant très longtemps du soin de se conserver, a dû perdre entièrement le souvenir des sciences et des arts, et quand les progrès de la civilisation en ont fait sentir de nouveau les besoins, il a fallu tout recommencer, comme si les hommes eussent été placés nouvellement sur la Terre. »

Un théologien anglais, Whiston, animé de la louable intention d'expliquer le déluge universel par l'action d'une comète, choisit celle de 1680, à laquelle Halley avait attribué une révolution de cinq cent soixante-quinze ans ; elle avait dû passer à son périhélie en 2919 et en 2344 avant Jésus-Christ, qui sont les dates admises pour ce grand événement ; il suppose que sa masse était le quart de celle de la Terre, qu'elle a dû rompre les sources du grand abîme et verser sur le globe sa propre atmosphère, composée de matières aqueuses et terreuses ; elles tombèrent pendant quarante jours. Il va plus loin et admet que cette même comète, dans un avenir menaçant, changera l'orbite, lancera la Terre au voisinage du Soleil, qui se chargera de la détruire par le feu. Le malheur est que cette malencontreuse comète, d'après les nouveaux calculs de Encke, fait sa révolution, non pas en cinq cent soixante-quinze ans, mais en huit mille huit cent quatorze années, ce qui détruit de fond en comble le roman de Whiston.

Fig. 39. — Pluie d'étoiles filantes.

A côté de ces sinistres prédictions qui occupèrent de grands astronomes, il y a des opinions absolument contraires. Herschel croyait que la masse des comètes est insignifiante ; il alla jusqu'à prétendre que si on ramassait toute la matière de l'auréole du noyau et de la queue, on pourrait la mettre dans une balance, où elle ne pèserait que quelques onces. Babinet appelait les comètes des riens visibles, en se fondant sur la transparence des queues. Si cette assertion était vraie, l'effet d'une rencontre de la Terre avec une comète serait absolument nul ; mais ce n'est là qu'une opinion sans fondement, et qui tombe à cause de son évidente exagération.

Examinons plus sérieusement les conséquences d'une pareille éventualité. Tout dépendrait de la masse de la comète ; car, de même qu'une locomotive enlève, sans en rien éprouver, une charrette ou un bœuf qu'elle rencontre en son chemin, de même la Terre absorberait sans s'en apercevoir une comète beaucoup moins grosse qu'elle. Cherchons donc à évaluer, au moins approximativement, la masse des comètes. Il est certain qu'elle est faible. En 1780, la comète de Lexell passa très près de nous, à 600 000 lieues ; elle fut dérangée dans son mouvement, mais elle ne changea rien à la course de la Terre. Si sa masse avait été comparable à celle de notre globe, elle aurait allongé l'année de 1 000 secondes ; comme elle ne l'a point altérée d'une quantité sensible, Laplace a conclu que la Terre est beaucoup plus pesante, au moins cinq mille fois plus pesante que la comète. Les lois de l'astronomie ne permettent malheureusement pas d'apprécier avec une certitude absolue la masse d'une comète dont on a observé le mouvement. M. Roche est le seul qui ait appuyé sur des calculs sérieux une évaluation approchée de la comète de Donati, qu'il fixe à la vingt-millième partie de la masse terrestre ou à cinquante-sept fois notre atmosphère : ce serait une sphère d'eau de 400 kilomètres de rayon, pesant 268 millions de milliards de tonnes. C'est quatre fois moins que Laplace ne l'avait dit, mais c'est encore quelque chose de sérieux, et la rencontre de cette comète avec la Terre amènerait, sinon tous les événements qu'a craints, qu'a formulés Laplace, au moins des perturbations considérables.

Elle en occasionnerait d'une autre nature que les astronomes du dernier siècle ne soupçonnaient point. Les progrès récents de la physique ont amené une modification radicale dans l'idée qu'ils se faisaient de la chaleur ; ce n'est point un fluide qui s'accumule dans les corps, c'est un mouvement moléculaire analogue à celui qui produit le son. Si, par exemple, la Terre, dont nous connaissons la vitesse et la masse était tout à coup arrêtée dans son mouvement, elle engendrerait assez de chaleur, non-seulement pour se fondre, mais pour se réduire entièrement en vapeur. Le grand danger d'une rencontre est donc encore moins dans les conséquences mécaniques que dans la température énorme qui en serait la suite et à laquelle la vie succomberait. Il y aurait encore un autre danger pour achever cette ruine. L'analyse spectrale a reconnu dans l'auréole d'une comète, et de toutes les comètes, la présence de gaz azotés et carbonés ; tous sont impropres à l'entretien de la vie, quelques-uns sont des poisons violents ; tel l'acide prussique. Décidément il faut faire des vœux pour que pareil événement nous soit épargné, et nous sommes bien heureux qu'il soit si improbable.

Mais il y a plus de chances de rencontrer une

queue; cela arriverait nécessairement si la comète
était en conjonction avec la Terre, c'est-à-dire si
elle se plaçait entre elle et le Soleil, car alors sa
queue nous couvrirait comme l'ombre de la Lune
nous couvre dans une éclipse totale du Soleil. Ce
phénomène serait toutefois difficile à observer,
peut-être même ne serait-il pas aperçu; il offrirait
en effet les mêmes conditions que le passage de
Vénus ou de Mercure. Toute la Terre ne le verrait pas,
mais seulement les pays situés sur une ligne étroite,
et, comme il y ferait jour, les apparences de la queue
seraient effacées; d'autre part, l'hémisphère opposé
serait abrité de la queue par l'interposition de la
Terre elle-même. Une telle rencontre s'est faite ou
a failli se faire en 1881 : la belle comète visible à
cette époque devait passer à son nœud le 28 juin, et
sa queue traverser l'orbite terrestre en un point où
la Terre arrivait de son côté à toute vitesse, mais
elle y passa cinq heures plus tard : la Terre était
déjà loin, n'ayant manqué la comète que de bien
peu. Cependant comme la queue était large, M. Valz
annonçait qu'elle devait toucher la Terre. Le Verrier
ne le croyait pas, M. Lœvy penchait pour l'affirmative, et M. Liais affirmait que non seulement la
Terre, mais aussi la Lune devaient être rencontrées.
On fit quelque publicité; M. Hind en informa le
monde par une lettre au *Times*, et le monde, bien
différent de ce qu'il était en l'an 1000, s'en était
médiocrement ému; le moment vint, et rien ne se
produisit. A la vérité, M. Hind et un petit nombre
d'autres personnes ont affirmé avoir remarqué dans
le ciel une phosphorescence inusitée. Mais ce fut
tout, et il n'y eut pas la plus petite apparence de
cataclysme; ou bien nous n'avons pas été balayés
par la queue, ou, si nous l'avons été, c'est que ce
coup de balai est inoffensif.

La fig. 38 représente la fameuse comète de 1811,
et la fig. 40, celle de Donati (1858).

Le déluge, décrit avec tant de précision dans les
livres hébreux, et qui est resté comme un vague
souvenir dans la mémoire des peuples païens, a
peut-être été la conséquence d'une collision. Depuis
lors il ne s'est rien fait de pareil; il n'est point
tombé de comètes, mais la Terre est à chaque instant

Fig. 40. — Comète de Donati (1858).

rencontrée par des bolides ou des météorites.

En l'année 1869, on observa dans la France seule
vingt-neuf bolides, c'est-à-dire vingt-neuf étoiles
filantes ayant un grand diamètre apparent, laissant
une trace phosphorescente et souvent éclatant avec
bruit dans les hauteurs, ce qui ferait pour la Terre
entière vingt et un mille six cents bolides annuels
au minimum. Quelques-uns n'échappent point à la
pesanteur et tombent sur le sol; ce sont les météo-

rites que leur composition chimique permet aujour-
d'hui de classer en un petit nombre d'espèces, toujours les mêmes et dont l'origine paraît commune.

Les étoiles filantes (fig. 39) sont accumulées en
essaims, en anneaux qui circulent et qui nous apparaissent comme venant des points radiants distincts;
on en compte aujourd'hui jusqu'à neuf. On désigne
ces étoiles par les noms des constellations dont elles
paraissent venir; les perséides arrivant de Persée,
les léonides du Lion, etc.; dans une seule nuit et
dans un seul lieu, on en voit jusqu'à onze mille.
Outre ces amas, dont la régularité est connue, il y
a les étoiles sporadiques qui semblent obéir au hasard seul. On a essayé de les compter. Un seul observateur en note environ trente par heure dans
son horizon restreint. Il ne s'agit ici que de celles
qu'on aperçoit à l'œil nu. Si l'on pouvait les observer
avec un grossissement de soixante, on en verrait
deux cent soixante fois plus, et en faisant l'addition
pour l'année de la Terre entière, on arrive au respectable total de soixante-cinq milliards. Comme la
Terre n'est qu'un point dans l'espace, on peut juger
de la libéralité qui a dispersé dans l'espace les corpuscules cosmiques.

Ainsi la Terre est perpétuellement bombardée par
une pluie incessante de corps, gros ou petits, réguliers ou sporadiques. Il est clair qu'elle s'en nourrit,
que son volume et sa masse augmentent, que sa vitesse arbitraire diminue et que, se rapprochant continuellement du Soleil, elle doit finir par y tomber;
mais elle le fait si lentement qu'on peut n'en point
parler. Voici le calcul que fait M. Schwedof. Herschel admet qu'une étoile filante ayant l'éclat de
Sirius ne pèse que 238 grammes : mettons 1000. En
réunissant les 65 milliards d'étoiles filantes an-

nuelles et multipliant leur masse par le nombre
d'années écoulées depuis vingt siècles on ferait une
sphère d'eau dont le rayon dépasserait à peine trois
kilomètres et qui, répandue sur le sol, n'y aurait que
l'épaisseur d'une toile d'araignée. La Terre a donc
éprouvé depuis vingt siècles un accroissement de
poids si petit qu'il ne faut point s'en occuper et qui
n'a pu modifier en rien son allure.

Il n'en est point de même de la chaleur qu'elle
reçoit des bolides. Un calcul très simple montre
que, si une météorite du poids de 1 kilogramme
venait à rencontrer la Terre avec une vitesse de
100 kilomètres et à s'y arrêter, toute sa vitesse se
transformerait en une quantité de chaleur capable
de porter 1 kilogramme d'eau à plus d'un million de
degrés. Evidemment la Terre a reçu bien souvent
le choc de masses pareilles animées d'aussi grandes
vitesses, les cabinets d'histoire naturelle sont remplis de fragments tombés du ciel, surtout celui de
Paris, où M. Daubrée les recueille avec un soin qui
ne se fatigue pas. On a trouvé en Sibérie une masse
de fer météorique de 700 kilogrammes; toutes ont apporté à la Terre des quantités énormes de chaleur.
Voici la théorie de ces phénomènes : les météorites
s'enflamment à 250 ou 300 kilomètres de hauteur;
aussitôt qu'elles entrent dans l'atmosphère, elles y
trouvent une résistance croissante et si subtile à
cause de leur énorme vitesse, que l'effet ressemble
à un coup de marteau et qu'elles se brisent en me-
nant grand bruit. La chaleur créée par la vitesse
perdue est énorme, elle naît à la surface, qui rou-
git se fend et se couvre d'émail; elle ne pénètre pas
à l'intérieur à cause de la mauvaise conductibilité;
mais elle échauffe l'air environnant, qu'elle porte à
l'incandescence; le bolide arrive enfin sur le sol, où

sa chute est amortie; à peine a-t-il la vitesse suffi-
sante .pour s'enfoncer de quelques pieds. Ce n'est
point la Terre elle-même qui reçoit le choc, c'est
l'air; ce n'est point elle qui est échauffée, c'est l'air.

Je ne puis mieux faire que de terminer ce chapitre sur les comètes par ces vers de Chênedollé :

> Mais quel œil vous suivra, mondes désordonnés,
> Astres aux longs cheveux, de flammes couronnés,
> Fiers vassaux du Soleil, vous dont le cours rebelle
> Brave de votre roi la puissance éternelle!
> Tantôt du dieu du jour vous affrontez les feux,
> Tantôt, loin des splendeurs de son front lumineux,
> Vous allez, affranchis de sa vaste puissance,
> Durant trois fois cent ans oublier sa présence!
> Mais, certain de ses lois, jusqu'aux confins des cieux,
> Le Soleil, étendant ses bras victorieux,
> Vous atteint, vous arrête aux limites des mondes,
> Et borne à votre insu vos courses vagabondes.
> Ainsi de ces grands corps il presse le retour,
> De peur que, désertant et son trône et sa cour,
> Ils n'aillent, engagés dans d'immenses voyages,
> Près des autres soleils égarer leurs hommages.
> Alors on voit briller ces globes passagers,
> Des frayeurs du vulgaire éternels messagers.....
> Peuples! rassurez-vous : ces masses infécondes,
> Dont vous avez tant craint le retour menaçant,
> Ranimeront un jour le Soleil vieillissant.

FIN.

TABLE DES MATIÈRES

PREMIÈRE PARTIE.

L'ensemble.

Pages.

CHAPITRE PREMIER.—*L'Espace universel.*— Un voyage à travers l'espace. — Distance des étoiles. — Infinité de l'espace.— Spectacle de l'Univers. — La Nuit. — Le Ciel. — Infinité des mondes et des soleils. — Y a-t-il réellement une voûte céleste?...................................... 1

CHAP. II. — *Les Nébuleuses.* — Structure de l'Univers visible. — Les étoiles sont distribuées par agglomérations. — Les Nébuleuses. — Amas stellaires et Nébuleuses résolues. — Amas d'étoiles de forme globulaire ou sphérique. — Nébuleuses annulaires. — Nébuleuses spirales. — Nébuleuses irrégulières. — Les groupes de Nébuleuses; Nébuleuses doubles et multiples. — Nuées de Magellan. — Couleurs des Nébuleuses................ 8

CHAP. III. — *La Voie lactée.* — Rang occupé dans l'Univers par notre Soleil. — Une visite aux étoiles. — La Voie lactée. — La Terre est placée au centre de la Voie lactée. — La Fable et la Voie lactée. — Dénombrement des étoiles de la Voie lactée, par W. Herschel. — Étendue de la Voie lactée. — Byron et les Nébuleuses. — La Voie lactée est-elle la Nébuleuse la plus opulente en soleils?...................................... 28

DEUXIÈME PARTIE.

Les Étoiles.

CHAPITRE PREMIER.— *Les Constellations.* — Les constellations. — Division mythologique des constellations. —

Pages.

Essais infructueux du christianisme pour faire disparaître les dénominations païennes des constellations. — Grandeur des étoiles ; leur éclat apparent. — Proximité apparente des étoiles. — Géographie céleste ; géographie ancienne. — Les zones célestes............................ 37

CHAP. II. — *Constellations visibles sur l'horizon de Paris.* — *Zone circompolaire.* — Étoile polaire ; son immobilité ; combien il est utile de savoir la reconnaître ; un exemple entre mille. — La Grande Ourse ; ses noms différents. — La Grande Ourse et le poète Ware. — Les Grecs et les deux Ourses. — Rôle et importance de l'étoile polaire. — Cassiopée. — La Petite Ourse. — Le Dragon, Céphée, la Girafe, le Lynx. — La Chèvre et le Cocher. — Persée et Algol... 46

CHAP. III. — *Constellations visibles au sud de l'horizon de Paris.* — *Étoiles de la zone équatoriale.* — Orion : sa nébuleuse ; Rigel, étoile sextuple d'Orion ; Orion et le poète Longfellow. — Le Taureau. — Les Hyades. Les Pléiades. — Constellation du Grand Chien ; Sirius ; Sirius et les Égyptiens. — Le Petit Chien. — Les Gémeaux. — Le Bélier. — La Baleine. — L'Éridan. — Le Lion. — L'Épée de la Vierge. — Le Bouvier. — La Chevelure de Bérénice. — La Couronne boréale. — La Balance, le Corbeau, la Coupe, le Scorpion, le Centaure. — Les Chiens de chasse, le Petit Lion, le Cancer, l'Hydre, la Licorne. — Hercule. — La Lyre. — Le Cygne. — Le Renard, la Flèche, le Dauphin, le Verseau, le Capricorne. — Le Sagittaire. — Le Scorpion. — Ophiucus et le Serpent. — Le Serpentaire. — L'Aigle. — Le Carré de Pégase. — Andromède. — Les Poissons, le Bélier. — La Baleine. — Le Poisson austral............................... 56

CHAP. IV. — *Zone circompolaire australe.* — *Étoiles invisibles sur l'horizon de Paris.* — Aspect général de la zone circompolaire australe. — La Croix du Sud. — Le Centaure. — Le Loup. — L'Autel, le Triangle austral. — Le Navire. — Le Poisson volant, la Dorade, le Réticule. — Le Toucan, la Grue, l'Indien, le Paon. — Le Grand Nuage et le Petit Nuage.............................. 86

CHAP. V. — *Le nombre des étoiles et leurs distances.* — Grande diversité d'éclat des étoiles. — Liste des étoiles de première grandeur. — Distance des étoiles. — Anciennes conjectures sur les distances des étoiles. — Distance

de quelques étoiles. — Distance des étoiles des divers
ordres de grandeur.............................. 92

Chap. VI. — *Étoiles variables.* — *Étoiles temporaires,
éteintes ou nouvelles.* — Étoiles variables périodiques;
étoiles variables à longues périodes; étoiles à variations
rapides; tableau des principales étoiles variables périodiques. — Étoiles temporaires; étoiles éteintes; étoiles
nouvelles; prédictions tirées d'étoiles nouvellement apparues; comme quoi le monde craindra de mourir tant qu'il
vivra. — Hypothèses diverses sur les causes de variabilité
des étoiles............................... 108

Chap. VII. —*Étoiles doubles et multiples.* — *Couleurs des
étoiles.* — Mondes étranges. — Étoiles doubles. — Tableau des principales étoiles doubles physiques. — Distances mutuelles des composantes des systèmes binaires.
— Étoiles multiples; tableau des plus remarquables
d'entre elles. — Couleurs des étoiles. — Soleils multicolores. — Couleurs des étoiles d'après W. Struve. —
Couleurs des étoiles d'après J. Herschel — Liste des
étoiles doubles les plus connues, avec indication de leurs
couleurs. — Contrastes produits par les soleils polychromes sur les planètes voisines. — Éclipses de soleil
sur ces mondes............................... 118

TROISIÈME PARTIE.

Le Monde solaire,

Chapitre premier. — *Le Système planétaire.* — Les domaines du Soleil. — Ce qu'on entend par système solaire.
— Les planètes moyennes. — Les grosses planètes. —
Les petites planètes. — Les satellites. — Distances des planètes. — La gravitation universelle. — Mouvement de
rotation des corps planétaires. — Les comètes. — Les
étoiles filantes, les bolides, les aérolithes. — La lumière
zodiacale. — Notre soleil a-t-il un mouvement de translation dans l'espace? Opinion de Lalande; opinion moins
précise de Lambert. — Quelle est la nature de ce mouvement? — Vitesse avec laquelle les mondes de notre
système sont emportés. — Intérêt que présente l'étude
de notre système............................... 133

Pages

CHAP. II. — *Le Soleil.* — Magnificence du Soleil. — Les taches du Soleil. — Leurs dimensions. — Formation, développement et disparition des taches. — Découverte de la rotation du Soleil. — Sens de la rotation. — Durée de la rotation apparente et de la rotation réelle. — Hypothèse de Wilson, Bode et W. Herschel sur la constitution physique du Soleil. — Les protubérances : leurs formes, leurs éléments chimiques, leurs dimensions, leurs transformations. — Volume du Soleil. — Distance du Soleil à la Terre. — Intensité de la lumière solaire. — Intensité de la chaleur solaire. — Masse du Soleil. — Le Soleil est-il près de s'éteindre? — Hommage à la puissance du Soleil   144

CHAP. III. — *Mercure.* — Apollon et Mercure; deux planètes pour une. — Mercure vu à l'œil nu. — Montagnes, atmosphère de Mercure. — Bonheur des habitants de Mercure. — Opinion de Fontenelle sur les habitants de cette planète. — Distance de Mercure au Soleil; son diamètre; sa surface; son volume; son jour; son année; ses saisons; sa masse; sa densité; intensité de la pesanteur à sa surface; son excentricité   168

CHAP. IV. — *Vénus.* — Lucifer et Vesper ou l'Étoile du Berger; deux planètes pour une. — Vénus vue à l'œil nu. — Les jours, les saisons de Vénus. — Les montagnes de Vénus. — Phases de Vénus. — Distance de Vénus à la Terre. — Vénus a-t-elle un satellite? Diamètre de Vénus; sa surface; son volume; sa masse; sa densité; intensité de la pesanteur à sa surface   176

CHAP. V. — *La Terre.* — Forme sphéroïdale de la Terre; son isolement dans l'espace. — Forme réelle et dimensions du sphéroïde terrestre. — Mouvement apparent du ciel étoilé; mouvement réel de la Terre. — Jour sidéral; jour solaire; jour solaire moyen. — Vitesse des corps situés à la surface de la Terre. — La Terre peut-elle s'arrêter de tourner? Preuves positives du mouvement de rotation de la Terre. — Mouvement de translation de la Terre autour du Soleil. — Année sidérale; année tropique. — Les équinoxes; les solstices. — Les Saisons; les saisons et Ovide. — Précession des équinoxes. — Mutation de l'axe de la Terre. — L'Écliptique   182

CHAP. VI. — *La Lune.* — La Lune, satellite de la Terre. — Circulation périodique de la Terre. — Distance de la

Pages.

Terre à la Lune. — Révolution sidérale, révolution synodique de la Lune. — Taches de la Lune. — Phases de la Lune. — Mers, montagnes de la Lune. — La lune et les astrologues.—La Lune a-t-elle une atmosphère?—Météorologie et géologie lunaires. — Astronomie pour un habitant de la Lune.................................... 206

CHAP. VII. — Les Éclipses. — Éclipses de Soleil. — Éclipses de Lune. — Les anciens et les peuples sauvages regardaient les éclipses comme des objets de superstition ou de terreur. — Comme quoi les éclipses ont été utiles à certains généraux. — Les éclipses chez les les Chinois. — Effets produits sur les hommes et sur les animaux par le passage subit du jour à la nuit. — Éclipse du 6 mai 1883........................ 229

CHAP. VIII. — Mars. — Les petites planètes. — Mars vu à l'œil nu ; au télescope. — Mouvement de rotation de Mars. — Ses saisons ; ses taches polaires. — Pourquoi Mars est-il rouge ? — Géographie de Mars. — Distance de Mars à la Terre. — Lunes de Mars. — Mars et les poètes. — Petites planètes.................. 257

CHAP. IX. — Jupiter. — Distance de Jupiter à la Terre. — Jupiter vu a l'œil nu. — Année de Jupiter ; sa distance au Soleil ; sa vitesse. — Rotation de Jupiter ; durée des jours et des nuits. — Saisons de Jupiter. — Masse, chaleur de Jupiter. — Bandes, taches de cette planète. — Satellites de Jupiter. — Y-a-t-il des habitants sur Jupiter ?.................................. 262

CHAP. X. — Saturne. — Saturne vu à l'œil nu ; sa distance à la Terre. — Surface, volume, masse de Saturne. — Mouvement de rotation de Saturne. — Les jours et les nuits ; les saisons. — Un mot en passant sur les anneaux de Saturne. — Les satellites de Saturne. — Retour aux anneaux de Saturne ; Galilée meurt sans savoir si l'anneau existe ; découverte de l'anneau par Huyghens ; Du Séjour et Voltaire ; théorie de Huyghens. — Saturne et les astrologues. — Influence des planètes sur la destinée des hommes........................... 268

CHAP. XI. — Uranus. — Découverte d'Uranus par William Herschel. — Résistance que rencontra cette découverte. — Baptême d'Uranus. — Uranus vu à l'œil nu, au télescope. — Volume, diamètre, année, jour d'Uranus. — Les satellites d'Uranus.............................. 279

Pages

Chap. XII. — *Neptune*. — Distance de Neptune au Soleil et à la Terre. — Existe-t-il d'autres planètes au delà
de Neptune? — Neptune vu à l'œil nu, au télescope. —
Année de Neptune. — Surface, volume de Neptune. —
Comment Le Verrier découvre Neptune sans l'avoir jamais vu; loi empirique de Bode. — Uranus et Neptune
sont-ils habités?.................................   283

Chap. XIII. — *Les Comètes*. — Les Comètes se distinguent-elles des planètes? — Nature des orbites des comètes. — Comètes périodiques. — Comète de Halley; terreurs qu'elle a engendrées. — La comète d'Ambroise
Paré. — Comètes les plus remarquables par leurs figures,
d'après le P. Souciet. — Hypothèses des anciens sur les
comètes. — Réflexions philosophiques de Sénèque sur
les comètes. — Les comètes peuvent-elles rencontrer la
Terre, et, par ce fait, être la cause d'un nouveau déluge?
— Opinion de Laplace, romans de Wiston, de Lemercier;
opinion de Maupertuis, d'Herschel. — La comète de 1832
a-t-elle rencontré la Terre? — Les étoiles filantes et les
bolides. — Chênedollé et les comètes.................

SOMMAIRE DES GRAVURES

	Pages
Fig. 1. — Nébuleuse du Centaure.....................	13
Fig. 2. — Nébuleuses globulaires.	15
Fig. 3. — Nébuleuses annulaires.....................	17
Fig. 4. — Nébuleuse du Lion.....................	18
Fig. 5. — Nébuleuse du Taureau.....................	19
Fig. 6. — Nébuleuse du Navire.....................	21
Fig. 7. — Nébuleuses doubles ou multiples.............	22
Fig. 8. — Nébuleuse de la constellation des Chiens de Chasse.....................	24
Fig. 9. — Nébuleuse de la Vierge.....................	26
Fig. 10. — Constellations circompolaires boréales, (ciel de l'horizon de Paris).....................	48
Fig. 11. — Zone équatoriale : Orion, le Taureau, etc., (ciel de l'horizon de Paris).....................	57
Fig. 12. — Zone équatoriale : Le Lion, la Vierge, etc., (ciel de l'horizon de Paris).....................	69
Fig. 13. — Zone équatoriale : Chevelure de Bérénice, Bouvier, Hercule, etc., (ciel de l'horizon de Paris).........	73
Fig. 14. — Zone équatoriale : le Cygne, la Lyre, l'Aigle, etc., (ciel de l'horizon de Paris).....................	75
Fig. 15. — Zone équatoriale : Persée, Andromède, Carré de Pégase, etc., (ciel de l'horizon de Paris)............	82
Fig. 16. — Zone circompolaire australe : Navire, Croix du Sud, Centaure, etc., (étoiles invisibles sur l'horizon de Paris).....................	87
Fig. 17 — Zone circompolaire australe : la Croix du Sud, le Navire, etc., (étoiles invisibles sur l'horizon de Paris).	89
Fig. 18. — Zone circompolaire australe : Paon, Eridan, Indien, Phénix, Grue, etc., (étoiles invisibles sur l'horizon de Paris).....................	91
Fig. 19. — Un petit coin de la constellation des Gémeaux, vu à l'œil nu.....................	95
Fig. 20. — Le même coin vu au télescope.............	96
Fig. 21. — Distances célestes (leurs mesures).........	98
Fig. 22. — Le monde solaire.....................	136

Pages

Fig. 23. — Phases de Mercure, visibles avant le lever du Soleil... 171

Fig. 24. — Orbites des planètes moyennes............... 175

Fig. 25. — Dimensions apparentes comparées du disque de Vénus, à ses distances à la Terre.................. 180

Fig. 26. — Divisions du globe........................ 187

Fig. 27. — Déviation dans la chute des corps........... 195

Fig. 28. — Effets de la force centrifuge................ 197

Fig. 29. — Les saisons terrestres..................... 201

Fig. 30. — Explication des phases de la Lune.......... 213

Fig. 31. — Paysage lunaire.......................... 219

Fig. 32. — Explication des éclipses de Soleil et de Lune. 240

Fig. 33. — Jupiter et la Terre; dimensions comparées. 264

Fig. 34. — Saturne ; ses anneaux et ses satellites....... 270

Fig. 35. — Phases des anneaux de Saturne............. 273

Fig. 36. — Comète de 1680.......................... 288

Fig. 37. — Comète de 1528, d'après Ambroise Paré.... 289

Fig. 38. — Grande comète de 1811................... 301

Fig. 39. — Pluie d'étoiles filantes.................... 305

Fig. 40. — Comète de Donati (1858)................. 309

Paris. — Imp. Tolmer et C⁰. — Succursale à Poitiers. — 1163